# 现代工程图学

## （第二版）

吴巨龙　陈丹晔　编著

上海交通大学出版社

## 内 容 提 要

本书借鉴了国外制图课教材的优点,采用新的制图国家标准,在内容和形式上都充分体现了现代的特点。主要内容包括制图基本知识、几何作图、画法几何基础、轴测图与立体感表现、机件表达方法、标准件和常用件、零件图和装配图。同时也介绍了计算机绘图、三维造型方面的知识。

本书适合作为高等院校工科专业机械类和近机类画法几何和工程制图课的教材,亦可供高职高专的学生使用。

**图书在版编目(CIP)数据**

现代工程图学/吴巨龙编著. —2 版. —上海:上海交通
大学出版社,2012(2018 重印)
ISBN 978-7-313-04792-2

Ⅰ.①现…  Ⅱ.①吴…  Ⅲ.①工程制图-高等职业
教育-教材  Ⅳ.①TB23

中国版本图书馆 CIP 数据核字(2012)第 119630 号

# 现代工程图学
## (第二版)

### 吴巨龙  编著

上海交通大学 出版社出版发行
(上海市番禺路 951 号  邮政编码 200030)
电话:64071208  出版人:谈  毅
上海天地海设计印刷有限公司印刷  全国新华书店经销
开本:890mm×1240mm 1/16  印张:17.75  字数:566 千字
2007 年 8 月第 1 版  2012 年 7 月第 2 版  2018 年 8 月第 6 次印刷
ISBN 978-7-313-04792-2/TB  定价:48.00 元

# 前　　言

本书为满足 21 世纪我国广大高校工科制图课程教学需要而编写的。它试图继承和发扬从过去到现在几十年来我国制图教材的长处,同时也借鉴了国外制图课教材的优点,合理地保留了传统教学的有关内容,着眼于满足当代工程技术的发展对学生在图形思维和表达方面提出的新的要求。

本书第二版完全采用了新的制图国家标准,在编写方式上也充分体现了现代的特点,对抽象的理论和复杂的几何元素之间的关系,以及在零件和机器上学生很陌生的工艺结构、装配结构等,通过生动的、可视化的方法加以表达,为现代学生更好的理解和快速掌握制图理论、制图标准提供了帮助。

本书将计算机三维造型与传统的工程制图理论结合,不但符合一般人们对形体的理解习惯方式,同时,也体现出现代机械制图的特点,即不再是由平面到立体,而是由立体到立体的形象思维模式。

本书内容包括制图基本知识、几何作图、画法几何基础、轴测图与立体感表现、机件表达方法、标准件和常用件、零件图和装配图。在画法几何部分以作图法为纲,以纲带目,不但有理论,也有技巧。同时也介绍了计算机绘图、三维造型方面的知识。

本书由江苏科技大学的吴巨龙和上海工程技术大学的陈丹晔共同编著。

本书适合作为高等工业院校工科专业机械类和近机类画法几何和工程制图课的教材,也可供高职、高专、电大等学校的师生及有关工程技术人员参考。

编　者

2012 年 6 月

# 目 录

# 第 1 章　绪　论

## 1.1　学习制图的目的

"制图"一词在《现代汉语词典》中给出的定义是:把实物或想象的物体的形象、大小等在平面上按一定的比例描绘出来(多用于机械、工程等设计工作)。可见制图的"图"不是指一般的绘画的"图",而是专指工程上的图样,制图这门课学习的是如何绘制工程图样,如何看懂工程图样。

工程图样不是绘画,它不是用来供人欣赏的,它是直接用于生产实践的;它也不是只用来表示物体模样的示意图,而是具有严格的规定、符合标准、标注有尺寸等技术要求的图样。工程图是进行生产、管理生产的一种重要的技术文件。

工程图样的特点是:

(1) 一组图形:能让人正确、充分领会物体的形状、结构,不能产生歧义。

(2) 一组尺寸:规定完工后物体的大小或结构的大小,并有精确度的要求。

(3) 一些技术要求:规定加工、制造中采用的技术及对于完工产品许多重要方面的要求,它将成为最后检验的依据。

## 1.2　画法几何与制图

画法几何与制图的关系是密不可分的。画法几何可以说是制图的"文法",制图中对物体的图形表达是建立在画法几何的基础之上的。

画法几何研究内容主要是两个方面:

(1) 图示:在空间中有三个尺度的物体如何在平面上进行表示。

(2) 图解:如何用绘图仪器在平面上作图以解决空间的几何问题。

图示的方法研究的就是对空间物体的图示表达,是制图的基础。其实在平面上表达三维空间的物体不独只有画法几何这一种手段,比如艺术中的绘画也同样是表达空间的对象,而且为了更加逼真更加美观,还加上阴影与色彩,但是这样的图却不能用于生产,因为在生产制作任何物体时,不但要知道物体某一个方向的形状和结构,而且要将整个物体的内外结构了然于胸,还要了解物体的各个结构的真实尺寸,或者通过所绘的图形能在一定准确度的前提下计算出所需加工的尺寸,这就对图的表达提出了更高的要求。

归纳起来,这些要求主要有:

(1) 直观性:通过所绘的图形能让看图的人在脑海中重建空间的立体形状。

(2) 等价性:通过所绘的图形能据此判断原物的准确形状与尺寸。

(3) 易绘性:这些图形的绘制方法不能过于复杂,所用的绘图工具也应力求简单。

画法几何的图示表达恰能满足这些要求,它的图形是通过投影的方法作出的,投影法是画法几何的基础,通过投影法得到的图称为投影图。

以投影法为基础,画法几何建立了一整套的几何理论,运用这些理论,可以通过平面图形去解决三维空间中的问题,这就是所谓的图解法。

例如在力学中,可以将作用于三维空间中的各种力的投影图绘制出来,然后通过图解来解决各种各样的问题。这比计算法来得快,虽然在精确度上要打一些折扣。

对于今天的学生来讲,随着计算机技术的发展,许多在过去非得要通过图上作业、制作实物模型或经过复杂的计算才能实现的东西,现在可以通过计算机模拟、仿真的方式来加以解决了,而且随着计算机三维软件的进步,空间的三维建模会越来越容易。因此掌握过多过深的图解法的知识就显得没有必要,掌握一些基本的、简单的图解方法即可。

## 1.3 制图的发展

人类在很久很久以前就已经学会了用图来表达生活中的对象,它的历史比人类使用文字的时间还要长。即使不算人类早期在洞中墙壁上的涂鸦,除去那种为了表达情绪而进行的创作,单只将图用于生产和制造,这个历史也十分久远了。

现今已知的最古老的技术图是由克罗地亚的一位名叫 Gudea 的工程师刻于石桌上的要塞图,如图1-1 所示。它是一座雕像的一部分,现保存于巴黎的罗浮宫。

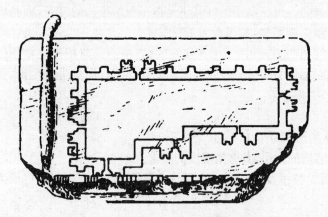

图 1-1 要塞图:世界最早的工程图

[转引自 Moden Graphics Communication (third edition)]

图 1-2 古希腊数学家欧几里得(Euclid)

(转引自 Encarta Encyclopedia)

生于公元前 3 世纪的希腊数学家、教育家,被称为几何学之父的欧几里得(见图1-2)及其他古代数学家创立的几何学,也是因为丈量土地及航海的需要而发展起来的。

在中国早在春秋时代(公元前 770～公元前 476),中国最早的一部技术经典著作《周礼考工记》中就有"规、矩、绳、墨"的记载。秦汉以来,历代建筑宫室均有图样,这说明那时就已经有建筑制图了。

但是画法几何这一概念及它的投影理论直到公元 1795 年,才由法国的几何学家蒙日(Monge,1746～1818)首次提出来,这也可以看成是几何学发展到一定阶段及当时法国军事和工业强烈需求的产物。他所提出的投影理论成为了从那时以后的技术制图的基础。它的出现是如此的重要,以至于当时出于军事的需要而被保密了好多年。后来蒙日出版了他的著作《画法几何学》,对画法几何的方法和理论进行了科学的论证,从几何学的角度对投影这种表达三维空间的方法进行了阐述,由于它的科学性和准确性,很快就流传至世界各地,从而使图样成为工程师的"国际语言"。

画法几何的发展不但为制图的表达找到了科学的方法和依据,同时也推动了几何学的发展。一门更基础的科学——《仿射几何学》就是以它为基础的。

从此以后在 100 多年的时间里,发展起了一整套的制图工具,从中世纪简陋的制图工具,到 19 世纪相对先进的制图工具(如图1-3 所示),直到 20 世纪现代先进、完备的制图工具(如图1-4 所示),虽然工具越来越精良,但画法几何的方法却没有多少改变。工程师们和设计人员仍以尺规在图纸上进行作图的方式来表达设计思想,以图纸的方式传递加工的信息、解决空间的几何问题;就是在 21 世纪的今天,这种尺规作图的方式依然不能全部丢掉,仍然是我们应该掌握的一种绘图方式。

但是自从 20 世纪 40 年代计算机发明以来,情况发生了变化。计算机这一强大的武器开始被人考虑用到各个技术层面,包括绘图。

首先从美国开始,1950 年,第一台图形显示器在麻省理工学院(MIT)诞生,它是作为旋风一号计算机的外围设备,它只能显示一些简单的图形。

1952 年,美国麻省理工学院研制成功第一台用 APT 语言加工的数控铣床。根据数控加工的原理,Joseph Gerber 为美国波音公司设计并生产了世界上第一台平台式绘图机。

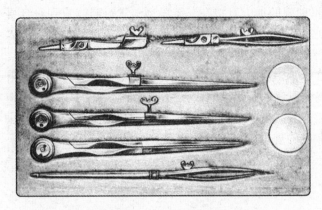

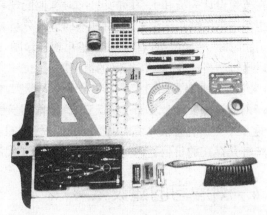

图 1-3 美国总统乔治·华盛顿曾用过的绘图工具 　　　　图 1-4 现代绘图员所使用的绘图工具
（转引自 Moden Graphics Communication）　　　　　（转引自 Engineering Graphics）

1958 年，美国 Calcomp 公司研制了世界上第一台滚筒式绘图机（如图 1-5 所示），从此，图形绘制进入了手工绘图和自动绘图并存的时代。

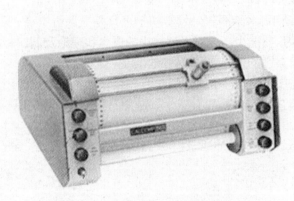

图 1-5 世界上第一台滚筒式绘图机 　　　　图 1-6 Ivan Sutherland 在试验 Sketchpad
（转引自 Internet）　　　　　　　　　（转引自 Internet）

1961 年，美国麻省理工学院林肯实验室的 Ivan Sutherland 发表了题为"Sketchpad：一种人机交互式图形通信系统"的博士论文，首次在世界上开发了一种可以通过光笔在荧光屏上进行绘图的软件。通过人机交互的方式，可以绘制圆、直线、弧等。他在论文中首次提出了"Computer Graphics"这个概念，他所提出的一些计算机处理图形的理论，直到今日仍然是计算机绘图的基础，因此他被人们称为"计算机绘图之父"（见图 1-6）。当时这样的系统还只能被像通用汽车公司、波音公司这样的大企业所采用，但这已经标志着绘图的手段将发生根本性的变革。

20 世纪 70～80 年代，随着计算机硬件的不断进步，计算速度越来越快，成本越来越低，计算机绘图的理论和软件也得到了发展。历史上曾出现许多绘图软件，如：PADL-1、PD、CADKEY、AutoCAD 等，有的已经销声匿迹，但有的则取得了很大的市场份额，例如现在大家都知晓的 AutoCAD 软件，已经发展到了 R17 版。计算机绘图在当今已经越来越普及，它前所未有地提高了设计人员的绘图速度，减轻了绘图的劳动强度，也提高了绘图的精度。由计算机输出的图不仅容易符合标准化的要求，也变得美观了许多。由于它的出现，过去在工厂中都离不开的"描图员"这一工种已经彻底消亡了。

但随着计算机绘图和 CAD/CAM（计算机辅助设计/计算机辅助制造）技术的更进一步的发展，它为制图带来的已经不仅是绘图工具的变革了，而是整个制图观念的革新。

很久以来，设计人员或工程师在观念中一直把工程图样当成生产的依据，也是设计思想的表达方式，所以一定要绘制图纸，就是计算机绘图的早期依然是把计算机当成替代圆规、丁字尺的绘图工具来使用。当时间已经进到 21 世纪以后，三维绘图软件的功能越来越强大，如 Pro/E、UG、Solidworks 等，已经逐渐在改变设计人员和工程师的设计方式,他们现在不一定都要从平面图入手,而是直接将头脑中的设计思想用三维模型表现出来,并对其结构进行分析,不理想的地方直接在三维模型上进行修改直到符合要求为止,如果有必要可以将其自动输出成投影图,或者导入 NC 模型,自动或人机交互编制数控加工代码,然后通过网络输入到加工车间的数控加工中心进行生产,这样的生产方式称为"无图纸生产"。

完全做到"无图纸生产"在今天还不太现实,在今后其实也没有必要。这就像并不是所有的加减乘除四则运算都要用计算器一样。CAD 技术的发展并不意味着完全取代工程图样,画法几何式的表达物体的方式也并不会就此消亡,它作为一种科学的表达方式依然有其优点,其基本的几何作图和图解方法依然有其存在的价值。但是应该看到,作为现代制图的理念确实已经发生很大的变化了。

## 1.4　对学习的建议

(1) 使用圆规、三角板等工具进行的尺规作图仍然是工科学生必须掌握的一门基本功,除了学习画法几何的基本理论之外,重点要学习和掌握制图的国家标准。此外,虽然本书仍是以尺规作图为主进行介绍,但学生还应该掌握计算机绘图及徒手绘图这两种技能,这需要学生在课余多加学习、多加练习。

(2) 制图是工科学生初次接触的、与工程结合比较密切的课程,通过绘制工程图样,应培养自己耐心细致的工作作风,每一种线型都与它所表示的含义有关;图纸上的数字、文字也都与加工有关,稍一大意带来的将是废品,是经济的损失,因此切不可粗枝大叶,应当一丝不苟。

(3) 制图课是一门实践性很强的课程,需要多动手、多绘图、多做题,切不可只是上课听听课、下课看看书了事。对于计算机绘图也一样,要多上机练习,熟能生巧。对于课程中的概念和理论及制图标准的条文,不能只是会背而已,而是要通过练习溶化成自己的血肉,这样才不会忘记。

(4) 由于图样中包含了很多加工、工艺方面的知识,要通过本课程的学习完全领会有时是比较困难的,因此还需学生在后续专业课的学习中,多加体会,也就是说,要真正学好制图是需要不断学习、不断体会的。

# 第 2 章　制图基本知识

## 2.1　制图标准

　　标准是为在一定范围内的活动取得最佳的秩序而制定的大家共同遵守的守则或特性,它是现代化大生产的产物,代表了一定的技术水平,是以科学、技术、经验的综合成果为依据制定的。制图只有通过制定大家共同遵守的标准才能使得在一定范围内的所有人都能够理解工程图样上所传递的信息,才能使工程图成为工程界共同的语言。

　　1949 年以前,中国工业基础极其薄弱,没有自己的设计和生产系统,制图规则也十分混乱,新中国成立后,即于 1951 年由政务院经济委员会发布了 13 项《工程制图》标准,规定"第一角画法"作为我国工程制图的统一规则,从此结束了"第一角"和"第三角"两种画法并用的混乱状态。

　　1959 年,由国家科学技术委员会批准发布了我国第一号《机械制图》国家标准,共 20 项。

　　但是,世界上各个国家的制图标准并不尽相同,随着经济全球化的趋势越来越强,一个全球共同的标准化组织——国际标准化组织(ISO)应运而生,现在已经有 145 个国家加入了这个组织,这个组织已经颁布实施了约 13 700 个不同的标准,内容除了涉及制图之外,还涉及商业、政府、社会的各种行为。但是,尽管如此,有些国家,比如美国,它们的制图标准仍然未能全部与 ISO 标准吻合,在有些情况下,往往是两套标准并行。

　　我国在新中国成立之后所颁布实施的标准都属于前苏联的标准体系,直到 1983 年之后,我国才开始跟踪国际标准。1985 年我国开始实施的经原国家标准局批准发布的 17 项机械制图国家标准已经达到了当时的国际先进水平,这套标准中的部分条款直到现在还在执行。

　　标准一经制定就应该得到贯彻,大家都应共同遵守。但标准也不是一成不变的,一般经过五年要进行复审,有的标准继续有效,有的标准需要修订,有的可能被废止。

　　有关制图的标准有很多,每种标准都有标准编号和名称,如:"GB/T 17451—1998 技术制图 图样画法 视图",它的含义是:标准代号"GB"表示"国家标准",是"国标"两字的汉语拼音首字母。"T"表示"推荐性标准";无"T"字时表示"强制性标准"。目前,在我国 20 000 个左右的国家标准中,强制性标准是少数,仅占 14.1%,绝大多数标准为推荐性标准。强制性标准只用在有关国家安全或保障健康和人身、财产安全等方面。"17451"是标准顺序号,是按批准的先后顺序编排的,当某项标准分几个部分编写,每个部分又相对独立地作为一个标准发布时,可共用一个序号,并在同一顺序号之后增编一个序号,两者之间用小圆点隔开,例如 GB/T 16675.1 和 GB/T16675.2。

## 2.2　图纸幅面

　　设计人员和工程师所出的正规工程图应该绘在正规的具有一定厚度的空白或带有图框的绘图纸上,图纸的大小及格式都要符合一定的要求,在标准 GB/T14689—1993 中对此做了规定。

　　图纸的基本幅面尺寸根据大小的不同分为 A0、A1、A2、A3、A4 五种,其具体尺寸如表 2-1 所示。

表 2-1　图纸基本幅面尺寸　　　　　　　　　　　　　　　　　　　　　　　　　（单位:mm）

| 幅面代号 | A0 | A1 | A2 | A3 | A4 |
|---|---|---|---|---|---|
| 尺寸 $B \times L$ | 841×1 189 | 594×841 | 420×594 | 297×420 | 210×297 |

　　图纸幅面之间有如图 2-1 所示的关系。

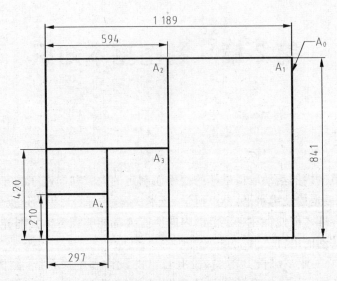

图 2-1  图纸幅面之间的关系

如果以上基本幅面不能满足要求,可以将图纸幅面加长,如:A0×2(1 189×1 682)、A0×3(1 189×2 523)、A1×3(841×1 783)、A2×3(594×1 261)、A3×3(420×891)、A4×3(297×630)、……

## 2.3  图框格式及标题栏

正规的图纸在绘图前应先绘制图框及标题栏,也可选用预先已经印刷好图框及标题栏的图纸。图框分带装订边和不带装订边两种。

图 2-2 所示为无装订边时图框距图纸边的尺寸,四周留的边距相同,A0、A1 号图纸为 20 mm,A2、A3、A4 号为 10 mm。

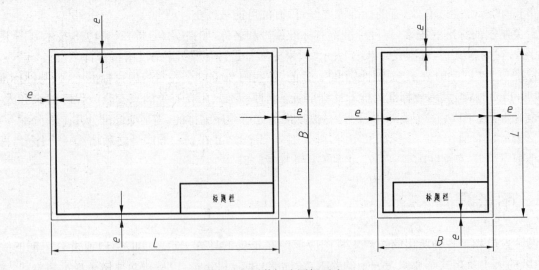

图 2-2  无装订图框画法

A0、A1:$e=20$ mm;A2、A3、A4:$e=10$ mm。

图 2-3 所示为带装订边时图框距图纸边的尺寸,装订边的距离对所有图纸均相同,为 25 mm;边框的距离对 A0、A1、A2 号图纸为 10 mm,A3、A4 为 5 mm。

图纸使用有两种方法,横用和竖用。横用时构成 X 型图纸,如图 2-3 左所示;竖用时构成 Y 型图纸,如图 2-3 右所示。不论 X 型或 Y 型图纸,标题栏始终画在图纸的右下角。

标题栏的方向为看图和绘图的方向,对于已经事先印好标题栏的图纸,切不可随便颠倒图纸来使用。

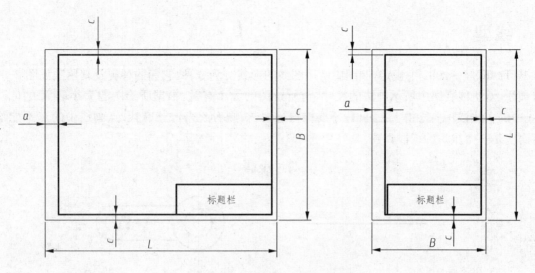

图 2-3　带装订边时图框的画法

A0、A1、A2：$C = 10$ mm；A3、A4：$C = 5$ mm；$a = 25$ mm

标题栏的尺寸和内容根据 GB/T10609.1—1989 的规定，如图 2-4 所示。

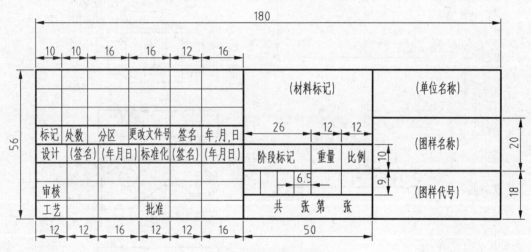

图 2-4　标题栏格式

标题栏中的内容主要分为四个区：

(1) 更改区：由更改标记、处数、分区、更改文件号等组成。

(2) 签字区：由设计、审核、工艺、标准化、批准、签名等组成。

(3) 名称及代号区：一般由单位名称、图样名称和图样代号组成。

(4) 其他区：一般由材料标记、阶段标记、重量、比例、共　张、第　张组成。

由于国家标准标题栏画起来较为复杂，因此允许在学校学习的学生采用另一种简化的标题栏，这种标题栏的格式，不同的学校或不同版本的教材可能差别较大，本书采用如图 2-5 所示的标题栏。

| 设计 | | (日期) | | (材料) | | (校名) | |
|------|---|--------|---|--------|---|--------|---|
| 校核 | | | | | | | |
| 审核 | | | | 比例 | | (图样名称) | |
| 班级 | | 学号 | | 共　张第　张 | | (图样代号) | |

图 2-5　学校暂用标题栏

## 2.4 线型

GB/T4457.4—2002 中规定,制图中所用图线的形式分为 9 种,它们的种类及其用法见图 2-6。虚线、点画线、双折线在图中所示画法的尺寸,与所绘图的大小有关,根据所绘图的大小取 X 的值。应注意虚线中的实线段不要绘得太短,间距不要拉得过大,否则看起来像芝麻粒;点画线中的点不能绘成一个点,而应是一个很短的线段。

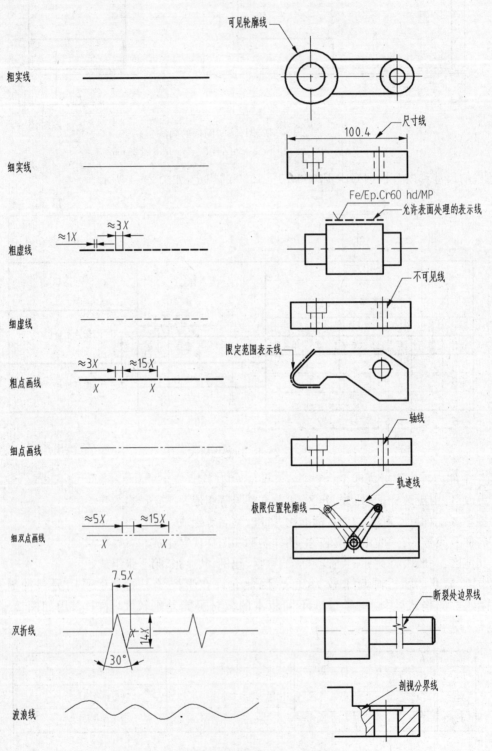

图 2-6 线型及其画法、应用示例

粗细两种线宽之间的比例为 2:1。粗线宽的代号一般以 $b$ 表示,所以细线的线宽为 $(1/2)b$。线宽根据图样的类型、尺寸、比例的要求,$b$ 可以取为 0.25、0.35、0.5、0.7、1、1.4、2 mm。

当有几种图线叠加时,只需画其中一种,优先顺序为:可见轮廓线、不可见轮廓线、对称中心线、尺寸界线。

为了使图形清晰,当实线、虚线、点画线彼此相交时,应注意应使虚线、点画线的线段与线段相交,不要脱空。手绘时,可适当调整线段的长度来解决这个问题;但计算机绘图要做到这点则不容易,因为线型是计算机自动完成的,可通过调整线型比例等方法尽量满足这一要求。

## 2.5 比例

比例的定义是图距与实距之比,即画在图纸上的代表空间实际长度的一段线段,它的绘制长度与所代表的实际长度之比。

在国家标准 GB/T14690—1993 中,对选取比例数值进行了规定,见表 2-2 和表 2-3。

表 2-2 一般选用的比例

| 种类 | 比 例 | | |
| --- | --- | --- | --- |
| 原值比例 | $1:1$ | | |
| 放大比例 | $5:1$<br>$5\times10^n:1$ | $2:1$<br>$2\times10^n:1$ | $1\times10^n:1$ |
| 缩小比例 | $1:2$<br>$1:2\times10^n$ | $1:5$<br>$1:5\times10^n$ | $1:10$<br>$1:1\times10^n$ |

表 2-3 允许选用的比例

| 种类 | 比 例 | | | | |
| --- | --- | --- | --- | --- | --- |
| 放大比例 | $4:1$<br>$4\times10^n:1$ | | $2.5:1$<br>$2.5\times10^n:1$ | | |
| 缩小比例 | $1:1.5$<br>$1:1.5\times10^n$ | $1:2.5$<br>$1:2.5\times10^n$ | $1:3$<br>$1:3\times10^n$ | $1:4$<br>$1:4\times10^n$ | $1:6$<br>$1:6\times10^n$ |

绘图时应优先选用原值比例,在能充分表达清楚机件结构形状的前提下,尽可能选用图纸幅面较小的图纸。

绘图时所采用的比例应注写在标题栏的比例一栏中,如果视图中有特别需要,个别视图采用了不同的比例,应在该视图的上方注写出比例。

## 2.6 字体

在 GB/T14691—1993 中规定了技术图样及有关技术文件中书写的汉字、字母、数字的样式和基本尺寸。

标准中规定汉字应写成长仿宋体,并采用国务院正式公布推行的简化字。

字体的高度(用 $h$ 表示)称为字号,公称尺寸系列为:1.8、2.5、3.5、5、7、10、14、20 mm,共 8 种,但汉字不应小于 3.5 mm。如果需要写大于 20 号的字,其字体高度应按 2 的平方根比率递增。

字体字高与字宽之比是 2 的平方根,即字宽约为字高的 0.7 倍。

数字的写法与字母的写法有直体与斜体两种。斜体字字头向右倾斜,与水平基准线成 75°。但在同一图样中,两种形式只能选用其中一种。

数字与字母的写法见图 2-7、图 2-8、图 2-9。

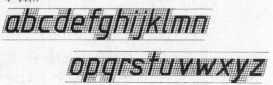

图 2-7 字母的直体写法        图 2-8 字母的斜体写法

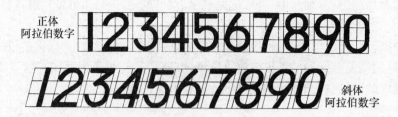

图 2-9  数字的写法

手写数字应注意手写的顺序,这样才能保证字体的效果。见图 2-10。

图 2-10  手写数字顺序

手写汉字的样式见图 2-11。

手写汉字对基本笔画如点、横、竖、撇、捺等的写法讲究提按,对字体结构讲究匀称和谐,因此显得十分美观,但由于其书写近于书法,普通人如果不经过较长时间的训练是达不到这个水平的。

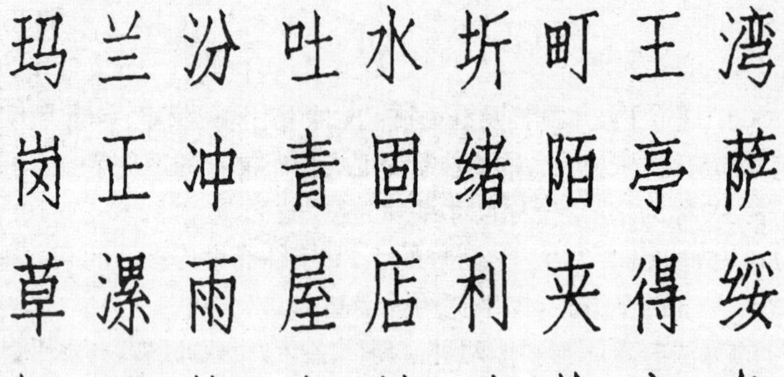

玛 兰 汾 吐 水 圻 町 王 湾

岗 正 冲 青 固 绪 陌 亭 萨

草 漯 雨 屋 店 利 夹 得 绥

坛 明 化 白 茚 砖 临 宋 鲁

图 2-11  汉字的手写样式

为了提高书写速度,减轻学习的负担,同时也达到一定的效果,本书建议可按图 2-12 所示的汉字来手写。

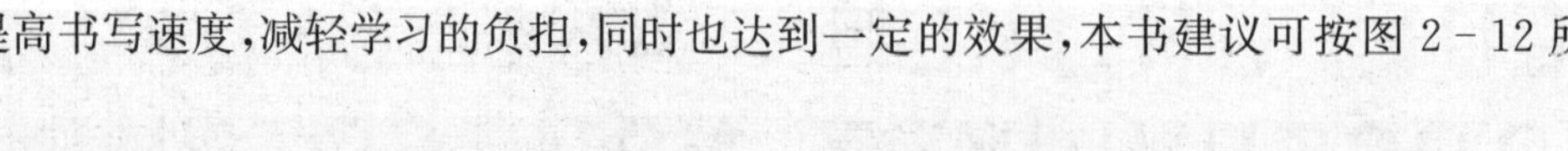

字体端正  笔划清楚  排列整齐  间隔均匀

图 2-12  手写汉字简化写法

字体端正、笔画清楚、排列整齐、间隔均匀是在图纸上书写文字时必须做到的基本要求。

计算机绘图由于可选择的字体很多,所以现今的图纸上除了规定的仿宋体字之外,为了美观,有时也采用其他的字体,如宋体、黑体等,但在图纸上不应采用太多的字体。

## 2.7　尺寸注法

绘出的机件图样一般是要送去加工用的,所以在图样上面必须标注尺寸。尺寸注法由 GB/T4458.4—2003 所规定,尺寸数值以机件的真实大小为依据,与所绘图形的大小及精确度无关。如图 2-13所示,图(a)与图(b)虽然绘图时采用比例不同,但标注尺寸数值应都是实际大小。

尺寸由尺寸线、尺寸界线、尺寸数字、尺寸箭头组成(图 2-13)。尺寸线、尺寸界线由细实线绘制,由图形的轮廓线、轴线或对称中心线处引出。也可以利用轮廓线、轴线或对称中心线作尺寸界线,如图 2-13 中的尺寸 54。尺寸界线一般应与尺寸线垂直,必要时可将尺寸界线倾斜。

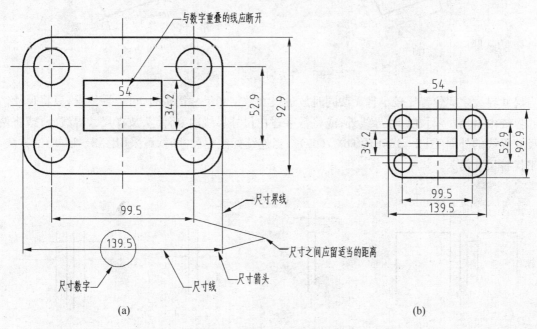

图 2-13　线性尺寸的标注

尺寸线终端有两种形式:一是箭头;二是斜线。机械图样中应采用箭头作为尺寸线的终端。如图 2-14 所示。注意箭头的画法,标准中规定箭头长度至少应为 $6d$,其中 $d$ 等于粗实线的宽度,也是箭头尾端宽度。

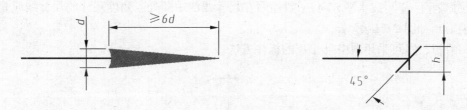

图 2-14　尺寸线终端的两种形式

尺寸数字后面一般不加注单位,在工程中默认的单位为毫米,如果有必要采用其他的单位时,在尺寸数字后面应跟单位。

尺寸按其性质可以分为线性尺寸、角度尺寸、直径和半径尺寸及其他尺寸。

### 2.7.1　线性尺寸

线性尺寸的注法如图 2-13所示。水平方向尺寸,尺寸数字应写在尺寸线的上方或尺寸线的中断处;非水平方向的尺寸,尺寸线应处于垂直方向或与所标注要素平行,尺寸数字方向与尺寸线平行。垂直方向标注时尺寸数字字头应左转,并标在尺寸线的左边或尺寸线的中断处。

对于各方向的线性尺寸标注,注意尺寸数字的注写方法,如图 2-15(a)所示。如果尺寸线处于与垂直方向夹角小于30°的范围内,尺寸应采取如图 2-15(a)中尺寸 34.8 的标注方法。

标准中规定,对于非水平方向的尺寸,在不致引起误解的前提下,允许采用如图 2-15(b)所示的标注方法,数字可水平地注写在尺寸线的中断处。但是对于整张图纸而言,a 与 b 两种标注方法,应只采取其中一种。

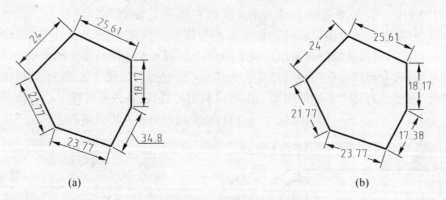

(a)　　　　　　　　　　　　(b)

图 2-15　各方向线性尺寸的标注

当尺寸界线之间位置比较小且无法同时放进尺寸数字和尺寸箭头时,可根据情况,只将尺寸箭头画在尺寸界线内,将数字写在尺寸界线外;或将数字写在尺寸界线内,将箭头放在尺寸界线外;或将两者都放在尺寸界线的外面(图 2-16(b)、(c)、(d))。当连续标注小尺寸时,可采用图 2-16(a)的方法,允许画点来代替尺寸箭头。

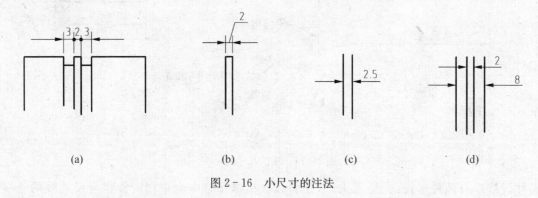

(a)　　　　　　　(b)　　　　　　　(c)　　　　　　　(d)

图 2-16　小尺寸的注法

## 2.7.2　角度尺寸

角度尺寸数字一律写成水平方向,一般注写在尺寸线的中断处。角度尺寸的尺寸线应是圆弧线,其圆心在角的顶点,如图 2-17 所示。

对于小角度尺寸,可采用图中尺寸 8°的标注方法。

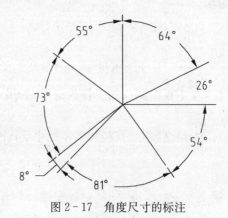

图 2-17　角度尺寸的标注

## 2.7.3　直径及半径尺寸

对于整圆或大于半圆的圆弧应标注直径尺寸。尺寸数字前应加"Φ"。尺寸可注在圆内或圆外,但尺寸线不能与中心线或其他线重叠,如图 2-18 所示。

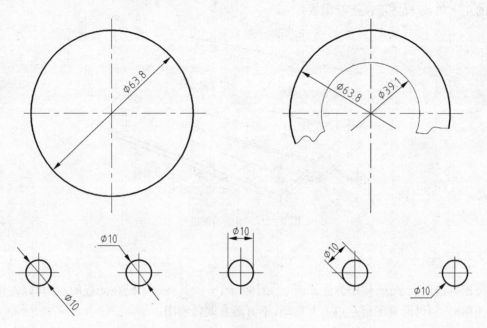

图 2-18　直径的标注方法

对于小直径的圆,可将尺寸数字及箭头放在圆的外边,其标注方法多种多样,见图 2-18。也可采用引线式标注,但引线箭头应指向圆心。

半径尺寸的标注方法如图 2-19 所示。尺寸数字前应加"*R*",对于球面的半径尺寸,尺寸数字前应加"*SR*"字样。半径尺寸一般应指向圆弧的圆心,若是圆弧半径很大,可以采取图中 b、c 的方式进行标注。

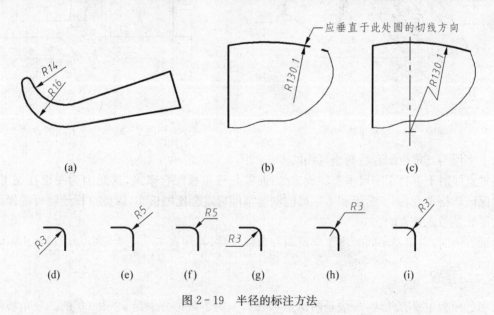

图 2-19　半径的标注方法

对于小半径圆弧,其标注方法如图 2-19 中 d~i 所示。

对于其他的一些特殊结构,如倒角、正方形结构、板状零件等的标注,将在后面介绍。

## 2.8　常用绘图工具的用法

### 2.8.1　图板

图板按大小可分为 A0、A1、A2、A3 号图板,其大小与相应图纸相同。绘图时使用图板比较方便,在有专用绘图教室的学校里,绘图一般用绘图桌,其桌面大小相当于 A1 号图板。

绘图前应先将图纸用胶带贴在图板上,如图 2－20 所示。贴图纸时,如果图纸比图板的尺寸小,应靠近图板的左下角,这样才能便于绘图。

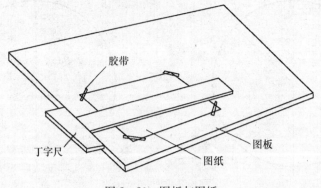

图 2－20　图板与图纸

### 2.8.2　丁字尺

丁字尺用来绘制水平线,使用方法如图 2－21 所示,应使其头部紧贴在图板的左边,以左边为基准。丁字尺在使用时,只可沿着图板左边上下移动,不可随意调转使用。

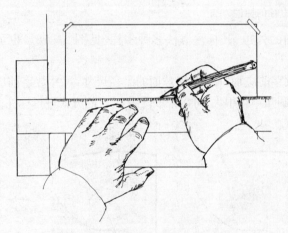

图 2－21　绘水平线方法

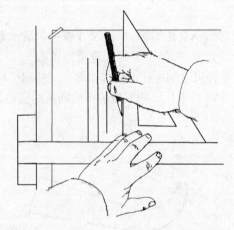

图 2－22　绘垂直线的方法

使用丁字尺与三角板配合绘制垂直线的方法如图 2－22 所示。

绘制垂直线时不可将丁字尺垂直摆放来画,而需与三角板配合来画,这是因为图板在加工时,两条边并不能保证严格垂直,而三角板和丁字尺的制造精度肯定会比图板高,因此这样绘制可确保绘出的垂直线与水平线是彼此垂直的。

绘制垂直线时,应用左手同时将丁字尺与三角板压住,并注意丁字尺头部应与图板左边贴紧。

### 2.8.3　三角板

绘图用三角板主要有两块,一块是两角是 45°的,一块是两角分别是 30°和 60°的。三角板除了与丁字尺配合绘垂直线外,两块三角块与丁字尺互相配合,可以绘制几个特殊的角度。见图 2－23。

利用两块三角板还可以画平行线。如图 2－24 所示。

### 2.8.4　绘图仪器

成套绘图仪器如图 2－25 所示,内有圆规、分规、鸭嘴笔等。一般学生用绘图包中,只有圆规和分规。

圆规用来绘制圆或圆弧,工程制图用的圆规一定要选用针尖和铅芯尖可调的圆规,不可用中学生用的简易圆规。

绘制较大的圆弧时,应使针尖及铅芯尖垂直于纸面,否则绘出的圆弧尺寸不精确,且纸面上针洞越转越大,如图 2－26 所示。

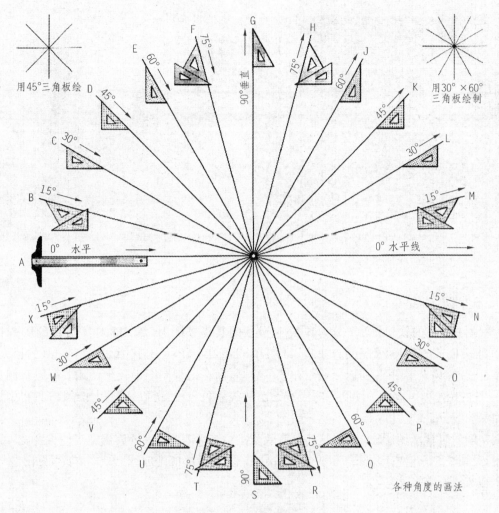

图 2-23　各种角度的画法
（转引自 Engineering Graphics）

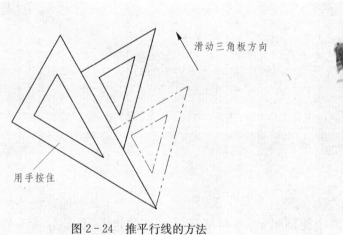

图 2-24　推平行线的方法

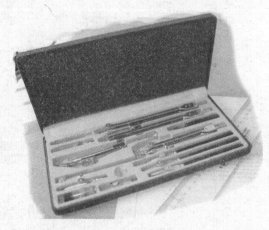

图 2-25　绘图仪器

　　分规用来移置尺寸，即先用分规在尺子上取得所需尺寸后，再将其移到图纸上（图 2-27），也可以用来等分线段。

　　用分规等分线段时，先预取一段尺寸，然后用分规在线段上度量，根据结果，再调整分规两针尖的间距，再度量，直至等分。

　　绘图仪器是比较脆弱的工具，使用时应注意保护好，避免摔落，没有好的工具是不可能绘出好的图样的。

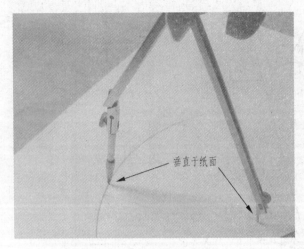

图2-26 圆规用法

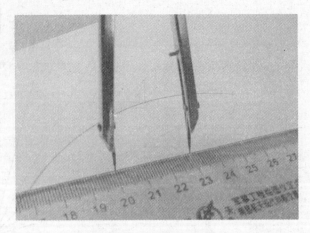

图2-27 用分规取尺寸

## 2.8.5 铅笔

　　铅笔根据其铅芯的软硬程度可分为许多种,较硬的其代号从 9H 到 4H,中等硬度的从 3H 到 B,较软的从 2B 到 7B。市场上较常见的有:2H、H,HB,B、2B、4B、6B,其中 2B、4B、6B 的铅太软,所含石墨较多,比较容易弄污图纸,所以一般用在艺术绘画,而在工程制图中较少使用。一般我们只要准备2H、HB、B 的铅笔就可以了。硬度高的铅笔绘出的线颜色较浅,所以一般用来绘图时打底稿,B 的铅笔用来加深图线。

　　铅笔在削的时候,应削成长锥形,这样可有效防止铅芯折断。铅芯要露出适当的长度,不可太长,也不要太短,见图 2-28。对于用来加粗线条的 B 号铅笔,其铅部应削成或磨成"楔"形,见图 2-29,使其宽度等于粗实线所需的线宽。

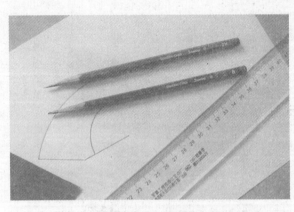

图2-28 铅笔

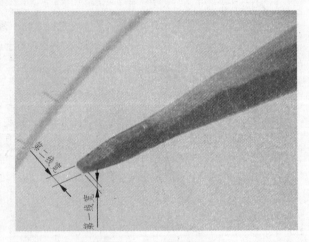

图2-29 "楔"形铅芯

　　铅笔在绘图线时,要使图线干净有力,尽可能黑且黑度一致,图 2-30 对比了几种绘制线条的优劣。绘制线条不仅要认真,而且要注意善于使用铅笔,将铅笔保持在最佳状态,是绘好线条的关键。

## 2.8.6 模板

　　为了提高效率可以使用各种模板。模板的种类很多,有辅助画圆的,有辅助画椭圆的,有辅助画曲线的,如图 2-31 所示。曲线板是用来辅助绘曲线的,除此之外,还有一种可随意调整自身形状的曲线尺,可用在需要绘制不同曲线的场合。

　　量角器是用来量取角度的,有时也将其制作成与模板一体,变成一物多用。

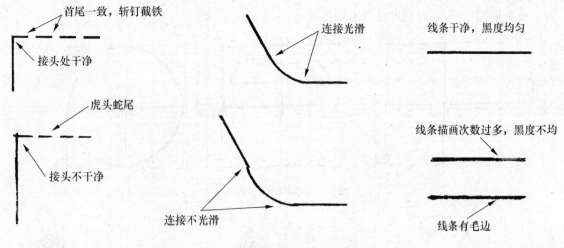

图 2-30　铅笔绘线条时应注意的问题

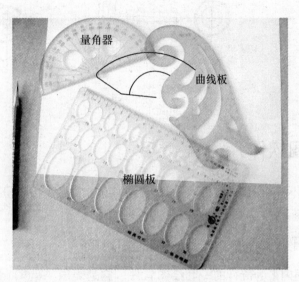

图 2-31　各种模板

## 2.9　徒手绘制草图

徒手绘草图在任何时代对工程技术人员来讲都是一项重要的基本功。工程技术人员不但在交流、构思时需要草图,在记录观察到的现象或机件的结构时也需要用草图。

绘草图除了需要了解一些绘图技巧之外,主要的还是要靠读者自己多练习,俗话说"熟能生巧"。下面介绍几个绘制技巧。

(1)绘直线。绘直线时,应将眼睛盯在下一个笔头要达到的点,而不是只盯在笔尖处。对于长线段,一次很难画直,可以分成若干段来画,段与段之间留有一个很小的空隙。

(2)绘圆及圆弧。要想将圆或圆弧绘得很圆是非常难的一件事情,需要大量的练习。掌握一些小的技巧,对于绘制要方便许多。

绘圆可以如图 2-32 所示,先绘制一个正方形的草图,将对边中点连接,一个正方形变成四个小的区域,对于每一个小的区域,通过试画,画出大致的四分之一圆弧,然后再用肯定的笔触画出完整的圆。

绘制圆还可以借助两支铅笔,一支用作圆规的针尖,一支用作圆规的铅芯,同时用一只手抓住,像圆规一样立在图纸上,然后用另一只手转动图纸,即可画出一个很准确的圆。

绘制圆另一种方法是借助于绳子或带子,一只手将绳子一头按在图纸上,另一只手抓住绳子另一头与铅笔,转动画出圆。

(3)绘制整个图样,关键是要把握好比例,如果细节画得不错,但比例失调,也是失败的。绘图的大体步骤如图 2-33 所示。

为了便于把握比例,可以用方格纸来绘草图。

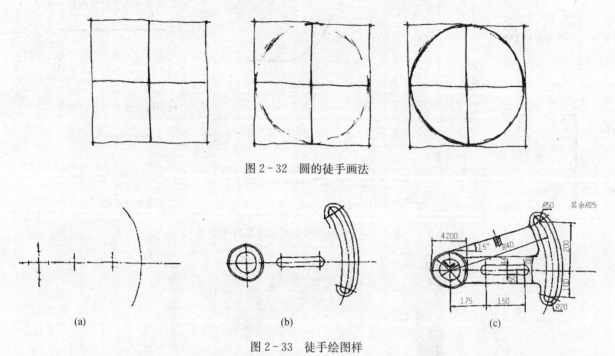

图 2-32 圆的徒手画法

(a)    (b)    (c)

图 2-33 徒手绘图样

## 2.10 计算机绘图软件介绍

用计算机进行绘图离不开绘图软件,目前比较流行的,在全世界占市场份额比较高的软件有如下三个:AutoCAD、SolidWorks、Pro/Engineer。

### 2.10.1 AutoCAD 软件

AutoCAD 是目前在国内最为流行的一套绘图软件。它是美国 AutoDesk 公司于 20 世纪 80 年代推出的,现在已经发展到 16.0 版。它是由命令驱动的、人机交互式的绘图软件,主要的特点如下。

(1)丰富的绘图命令。通过命令可以绘圆、直线、圆弧、矩形、多边形、椭圆等图元。

(2)丰富的修改图元命令。修改命令不仅是用来修改已经绘制的图元,同时它也是绘图的一种手段,通过丰富的修改编辑命令来绘图,效率有可能更高。

(3)图元分层摆放,便于管理。

(4)块的功能。对于重复使用的图元,可以定制成图块,建立丰富的图块库。

(5)具有一定的三维造型功能。可以构建表面模型、实体模型,对构造常见的机械零件没有问题,但构造复杂的曲面立体,则比较困难,且构造后很难修改。

(6)二次开发功能。通过定制、二次开发等,可以将 AutoCAD 构建得更加符合各行各业技术人员的需要,更加得心应手。

该软件并不限定适用于什么行业,它被广泛用于工业、交通、建筑、园林、装饰等行业,可以这么说,几乎凡是要画平面图的地方都可以看到它的身影。见图 2-34,图 2-35。

### 2.10.2 SolidWorks 软件

SolidWorks 是一套基于特征的参数化的实体建模设计软件。它目前的版本是 2006 版。

基于特征是指 SolidWorks 在建模时,利用被称作特征的基本几何体来建造,这些基本几何体并不是常见的基本立体,而是指在零件中,符合机械零件结构特征的立体,如凸台、孔、圆角、筋等。

参数化是指实体之间通过参数彼此关联,实体的建构通过尺寸进行驱动,建模后可以修改,只要改变尺寸等参数,实体的结构也会相应发生变化。

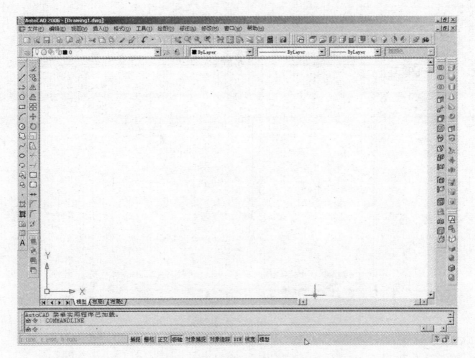

图 2－34　AutoCAD2006 界面

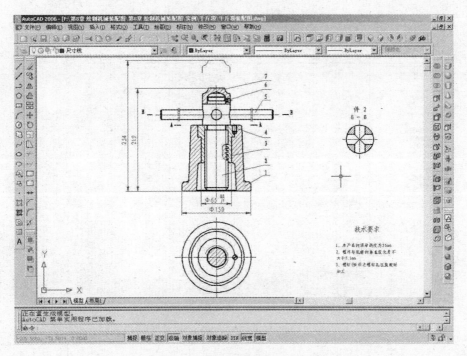

图 2－35　在 AutoCAD 上绘图实例

　　SolidWorks 也有平面绘图功能。它的立体模型主要是通过草绘的方式来进行构建的,这是它与平面图的关系之一。它有比较丰富的图元绘制和编辑功能;再一个功能是与平面图的关系,它可以将立体模型自动转化成平面工程图样,这其中仍需要一些人工的干预,因此,它的作图顺序与AutoCAD 不同,它不是直接去绘平面工程图样,而是先建三维的模型,再转化成平面图样,这样的思路更加符合人的思维过程,因此简化了通常的由立体到平面、再由平面到立体的空间想象过程。见图 2－36,图 2－37。

　　SolidWorks 可以说是与工程制图结合最紧密的一套软件,它里面有丰富的机械制图的符号,在标注尺寸时显得非常方便。而 AutoCAD 则需要自己构建这些符号。

　　SolidWorks 支持中国国家标准,学习时上手较快,这都是它较显著的优点。

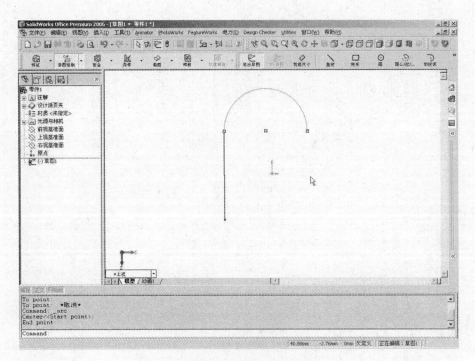

图 2-36　SolidWorks2006 草绘

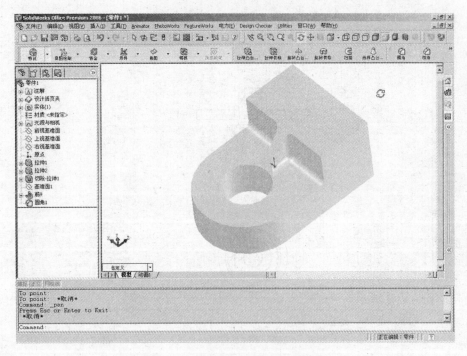

图 2-37　SolidWorks2006 三维建模

## 2.10.3　Pro/Engineer 软件

Pro/Engineer(简称为 Pro/E)是一套参数化的、基于特征的实体模型系统,由美国 PTC 公司开发。目前较为流行的版本是 Pro/Engineer Wildfire3.0。它与 SolidWorks 相同,也是基于参数化和特征,但它的参数化的约束必须是全约束的(SolidWorks 可以是不全约束的),因此在建模时,必须要保证约束全部到位,尺寸之间的关联全部建立正确之后,才可以建模。见图 2-38。

它同样也具有草绘功能,并也可以将立体模型转化为平面工程图样。但它的机械符号不太丰富,而且转化成的平面图与我国国家标准相差较远,比较符合美国的国家标准。目前版本及以前的软件不支持中文文件名。

Pro/E 实际是一套庞大的软件库,功能强大是它显著的优点。它包括实体模型、模具设计、钣金设计、铸造设计、NC 数控加工、有限元分析等,因此要全部掌握这样一套大型的软件库不是件轻松的事情,但我们可以各取所需,根本也不需要将其全部掌握。对于基本应用而言,掌握三维建模并制作工程图就可以了。虽然其具体过程与 SolidWorks 有所不同,但基本思路是一致的,也是通过草绘,构造特征,完成建模。

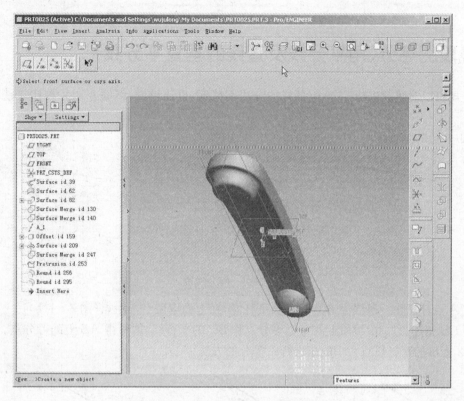

图 2 - 38　ProE wildfire3.0 三维建模实例

# 第3章 几何作图

## 3.1 线段的等分、角平分线及直线的垂直平分线

利用分规可以对线段进行等分,但那样的分法不精确,也比较慢,下面介绍一种比较精确的等分线段的方法。

图3-1表示的是将线段 $AB$ 进行四等分的作图过程。

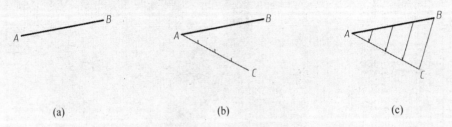

图3-1 等分线段

(1) 过 $A$ 点任意作一条线段 $AC$, $AC$ 长度任意,在上面取四个等距点(图3-1(b))。

(2) 将 $CB$ 相连,过 $AC$ 线段上的每个等分点作 $BC$ 的平行线,即可得 $AB$ 上的等分点。

图3-2表示的是将任意大小的角进行二等分的方法。

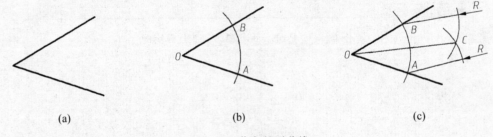

图3-2 作角的平分线

(1) 以角的顶点 $O$ 为圆心任意画圆弧与角的两边相交,得到 $A$、$B$ 两点,图3-2(b)。

(2) 再以 $A$、$B$ 为圆心,以任意半径 $R$,作圆弧,两条圆弧相交得到交点 $C$,半径应取得合适,使能产生交点。

(3) 连接 $OC$,$OC$ 即为角的平分线。

图3-3表示的是直线的垂直平分线的作法。

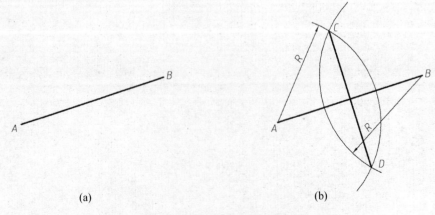

图3-3 直线的垂直平分线作法

（1）分别以直线段 $AB$ 的两个端点 $A$、$B$ 为圆心，以大于直线段一半的长度 $R$ 为半径绘圆弧。

（2）两圆弧相交得到两个交点 $C$、$D$，连接 $CD$，$CD$ 即为线段 $AB$ 的垂直平分线。

## 3.2 等分圆周及正多边形

### 3.2.1 圆的三等分

圆的三等分可以有两种方法，如图 3-4 所示。图 3-4(a) 是借助 60°三角板及丁字尺，通过一条圆的中心线与圆的交点 $A$，画直线得到 $B$，再过 $B$ 用丁字尺作水平线，得 $C$ 点。$A$、$B$、$C$ 即为圆的三等分点。连接三个等分点，即为等边三角形，也称为正三边形。

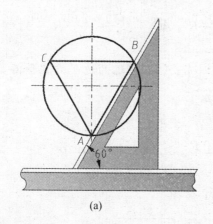

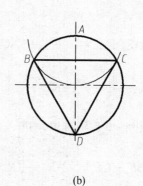

(a)    (b)

图 3-4　圆的三等分

在图 3-4(b) 中直接用圆规，以 $A$ 点为圆心，以该圆的半径为半径绘圆弧，与圆交与两点 $B$、$C$，则 $B$、$C$ 与 $D$ 点为圆的三等分点。

改变一下起始的点，可以得到不同方向的等边三角形。

### 3.2.2 圆的五等分

作图步骤如图 3-5 所示：

（1）作圆的半径 $OA$ 的垂直平分线，得中点 $F$。

（2）以 $F$ 为圆心，$FB$ 长度为半径绘圆弧，交直径 $OA$ 于点 $G$。

（3）以 $B$ 为圆心，$GB$ 长度为半径绘圆弧，在圆周上交于一点 $C$，则 $BC$ 线段长即为五边形边长。

（4）以 $BC$ 段为弦长，在圆周上依次截得各个等分点，连接各等分点，即为五边形。

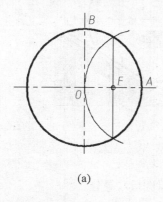

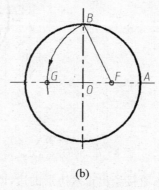

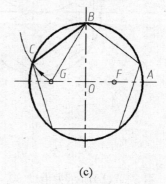

(a)    (b)    (c)

图 3-5　圆的五等分

五等分作图的证明：

（1）首先证明 $\sin 18° = \dfrac{\sqrt{5}-1}{4}$。如图 3-6 所示，$\triangle BCF \backsim \triangle ABC$，所以有 $\dfrac{BC}{AC} = \dfrac{CF}{BC}$，因此 $BC^2 = AC \cdot$

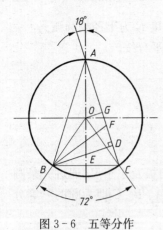

图3-6 五等分作
图证明

$CF = AC \cdot (AC - AF)$，因为 $AF = BF = BC$，所以有 $BC^2 = AC^2 - AC \cdot BC$，所以有 $BC = \dfrac{-1 \pm \sqrt{5}}{2} AC$，取正值，即 $BC = \dfrac{-1+\sqrt{5}}{2} AC$。$\sin \angle CAE = \sin 18° = \dfrac{1}{2} \dfrac{BC}{AC} = \dfrac{-1+\sqrt{5}}{4}$。

（2）设圆的半径为 $R$。

$$OG = R \cdot \sin 18° = \frac{\sqrt{5}-1}{4}R, \quad CG^2 = R^2 - OG^2$$

$$= R^2 - \frac{(\sqrt{5}-1)^2}{16}R^2 = \frac{10+2\sqrt{5}}{16}R^2$$

$$AC^2 = 4CG^2 = \frac{10+2\sqrt{5}}{4}R^2, \quad AC = \sqrt{\frac{10+2\sqrt{5}}{4}}R$$

五边形弦长 $BC = \dfrac{-1+\sqrt{5}}{2}AC = \dfrac{-1+\sqrt{5}}{2} \cdot \sqrt{\dfrac{10+2\sqrt{5}}{4}}R$，通过两边平方化简后，得 $BC = \sqrt{\dfrac{5-\sqrt{5}}{2}}R = \dfrac{\sqrt{10-2\sqrt{5}}}{2}R$

（3）从图3-5作图看出，$BF^2 = OB^2 + OF^2 = R^2 + \dfrac{R^2}{4} = \dfrac{5}{4}R^2$，$BF = \dfrac{\sqrt{5}}{2}R$

$OG = BF - OF = \dfrac{\sqrt{5}}{2}R - \dfrac{1}{2}R = \dfrac{\sqrt{5}-1}{2}R$，所以有：

$BC = BG = \sqrt{(OG^2 + OB^2)} = \sqrt{\left(\dfrac{\sqrt{5}-1}{2}R\right)^2 + R^2} = \dfrac{\sqrt{10-2\sqrt{5}}}{2}R$，可见作图结果与理论相同。

### 3.2.3 圆的六等分

圆的六等分可以有两种作图方法，如图3-7所示，图3-7(a)所示只用圆规来进行等分。
作图步骤：
（1）分别以 $A$、$B$ 为圆心，以圆的半径为半径绘圆弧，与圆相交得到 $C$、$D$、$E$、$F$ 四个交点。
（2）则 $A$、$B$、$C$、$D$、$E$、$F$ 为圆的六个等分点，连接即可得正六边形。

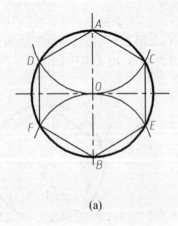

(a)

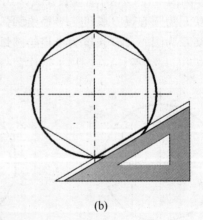

(b)

图3-7 圆的六等分

图3-7(b)所示为借助 $30°$ 三角板，直接绘出正六边形的边，即可将圆进行六等分。

### 3.2.4 圆的八等分

图3-8表示了圆的八等分作图方法。
（1）作角 $AOB$ 的角平分线，与圆相交于一点 $E$，则 $AE$ 或 $BE$ 为正八边形的边长。

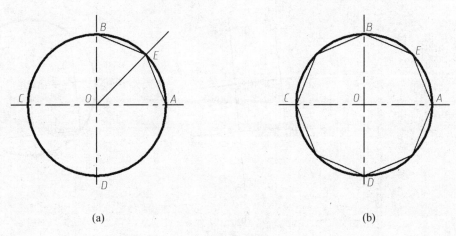

(a)　　　　　　　　　　　　(b)

图 3 8　圆的八等分

(2) 在 $A$、$B$、$C$、$D$ 四个等分点的基础上,以 $AE$ 作为弦长,在圆周上截取,即可得圆的其他四个八等分点,连接各等分点,即为圆的正八边形。

### 3.2.5　圆的十二等分

如图 3-9 所示,步骤如下:

(1) 分别以 $B$、$D$ 为圆心,以圆的半径为半径绘圆弧,与圆相交得到四个交点:$E$、$F$、$G$、$H$。

(2) 分别以 $A$、$C$ 为圆心,以同样方式作圆弧,与圆相交得到又四个交点:$I$、$J$、$K$、$L$。

(3) 以上八个点,与 $A$、$B$、$C$、$D$ 四个点合在一起,为圆的十二等分点。

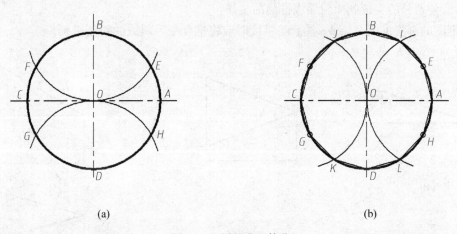

(a)　　　　　　　　　　　　(b)

图 3-9　圆的十二等分

连接圆的等分点形成的正多边形,我们称为圆的内接正多边形;过每个等分点作圆的切线形成的正多边形,称之为圆的外切正多边形。

并不是圆的任意等分都可以通过以上类似的作图来作出的。早期的教材总结出过一个圆内接正多边形的边长与圆的直径的关系表,通过圆的直径及正多边形的边数,查表可得边长与直径的比值,据此可计算出边长,由此可作出正多边形。不过在今天已经没有什么使用的意义了。

一般而言,以上的几种等分圆周的方法对于一般的应用已经足够了,更多边的作图可以用计算机绘图来完成,由计算机来作正多边形,那是十分方便的。

## 3.3　过三点作圆及找圆心的方法

过任意不在一条直线上的三点作圆的方法如图 3-10 所示。

(1) 将三点 $A$、$B$、$C$ 中的 $AB$,$BC$ 相连。

(2) 作 $AB$、$BC$ 的垂直平分线,两者交于一点 $O$。

(3) 以 $O$ 为圆心,$OA$ 或 $OC$、$OB$ 为半径画圆。

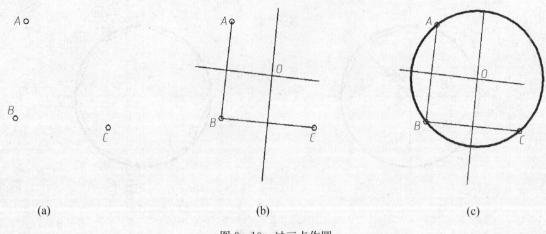

(a)　　　　　　　　　　(b)　　　　　　　　　　(c)

图 3-10　过三点作圆

那么反过来,如果已知一个圆,要找出其圆心,方法也与此类似。方法是:在圆中任意作两个弦,再作弦的垂直平分线,两者的交点即为圆心。

## 3.4　斜度和锥度

斜度与锥度的定义如图 3-11(a)、(b)所示,从定义可以看出,锥体的锥度的一半正好是锥面母线的斜度。

斜度与锥度符号的画法及在图样的标注方法如图 3-11(c)、(d)、(e)所示,标注时应注意专用符号的使用方法,应使符号的尖部朝向斜面或锥面的尖端。

斜度和锥度的画法见图 3-12。注意绘锥度时应将锥度变为斜线的斜度来画。

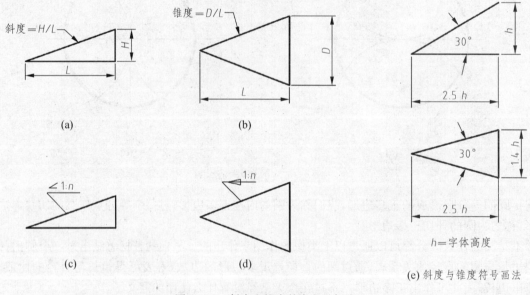

图 3-11　斜度和锥度的定义及标注

斜度画法　　　　　　　　　　　　　　图样

图 3－12　斜度和锥度的画法

## 3.5　用圆弧连接两直线

用圆弧连接两直线的实质是在两条直线之间作一条弧,让这条弧与两条直线都相切;这条弧的半径已知,但圆心的位置要根据相切的关系来确定。这样的弧称为"连接弧";相应的,已知了半径和圆心的弧称为"已知弧"。

两已知直线之间的相互夹角有三种情况:钝角、锐角和直角,这三种情况作图均可采用如图 3－13 所示的方法来作。两条已知直线呈直角,连接弧的半径已知为 $R$。

作图方法是:

(1) 在直线上任一位置作圆心,以连接弧的半径 $R$ 为半径画弧。

(2) 作已知直线的平行线,并使其与弧相切,用推平行线的方法来作图。

(3) 两条直线的交点 $O$ 即为连接弧的圆心。作图应尽可能精确,否则圆心的位置不对,作出圆弧将不会与直线相切。

(4) 以 $O$ 为圆心,以已知半径 $R$ 绘圆弧,该圆弧应与直线相切,擦去多余的线头,完成。

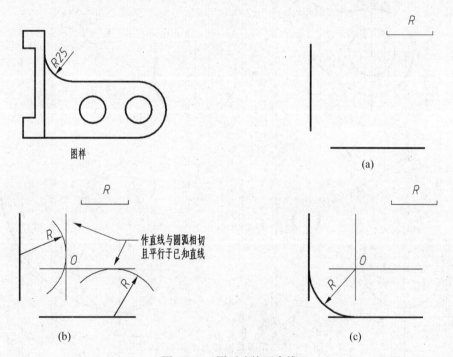

图 3－13　圆弧连接两直线

## 3.6　用圆弧连接两圆弧

用圆弧连接两个已知圆弧,就是作一圆弧与两个已知弧相切,由于相切的情况不同,又分为三种情况:一是与两个已知弧外切;二是与两个已知弧内切;三是与一个弧外切,与另一个弧内切。图 3－14 所示为连接弧与两个已知弧外切的画法。

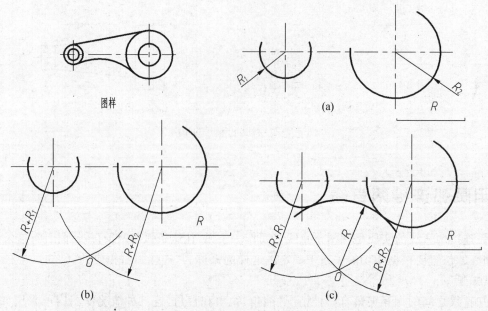

图 3-14　圆弧连接两个圆弧(外切)

外切时,连接弧与已知弧圆心距为半径之和,所以如图 3-14(b)所示,为了求得连接弧的圆心,分别以已知弧的圆心为圆心,以它们的半径之和为半径画弧,求得交点 $O,O$ 即为连接弧的圆心。

当连接弧与已知弧内切时,则圆心距为两弧的半径差。以半径差为半径画弧来求交点即可。

图 3-15 表示了连接弧与两个已知弧内切时的画法。

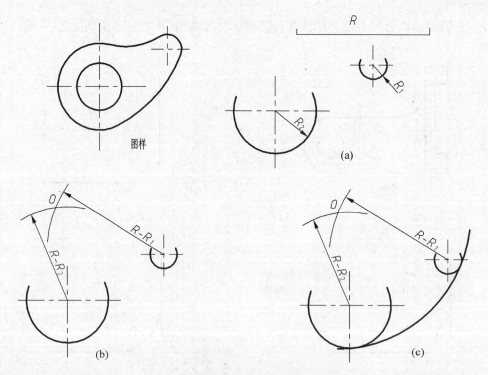

图 3-15　用圆弧连接两个圆弧(内切)

至于与一个圆弧外切、与一个圆弧内切的画法,请读者举一反三自己思考。

## 3.7　用圆弧连接直线与圆弧

用圆弧连接直线与圆弧的作图方法如图 3-16 和图 3-17 所示。图 3-16 中连接弧与已知弧为内切,因此以 $O_1$ 为圆心,以 $R_1-R$ 为半径画弧;作直线,使其平行于已知直线,并与它相距 $R$;直线与弧的交点 $O$ 即为连接弧圆心。图 3-17 是外切连接弧与已知弧为外切时的情况,请读者对照图自行分析。

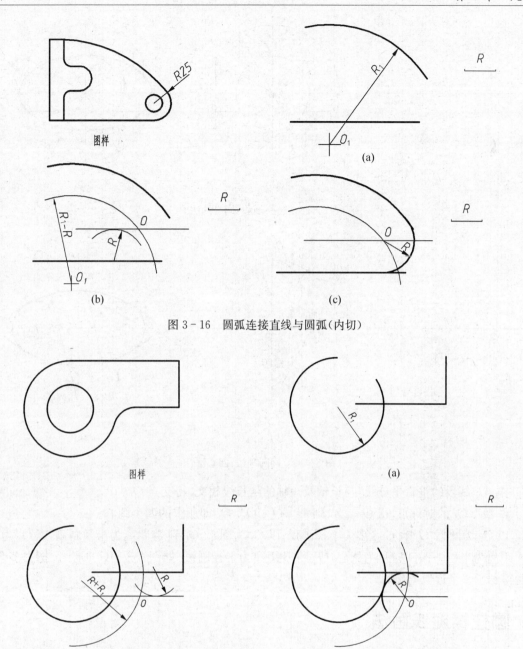

图 3-16　圆弧连接直线与圆弧（内切）

图 3-17　圆弧连接直线与圆弧（外切）

## 3.8　椭圆的画法

已知椭圆的长短轴绘椭圆的方法主要有两种，如图 3-18 所示的方法称为同心圆法，其作图步骤为：

（1）分别以短轴 CD 和长轴 AB 为直径作圆。

（2）将圆进行 12 等分，连接各对应等分点，与小圆相交，得若干交点，见图 3-18(b)，过每个小圆的交点作水平线，过与大圆的交点作垂直线，两线相交，可得出 1，2，3···共 8 个点。

（3）这 8 个点，与长短轴的端点合起来共 12 个点，即为椭圆曲线上的点，以光滑曲线连接形成椭圆。

椭圆的另一种画法（四心法），如图 3-19 所示。

（1）连接 AC，以 O 为圆心，OA 为半径画弧，交短轴延长线于点 K。

（2）再以 C 为圆心，CK 为半径画弧，交 AC 于点 E。

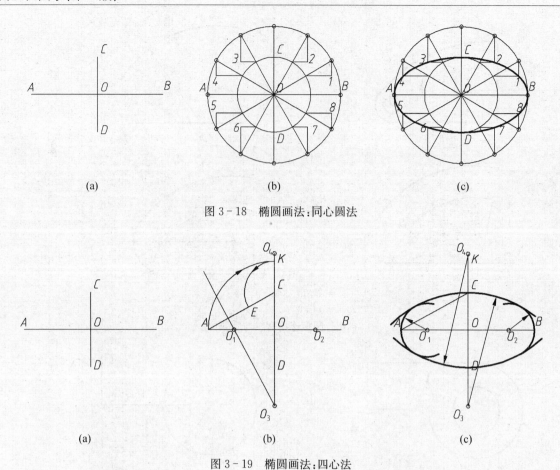

图 3-18 椭圆画法:同心圆法

图 3-19 椭圆画法:四心法

(3) 作 *AE* 线段的垂直平分线,与长轴及短轴的延长线相交,得交点 $O_1$、$O_3$。

(4) 作 $O_1$、$O_3$ 的对称点,得 $O_2$、$O_4$,则 $O_1$、$O_2$、$O_3$、$O_4$ 即所求的四个圆心。

(5) 以 $O_3$ 为圆心,$O_3$ 到 *C* 距离为半径画弧;以 $O_4$ 为圆心,$O_4$ 到 *D* 距离为半径画弧;以 $O_1$ 为圆心,$O_1$ 到 *A* 距离为半径画弧;以 $O_2$ 为圆心,$O_2$ 到 *B* 距离为半径画弧,如图 3-19(c)所示。擦去多余的线段,最后得到了一个近似的椭圆。

# 3.9　圆柱螺旋线画法

由一个动点在圆柱面(称为导圆柱)上,一边绕着圆柱作旋转运动,一边沿着圆柱轴线作直线运动,形成的运动轨迹就是螺旋线。

作圆柱螺旋线需要知道螺旋线的以下几个参数:

(1) 导圆柱直径 *D*。

(2) 导程:动点绕导圆柱一周,沿着圆柱轴线上升的距离(见图 3-20),用 *L* 表示。

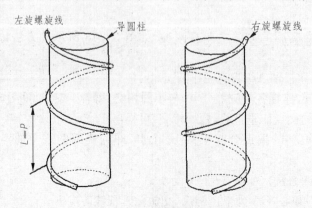

图 3-20　螺旋线的形成

（3）线数：在导圆柱上，做螺旋运动的螺旋线数，记作 $n$。

（4）螺距：相邻两条螺旋线上对应点之间的距离，记作 $p$。对单线螺旋线而言，$L = p$。

螺旋线的画法如图 3-21 所示。

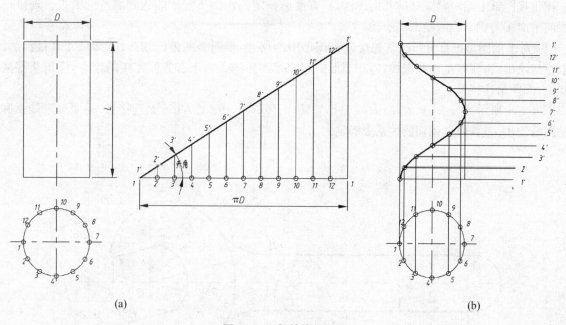

(a)　　　　　　　　　　　　　　　　　(b)

图 3-21　螺旋线的画法

（1）画出导圆柱，取其高等于导程。如图 3-21(a)所示。

（2）旁边画一个直角三角形，底边与导圆柱底边对齐，长为导圆柱截面圆的周长，即 $\pi D$。直角三角形另一边边长等于导程。

（3）将圆与直角三角形底边作 12 等分，并标记等分点。

（4）从直角三角形底边等分点画垂直线，与斜边相交，相应得到各个交点 $1'$，$2'$，$3'$…

（5）从 $1'$，$2'$，$3'$…画水平线，从圆上各等分点画垂直线，求出对应线的交点，即为螺旋线上的点。如图 3-21(b)所示。

（6）光滑连接各点，即得螺旋线。

本例是螺旋线的投影作法，图 3-21(b)中的螺旋线没有判别可见性，对于左旋或右旋螺旋线，螺旋线上可见的部分不同，不可见的应该绘成虚线，由于投影还没有介绍，所以可见性问题省略。

## 3.10　渐开线画法

渐开线的作图步骤：

（1）在基圆上将圆进行 12 等分，如图 3-22 所示。

（2）自每个等分点作圆的切线，在标号 12 的等分点的切线上取基圆的周长 $\pi d$。将 $\pi d$ 也进行 12 等分。

（3）在标号 1 的切线上取 1/12 的 $\pi d$ 长，即 12 段中的一段长；在标号 2 的切线上取两段长，依此类推。

（4）用曲线光滑连接各切线上取得的端点，即得渐开线。

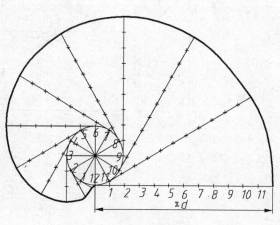

图 3-22　渐开线的画法

## 3.11  仪器绘完整几何图样示例

在正规图纸上绘一幅完整的几何图样,只有遵循一定的作图步骤才能达到满意的效果。现以一幅扳手的平面图为例来说明绘图的步骤。

(1) 对平面图形进行分析。首先应分析图形中的尺寸,辨明哪些是已知图线,即尺寸直接标明的,可以直接绘出的;哪些是连接图线,即在图形中起连接作用的。对于有圆弧连接的地方,应辨明哪些是已知弧,哪些是连接弧。

图 3-23 所示为扳手,弧 R50、R22 是已知弧,而弧 R34、R25、R1.6 是连接弧,需要等已知弧和已知的图线绘出来后,根据相切的关系来确定。

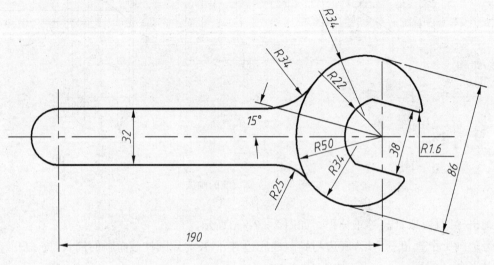

图 3-23  扳手

从相切的关系来分析,弧 R34 和 R25 与直线和弧 R50 均相切,与弧是外切;另两个弧 R34 与弧 R50 是内切,同时也与相距 86 的两直线相切,根据这一条件可确定它们的圆心。

(2) 选取比例,先从主要的基准线画起。比例的选取优先考虑原值比例,如图 3-24 所示,这几条线可以先画。

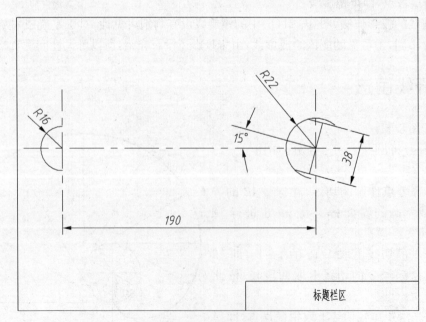

标题栏区

图 3-24  绘图步骤之一

绘图时,应注意考虑图形在图面上所占的位置,根据图形大体的总宽、总长,来确定第一条线应画在图面什么位置,因为这关系到整个图形完工后的效果,如果位置不对,很可能图线会画到图纸的外面或跟图框重叠,因此这一步很关键。

相距 38 的两条直线,可在 15°线的基础上推平行线来完成。

（3）进一步完成其他的线,及几处圆弧连接。根据前述圆弧连接的方法,将几处圆弧连接绘好,找准连接弧的圆心,这样才能保证圆弧相切,也才能保证连线光滑。如图 3-25 所示。

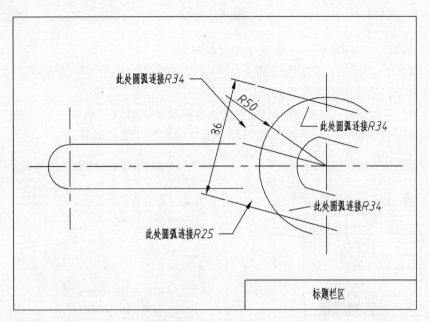

图 3-25　绘图步骤之二

（4）最后完成所有的图线,检查图线的尺寸是否全部画对,擦去多余的辅助线,标注尺寸,将所有图线加深一遍,粗实线要加粗,点画线、尺寸线也要深且黑(见图 3-26)。填写标题栏(本例省略了标题栏的填写)。

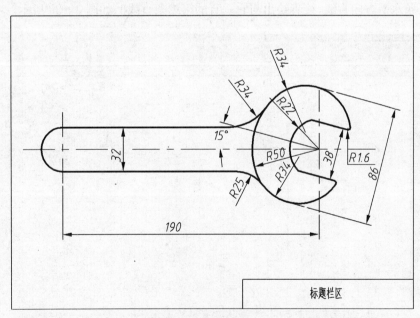

图 3-26　绘图步骤之三

## 3.12　AutoCAD 绘平面图形示例

作为示例,本节演示一个简单的平面图形的绘图过程,更多的 AutoCAD 的绘图知识,请读者自行参考有关书籍,或在有关课程中进行学习。

（1）打开 AutoCAD2006 软件，根据绘图范围的大小设置 LIMITS 范围。

命令：limits

重新设置模型空间界限：

指定左下角点或［开(ON)/关(OFF)］＜0.0000,0.0000＞：

指定右上角点＜420.0000,297.0000＞：300,300（设置范围为300,300）

命令：z

ZOOM

指定窗口的角点，输入比例因子（nX 或 nXP），或者

［全部(A)/中心(C)/动态(D)/范围(E)/上一个(P)/比例(S)/窗口(W)/对象(O)］＜实时＞：a

正在重生成模型。使设定的范围生效。

（2）加载线型。点击图 3-27 所示线型属性的选择框菜单，选择"其他……"，出现图 3-28 线型管理器对话框，点击按钮"加载……"，选择"CENTER"及"HIDDEN"线型加载。

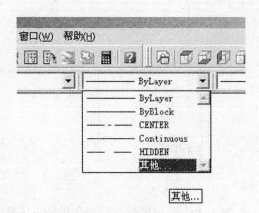

图 3-27　加载线型

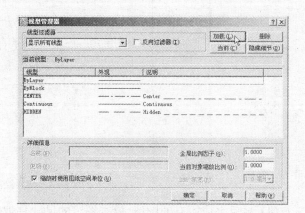

图 3-28　线型管理器

（3）图 3-25 中选择当前线型为"CENTER"。在屏幕下方点击"正交"按钮，将正交打开。在屏幕适当位置绘第一条水平方向直线，接着绘出与它垂直的第二条直线。如图 3-29 所示。

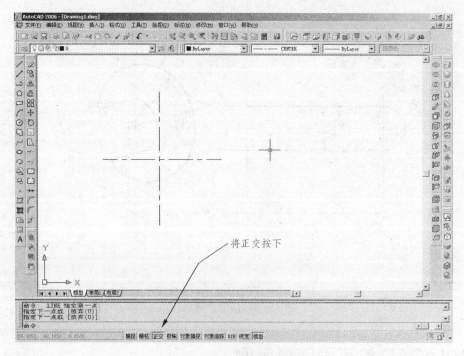

图 3-29　绘点画线

（4）将当前线型重设为"bylayer"或"continuous"。点击屏幕下方"对象捕捉"按钮，可以先检查一下对象捕捉的设置情况，方法是在按钮上点击鼠标右键，选择"设置……"。

开始画圆

命令:_circle 指定圆的圆心或 [三点(3P)/两点(2P)/相切、相切、半径(T)]:(捕捉点画线的交点)

指定圆的半径或 [直径(D)]:50(回车)

(再回车,重新执行命令)

命令:CIRCLE 指定圆的圆心或 [三点(3P)/两点(2P)/相切、相切、半径(T)]:(捕捉点画线交点)

指定圆的半径或 [直径(D)]<50.0000>:25(回车)

结果如图 3-30 所示。

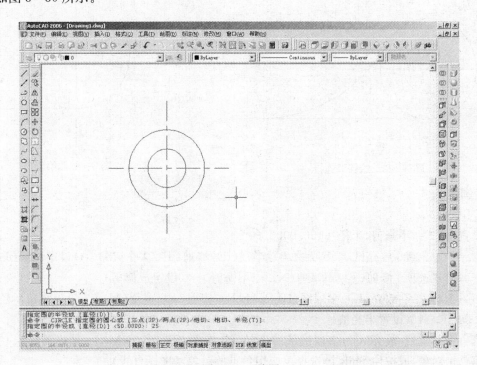

图 3-30　绘圆

(5) 绘直线。

命令:_line 指定第一点:(捕捉垂直方向点画线与大圆下部的交点)

指定下一点或 [放弃(U)]:200 (正交打开时,将鼠标朝右边拖动,同时输入 200)

结果如图 3-31 所示。

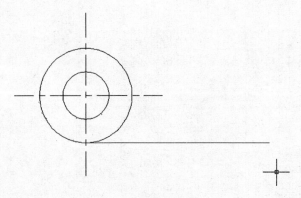

图 3-31　绘直线

(6) 绘圆弧连接。

命令:_fillet

当前设置:模式=修剪,半径=0.0000

选择第一个对象或 [放弃(U)/多段线(P)/半径(R)/修剪(T)/多个(M)]:T(设定修剪方式)

输入修剪模式选项 [修剪(T)/不修剪(N)]<修剪>:N

选择第一个对象或 [放弃(U)/多段线(P)/半径(R)/修剪(T)/多个(M)]:R 指定圆角半径

<0.0000>:150

选择第一个对象或［放弃(U)/多段线(P)/半径(R)/修剪(T)/多个(M)］:(选择圆)

选择第二个对象,或按住 Shift 键选择要应用角点的对象:(选择直线)

结果如图 3－32 所示。

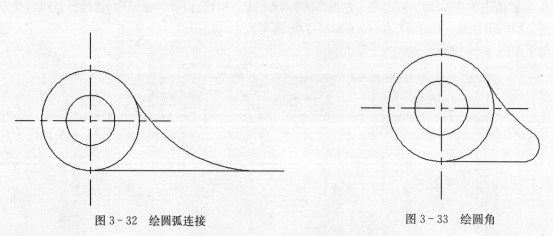

图 3－32　绘圆弧连接　　　　　　　　　　　　　图 3－33　绘圆角

(7) 绘圆角。

命令:_fillet

当前设置:模式＝不修剪,半径＝150.0000

选择第一个对象或［放弃(U)/多段线(P)/半径(R)/修剪(T)/多个(M)］:t(设定修剪模式)

输入修剪模式选项［修剪(T)/不修剪(N)］<不修剪>:t(设定成修剪)

选择第一个对象或［放弃(U)/多段线(P)/半径(R)/修剪(T)/多个(M)］:r指定圆角半径

<150.0000>:15(设置半径值)

选择第一个对象或［放弃(U)/多段线(P)/半径(R)/修剪(T)/多个(M)］:(选择弧线)

选择第二个对象,或按住 Shift 键选择要应用角点的对象:(选择直线)

结果如图 3－33 所示。

# 第4章　画法几何基础

画法几何的基础是投影理论,通过投影形成投影图,以此建立表达空间立体及解决空间问题的方法。

## 4.1　投影法及投影图

### 4.1.1　正投影

在日常生活中都有这样的经验,当一束光照在物体上,会在地面或墙壁上投下影子。根据光源的不同及物体离光源的远近不同,影子的大小和形状也会发生变化。

当光是从一个点发出的,投影线从一个中心发散开来,这样的投影称为中心投影,如图4-1(a)所示。

当光是从遥远的地方发来,投影线之间彼此平行,这样的投影称为平行投影,如图4-1(b)所示。

在平行投影中,当投影线垂直于投影面时,这样的投影又称为正投影。正投影正是画法几何中所采用的主要表达方法,见图4-1(c)。

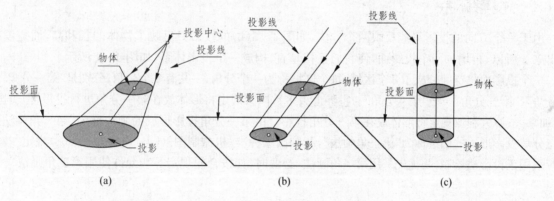

图4-1　投影
(a)中心投影;(b)平行投影;(c)正投影

画法几何中的投影不完全等同于生活中的投影,因此不能如图4-2左所示的那样,只画出一块黑影就可以了,而是应该像图右那样,连看不见的结构也要投影出来。

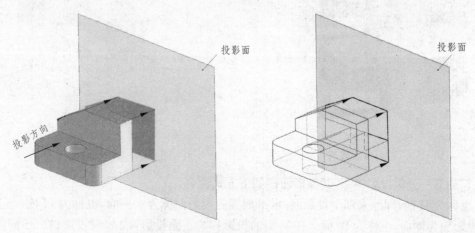

图4-2　立体的投影

尽管在画法几何中借用了生活中投影这一概念,但在绘投影时并不是要用光去照。画法几何中的投影是在想象中完成的。你可以想象,将物体放在投影面之前,如图4-2所示,从物体轮廓上面每一个点都发出一条垂直于投影面的投影线,包括那些从物体外表看不见的轮廓也应发出投影线,而且这些投影线有穿透力,它们与投影面相交,那些交点构成了投影。

为了更加容易了解得到的投影究竟是什么样的,也可以借助人的眼睛,让眼睛正对着投影面,物体放在人与投影面之间,想象上面讲述过的投影过程。

在用眼睛观察时,由于透视的原因,物体并不能像正投影一样,如图4-3(a)所示,因此在观察时,应稍稍调整一下视线的位置,以使视线穿过物体并垂直于投影面,最后应得到图4-3(b)的结果。

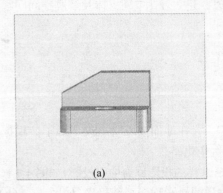
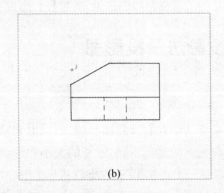

(a)  (b)

图4-3 想像投影过程

## 4.1.2 投影体系

由于一个方向的投影只能反映两个方位,如图4-3(b)的投影只反映了物体的长和高,而宽没有反映出来。所以,再增加两个投影面,使它们互相垂直,构成一个投影体系,如图4-4所示。

三个投影面将空间分成了8个区域,每个区域称为一个分角,一共有8个分角,分别是"第一分角"、"第二分角"、"第三分角"……"第八分角"。世界上大多数国家规定将形体放在第一分角进行投影,但美国、日本、加拿大、澳大利亚规定将形体放在第三分角投影。由第一分角投影形成的画法称为"第一角画法",由第三分角投影形成的画法称为"第三角画法",我国国家标准《机械制图》(GB/T14692—2008)规定"技术图样应采用正投影法绘制,并优先采用第一角画法,必要时(如按合同规定等),允许使用第三角画法"。

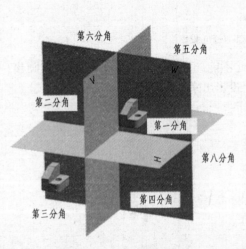

图4-4 三面投影体系

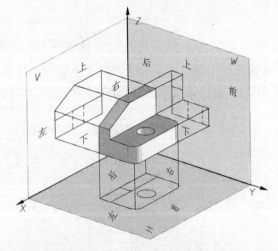

图4-5 第一分角投影体系

图4-5是第一分角投影体系,其投影面按如下方式命名:

正面,也称为$V$面,即原来那个投影面;水平放置的投影面称为水平面,也称为$H$面;与$V$面、$H$面均垂直的投影面为侧面,也称为$W$面。在$V$面的投影称为正面投影,或$V$面投影;在$H$面的投影称为水平面投影,或$H$面投影;在$W$面的投影称为侧面投影,或$W$面投影。

定义坐标轴如下:$V$面与$H$面的交线为$X$轴;$V$面与$W$面的交线为$Z$轴;$H$面与$W$面交线为$Y$轴。方向都是由里指向外。如图4-5所示。

定义方位关系如下:正面投影是由物体的前面朝后面进行的投影;水平投影是由物体的上面朝下面进

行的投影;侧面投影是由物体的左面朝右面进行的投影。物体的前后、左右、上下的关系如图 4-5 所示。一般投影时,先确定正面投影位置,只要物体的正面投影位置确定了,其他的投影方位也就相应确定了。

### 4.1.3　投影图的形成

如图 4-6 所示,正面保持不动,水平面向下翻转,侧面向右翻转,将其展开在一个平面上,就形成投影图,如图 4-7 所示。在展开的过程中,$Y$ 轴被分为两个,一个在 $H$ 面,称为 $Y_H$ 轴;一个在 $W$ 面,称为 $Y_W$ 轴。

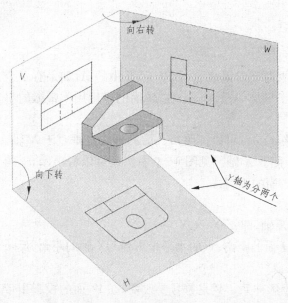

图 4-6　投影图的形成

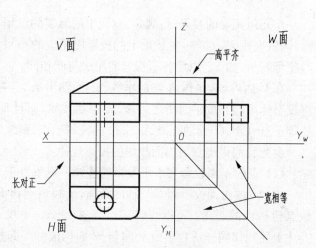

图 4-7　投影图

投影图具有如下投影特性,也称为投影规律:

正面投影与水平投影对齐,在 $X$ 方向反映物体的长,因此简称为"长对正"。

正面投影与侧面投影对齐,在 $Z$ 方向反映物体的高,因此简称为"高平齐"。

水平投影与侧面投影通过 $Y_H$ 轴和 $Y_W$ 轴对齐,反映物体的宽,因此简称为"宽相等"。

在 $Y_H$ 轴和 $Y_W$ 轴之间可以绘一条 45°斜线,将这种相等关系传递过去。

由于物体的正面投影也可以看成是从物体的前面看过去的,因此也称为"主视图";物体的水平投影可以看成是从物体的上面往下看的,因此也称为"俯视图";物体的侧面投影可以看成是从物体的左边向右边看过去的,因此也称为"左视图"。统称为物体的"三视图"。

对三视图而言,重要的是物体的视图,以及视图之间的对应关系,而视图与视图之间距离的远近,及有没有坐标轴并不能改变这种对应关系,因此,在学习到后面时我们将去掉坐标轴,从而形成物体的三视图,见图 4-8。

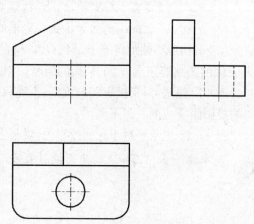

图 4-8　物体的三视图

## 4.2　点的投影

点是组成物体最基本的几何要素,在画法几何中它没有大小,但为了好理解起见,读者也可以将其想象成一个很小很小的球。

### 4.2.1　点在两投影面体系中的投影

点在 $V$ 面和 $H$ 面这两个投影面上的投影如图 4-9 所示。

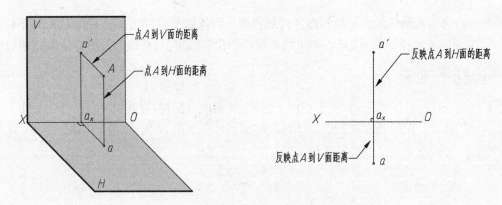

图 4-9  点的二面投影

作几何元素的投影时,规定:空间中的真实的点用大写字母来表示,如图 4-9 中的 $A$,如果有多个点,则依次用 $B$、$C$ 等;在 $V$ 面上的投影用相应的小写字母加一撇,如 $a'$;在 $H$ 面的投影用不带撇的小写字母表示,如 $a$。以后各章符号的用法与此相同。

在 $V$ 面内,从 $a'$ 作 $X$ 轴的垂线,交 $X$ 轴于 $a_x$,连接 $a$、$a_x$,可以证明,$a$、$a_x$ 的连线也垂直于 $X$ 轴。将投影体系展开成平面图之后,$a$、$a'$ 必然共线,而且垂直于 $X$ 轴。见图 4-9 右。还可以看出,$a'a_x$ 的长等于点 $A$ 到 $H$ 面的距离 $Aa$;$aa_x$ 的长等于点 $A$ 到 $V$ 面的距离 $Aa'$。

由此我们得出点的二面投影的投影规律:

(1) 点的正面投影与水平投影的连线一定垂直于 $X$ 轴,即 $a'a \perp OX$。

(2) 点的正面投影到 $OX$ 轴的距离,反映该点到 $H$ 面的距离;点的水平投影到 $OX$ 轴的距离,反映该点到 $V$ 面的距离。可以写成 $a'a_x = Aa$,$aa_x = Aa'$。

上述规律同样适合于由 $V$ 面与 $W$ 面构成的二面投影体系。只是符号要改变,在 $W$ 面的投影用带两个撇的小写字母表示,如 $a''$,坐标轴以 $Z$ 轴代替 $X$ 轴。

## 4.2.2  点在三投影面体系中的投影

点在三投影面体系中的投影,如图 4-11 所示,将其展开成平面图后,如图 4-12 所示。从图 4-11 和图 4-12 可以看出它有如下投影规律:

(1) $a'a$ 连线垂直于 $OX$ 轴,$a'a''$ 连线垂直于 $OZ$ 轴。

(2) $a''$ 到 $OZ$ 轴的距离等于 $a$ 到 $OX$ 轴的距离,即 $a''a_z = aa_x$。

(3) $a'$ 到 $OX$ 轴距离等于 $a''$ 到 $OY_W$ 轴的距离等于点 $A$ 到 $H$ 面的距离;$a'$ 到 $OZ$ 轴距离等于 $a$ 到 $OY_H$ 轴的距离等于点 $A$ 到 $W$ 面的距离;$a$ 到 $X$ 轴距离等于 $a''$ 到 $OZ$ 轴的距离等于点 $A$ 到 $V$ 面的距离;

再一次强调,对于投影图的观察,不能只认为这是一张平面图而已,而应该明确这是一张由三个方向的投影组合成的一张平面图。

图 4-13 表示了对于三面投影图,观察者在头脑中应建立的空间三维景象。

**基本作图 1**  已知点的两面投影求第三面投影。

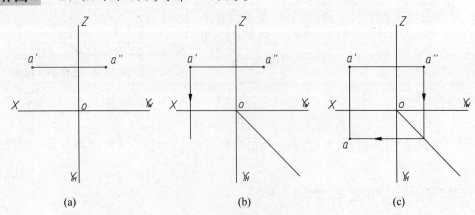

(a)                    (b)                    (c)

图 4-10  求点的第三面投影

如图 4-10(a)已知点 $A$ 的正面投影和侧面投影,求其水平投影。

作图步骤如下:

(1)首先根据点的投影的第一条规律,点的水平投影与正面投影的连线必垂直于 $X$ 轴,所以过 $a'$ 作 $X$ 轴的垂线,见图 4-10(b)。

(2)再根据第二条规律,$a$ 到 $X$ 轴的距离等于 $a''$ 到 $Z$ 轴的距离。为作图方便,过 $O$ 作 45°分角线,过 $a''$ 作 $Y_w$ 轴垂线并延长与分角线相交,再作 $Y_H$ 的垂线,与前一步作的直线相交,交点即为水平投影 $a$。

## 4.2.3　点的坐标与投影的关系

见图 4-11,点 $A$ 在三面投影体系中,它的 $X$ 坐标,即 $Oa_x$,等于点 $A$ 到 $W$ 面的距离;

它的 $Y$ 坐标,即 $Oa_y$,等于点 $A$ 到 $V$ 面的距离;

它的 $Z$ 坐标,即 $Oa_z$,等于点 $A$ 到 $H$ 面的距离。

如果已知点的三个坐标值就可以确定点的三面投影。

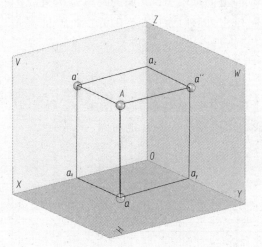

图 4-11　点的三面投影

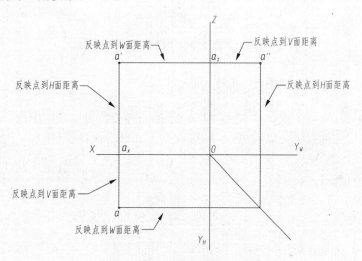

图 4-12　点的三面投影图

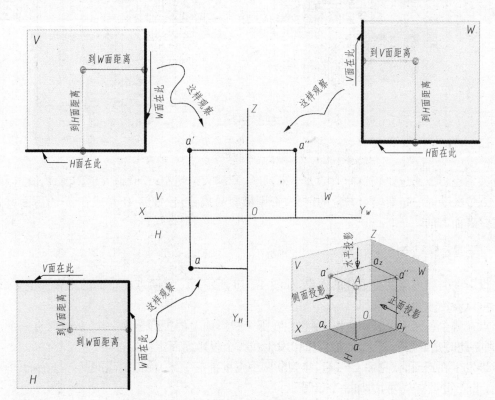

图 4-13　投影图的观察方法

41

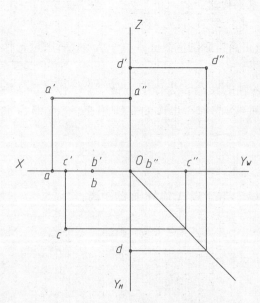

图 4-14　点的特殊位置投影

## 4.2.4　点的特殊位置投影

当点落在投影面或投影轴上,或在坐标原点时,称为点的特殊位置。此时点到某一个或两个、三个投影面的距离变为 0。

图 4-14 为几个特殊点的投影。点 $A$ 是在 $V$ 面上的点,因此它到正面的距离为 0,所以它的水平投影和侧面投影均在坐标轴上。

点 $B$ 是在 $X$ 轴上的点,因此它到 $V$ 面和 $H$ 面的距离都为 0,所以 $b'$ 和 $b$ 都在 $X$ 轴上,而 $b''$ 在坐标原点。

点 $C$ 是在 $H$ 面上的点,因此它到 $H$ 面的距离为 0,所以 $c'$ 在 $X$ 轴上,$c''$ 在 $Y$ 轴上,应注意 $c''$ 应画在 $Y_W$ 轴上,而不是 $Y_H$ 轴。

点 $D$ 是在 $W$ 面上的点,它到 $W$ 面的距离为 0,所以 $d'$ 在 $Z$ 轴上,$d$ 在 $Y$ 轴上,同样应注意 $d$ 在 $Y_H$ 轴上,而不是 $Y_W$ 轴。

## 4.2.5　两点间的相对位置

每个投影都对应两个方位,同一种方位可以在两个投影上表现出来,例如点 $B$,如图 4-15 所示,从正面投影可以看出,点 $B$ 在 $A$ 的下面和右面;同时从水平投影也可以看出它在 $A$ 的右面。

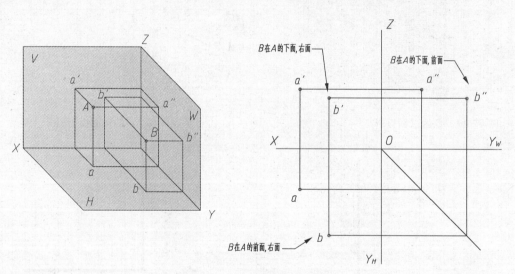

图 4-15　点的相对位置

方位关系也可以通过比较坐标值的大小来判断,$X$ 越大越朝左;$Y$ 值越大越朝前;$Z$ 值越大越朝上。

判断方位关系时一定要搞清方位的定义,否则极容易搞错,比如将 $B$ 看成在 $A$ 的后面。方位关系是针对观察者而言的。

## 4.2.6　重影点及其可见性

点在投影的时候可能发生重叠的现象,如图 4-16 所示,$A$、$B$ 两点在正面的投影发生重影,从它们的投影图可以看出重影点的规律:

两个点在哪个投影面上发生重影,则它们在那个投影面上的投影合为一个点,这时有一个点为不可见,为了判断此时是谁挡住了谁,要根据重影发生在哪个投影面而定。

当重影发生在正面时(见图 4-16),应判断两个点的前后关系,前面的点必然挡住后面的点,因此 $B$ 挡住 $A$,$a'$ 为不可见,在 $a'$ 两边加一个括号。

同理,如果重影发生在水平面,应比较两点的高低,高的挡住低的;如果重影发生在侧面,应比较两点的左右,左边的挡住右边的。

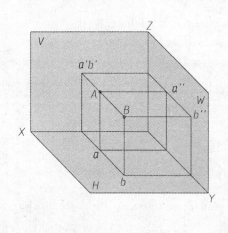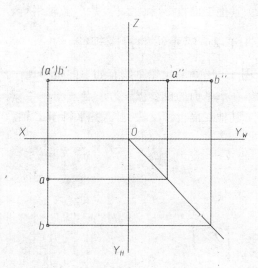

图 4-16　点的重影

## 4.3　直线的投影

空间两点可以确定一条直线,因此为了作出一条直线的投影,只要作出直线上的任意两点的投影,再加以连接就可以了,一般我们只作出直线段的两个端点。直线也是构成物体基本的元素,比如物体表面的棱线就可以看成是直线。

### 4.3.1　投影面的垂直线

当直线垂直于投影面时,它在投影面上的投影是一个点,也就是说这条直线上的所有的点都是重影点。当直线在三面投影体系中时,与一个投影面垂直必然平行于其他两个投影面,在其上投影的长度与空间直线的实际长度相同,称为反映"实长"。

根据与不同的投影面垂直,有三种垂直线:

与 V 面垂直的直线,称为正垂线;与 H 面垂直的直线,称为铅垂线;与 W 面垂直的直线,称为侧垂线。注意垂直线也同时与别的投影面平行,但不能称为平行线。

#### 4.3.1.1　正垂线的投影规律

从图 4-17 可看出正垂线有如下的投影规律:

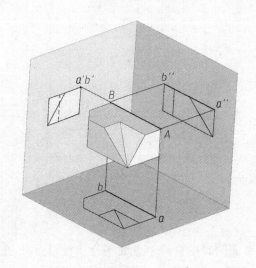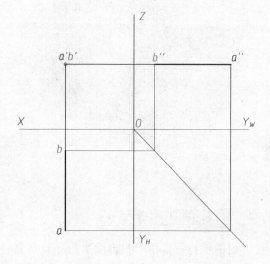

图 4-17　正垂线

(1) 直线在正面的投影是一个点,这称为积聚性。

(2) 其他二面投影反映实长,并与Y轴平行。

#### 4.3.1.2　铅垂线的投影规律

从图4-18可看出铅垂线有如下的投影规律:

(1) 在水平面的投影积聚为一点。

(2) 其他二面投影反映实长,并平行于Z轴。

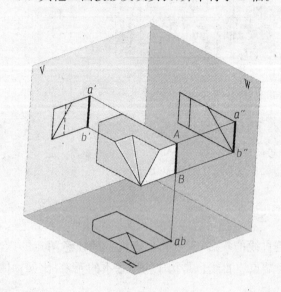
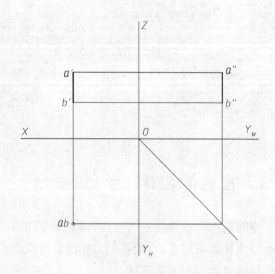

图4-18　铅垂线

#### 4.3.1.3　侧垂线的投影规律

从图4-19可以看出侧垂线具有如下投影规律:

(1) 在侧面的投影积聚为一点。

(2) 其他二面投影反映实长,并平行于X轴。

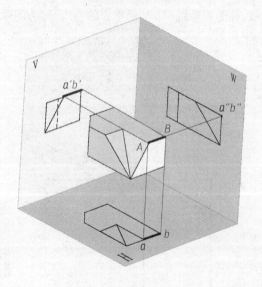
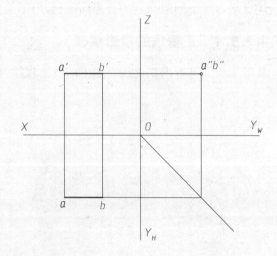

图4-19　侧垂线

### 4.3.2　投影面的平行线

投影面的平行线是指与投影面平行并且与其他投影面倾斜的直线。直线平行于投影面时,在投影面的投影反映实长。在三面投影体系中,直线可以平行于任一个投影面,因而有三种平行线:

正平线:平行于正投影面,而与其他两个投影面相交的直线;

水平线:平行于水平面,而与其他两个投影面相交的直线;

侧平线:平行于侧面,而与其他两个投影面相交的直线。

### 4.3.2.1 正平线投影规律

从图 4 - 20 可看出正平线有如下的投影规律:

(1) 因为平行于正面,所以在正面的投影反映实长,并且反映出直线与水平面的夹角 $\alpha$ 及与侧面的夹角 $\gamma$ 的大小,它与正面的夹角 $\beta$ 为 0。

(2) 它的水平投影平行于 $X$ 轴,侧面投影平行于 $Z$ 轴。因为水平投影到 $X$ 轴的距离和侧面投影到 $Z$ 轴的距离都反映点到 $V$ 面的距离,所以根据这个特性可知,直线上所有的点到 $V$ 面的距离全相等,从而可知直线在空间中必与 $V$ 面平行,对于下面其他的平行线也可作如此推论。

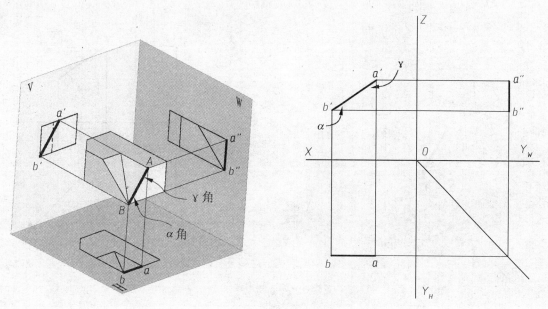

图 4 - 20 正平线

### 4.3.2.2 水平线的投影规律

从图 4 - 21 可以看出水平线有如下的规律:

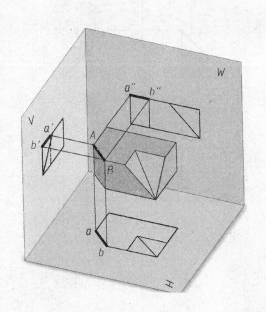
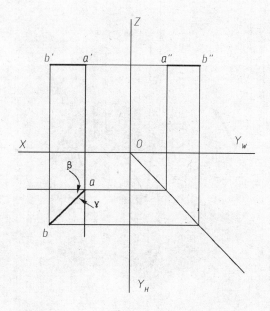

图 4 - 21 水平线

（1）它的水平投影反映实长，并反映出与正面的夹角 $\beta$ 的大小及与侧面的夹角 $\gamma$ 的大小，与水平面的夹角 $\alpha$ 为 0。

（2）它的正面投影平行于 $X$ 轴，侧面投影平行于 $Y$ 轴。

#### 4.3.2.3 侧平线的投影规律

从图 4-22 可以看出侧平线有如下的投影规律：

（1）它的侧面投影反映实长，并反映出与水平面的夹角 $\alpha$ 的大小及与正平面的夹角 $\beta$ 的大小，它与侧平面的夹角 $\gamma$ 为 0。

（2）它的正面投影平行于 $Z$ 轴，水平面投影平行于 $Y$ 轴。

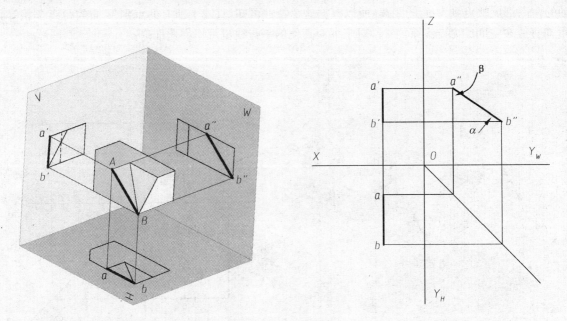

图 4-22　侧平线

### 4.3.3　一般位置直线

如图 4-23 所示为一般位置直线，它与任何一个投影面都不平行，也不垂直；它在三个投影面的投影均为直线，它们与坐标轴也不平行，它们都不反映实长，都比实际的长度要短。

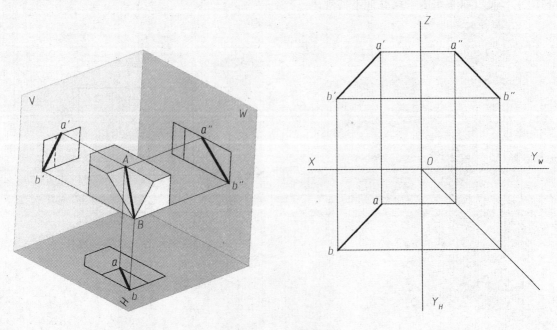

图 4-23　一般位置直线

三个投影面的投影与坐标轴的夹角都不反映直线与投影面夹角的真实大小,如果要想知道一般位置直线的真实长度和与投影面的夹角的真实大小,必须使用另外的办法。

## 4.3.4　求一般位置直线段的实长及其与投影面的夹角

求线段的实长及其与投影面的夹角可以用直角三角形法。

### 4.3.4.1　求线段的实长及与 **H** 面的夹角

见图 4-24,AB 是空间的一般位置直线,以它为斜边可以构建一个直角三角形;一条直角边的长度是 A、B 两个端点的高度差,或 Z 轴坐标差,可以从正面投影或侧面投影得到;另一条直角边的长度与直线的水平投影的长度相等。因此两条直角边的长度均为已知。我们可以在图纸作出这个直角三角形,从而求出三角形斜边的长度,以及斜边与图中所示直角边的夹角,从而求出了线段的实长及与 H 面的夹角。

### 4.3.4.2　求线段的实长及与 **V** 面的夹角

见图 4-25,类似地可以构建一个直角三角形,一条直角边的长度是 A、B 两点的前后距离差,或它们的 Y 轴坐标差;另一个直角边的长度与直线的正面投影长度相等。因此我们可以在图纸上作出这个直角三角形,从而求出线段的实长及与 V 面的夹角。

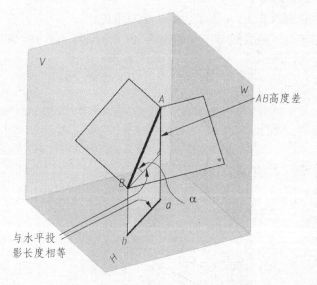

图 4-24　求直线实长及与水平面夹角

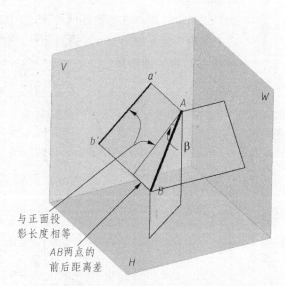

图 4-25　求直线实长及与正面夹角

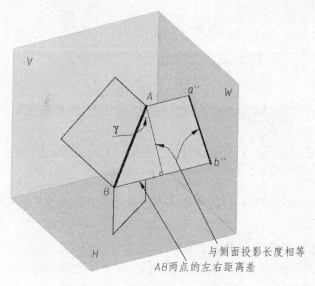

图 4-26　求直线实长及与侧面夹角

#### 4.3.4.3 求线段的实长及与 *W* 面的夹角

见图 4-26,同理构建一个直角三角形,一条直角边的长度是 *A*、*B* 两点的左右距离差,或它们的 *X* 坐标差;另一个直角边的长度与直线的侧面投影长度相等。因此我们可以在图纸上作出这个直角三角形,从而求出线段的实长及与 *W* 面的夹角。

通过以上的分析,我们可以将求线段实长及与投影面夹角的直角三角形法总结如下:

> 求与某个投影面的夹角就用该投影面的投影作一个直角边,用线段两个端点到该投影面的距离差作另一个直角边,构成一个直角三角形,三角形的斜边长是线段的实长,斜边与反映投影长的直角边的夹角为直线与该投影面的夹角。

**基本作图 2**  求直线的实长及与正平面的夹角 $\beta$。

如图 4-27 左,已知直线的两个投影,现要求直线的实长及与正面的夹角。作图步骤如下:

(1) 在水平投影,过 *b* 作 *X* 轴的平行线与直线相交;

(2) 在正面投影,过 $b'$ 作 $a'b'$ 的垂线,使其长度等于如图右所示长度,即两端点的 *Y* 坐标差;

(3) 连接形成直角三角形的斜边,则斜边长为实长,斜边与 $a'b'$ 的夹角为 $\beta$ 角。

注意两点:

(1) 三角形可以作在图面任何位置,图中直接作在正面投影上,是为了少画一个直角边;

(2) 夹角一定是斜边与 $a'b'$ 边的夹角,它的大小等于真实的直线与正面的夹角,但并不表示直线在三角形顶点处与 *V* 面相交。

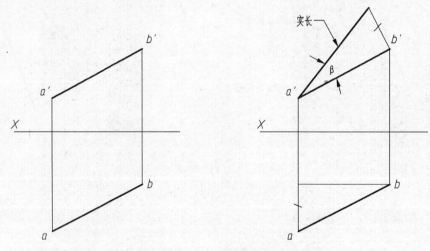

图 4-27  求实长作图

### 4.3.5  直线上的点

如果点在直线上,则点的各个投影必在该直线的同名投影上,而且把直线分成的比例与点的投影把直线的同名投影分成的比例相等。

如图 4-28 所示,*C* 是直线 *AB* 上的点,所以 $c'$ 在 $a'b'$ 上,*c* 在 *ab* 上,而且 $a'c':c'b' = ac:cb = AC:CB$。

**基本作图 3**  在直线 *AB* 上作一点 *C*,并把直线分成 $AC:CB = 2:1$。(图 4-29(a))

作图步骤如下:

(1) 过 *a* 任作一直线段,并事先取得三个等距段,在每个等距点上标记,如 1、2、3。

(2) 连接 3*b*,并过 2、1 分别作它的平行线与 *ab* 相交,标记 2 的平行线与 *ab* 的交点为 *c*,即点 *C* 的水平投影。

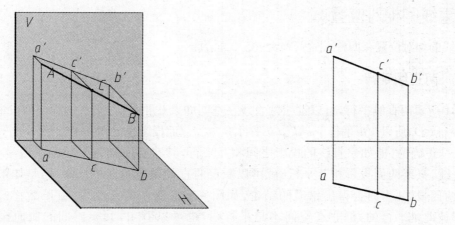

图 4-28 直线上的点

（3）过 c 作 X 轴的垂线，与 $a'b'$ 相交得到交点，标记 $c'$，点 C 的正面投影，求出投影相当于求出了 C 点。

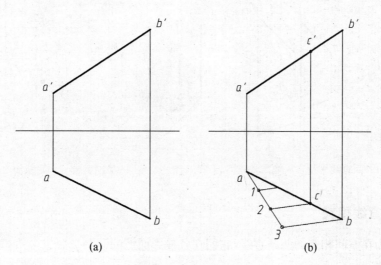

(a)         (b)

图 4-29 在直线上取点

[例题 4-1] 已知直线 AB 和点 K 的正面投影和水平投影，判断点 K 是否在直线上？（图 4-30(a)）

解：见图 4-30(b)，先作出直线 AB 的侧面投影及 K 点的侧面投影，从图可以看出 $k''$ 不在直线的侧面投影上，所以，可以断定，点 K 不在直线上，因为点在直线上时，点的每一个投影都必须在直线的同面投影上。

此外还有一种解法，即判断 $a'k'：k'b'$ 是否等于 $ak：kb$，可以看出，也是不等的。

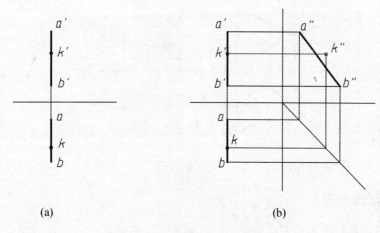

(a)         (b)

图 4-30 判断点是否在直线上

### 4.3.6 两直线的相对位置

空间两直线的相对位置有四种:平行、相交、交叉、垂直。

#### 4.3.6.1 两直线平行

如图 4-31 所示两直线平行,可以证明两直线在空间如果互相平行,则它们的同面投影也互相平行,图中 $AB$ 平行 $CD$,所以 $a'b'$ 平行于 $c'd'$,$ab$ 平行于 $cd$。侧面投影也是相互平行的。

反过来也是正确的,即如果直线的投影之间相互平行,其在空间也是平行的。但是要注意,对于一般位置直线,只要两面投影相互平行,就可以断定两直线在空间是平行的,但是如果是特殊位置直线,只看两面投影,有时会得出错误的结论,如图 4-32 所示两条侧平线,虽然它们的正面投影和水平投影彼此是平行的,但它在空间不是平行线,也可以看出,其实它们的侧面投影是不平行的。

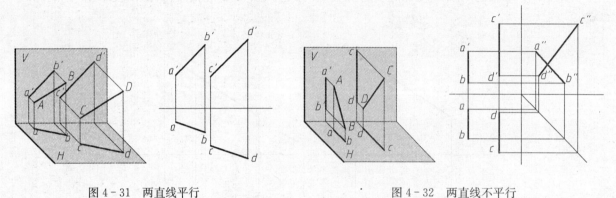

图 4-31 两直线平行　　　　　　　　　　　图 4-32 两直线不平行

#### 4.3.6.2 两直线相交

图 4-33 所示为在空间相交的两条直线,它们在各投影面上的同名投影也必然相交,而且交点应符合空间一点的投影规律。

从两直线相交可推出它们在投影面的投影也相交;但从直线的各投影面的投影相交便断定它们在空间也相交是不可以的,只有当它们在 $V$ 面和 $H$ 面上投影的交点的连线垂直于 $X$ 轴,$V$ 面和 $W$ 面上投影交点的连线垂直于 $Z$ 轴,这时才可以判断两直线在空间是相交的。

如图 4-33,直线 $AB$ 和 $CD$ 在 $V$ 面投影的交点 $k'$ 与两直线在 $H$ 面投影的交点 $k$ 的连线垂直于 $X$ 轴,所以 $AB$、$CD$ 在空间是相交的。

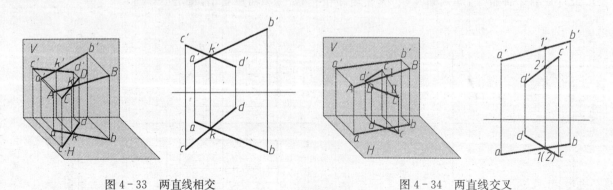

图 4-33 两直线相交　　　　　　　　　　　图 4-34 两直线交叉

#### 4.3.6.3 两直线交叉

两直线在空间既不平行也不相交称为交叉。两交叉直线的投影在空间没有交点,但它们的投影却有可能相交,或有可能平行。

它们投影的交点,实际上是直线上两个重影点的投影,图 4-34 中 Ⅰ、Ⅱ 两点,水平投影重叠,根据重影点的判别方法知道 Ⅱ 点为不可见点。两直线的正面投影也可能会有重影点,如图中示例,如果将 $a'b'$ 及 $c'd'$ 延长,它们也会相交。

对每个投影面上的重影点都需要重新判别它们的可见性。通过判别可见性,从而通过投影图就可以知道它们在空间的相互位置。

**基本作图 4**　过空间一点 $C$ 作一条直线 $CD$ 与已知直线 $AB$ 相交(图 4-35(a))。

作图步骤如图 4-35(b)所示:

(1) 由于过一点可作无数条直线与已知直线 $AB$ 相交,现在是任作一条。过 $c'$ 作任一直线 $c'd'$ 与 $a'b'$ 相交于 $d'$。

(2) 过 $d'$ 作投影轴的垂线并延长交 $ab$ 于 $d$。

(3) 连接 $cd$,并延长。

作直线与直线相交的关键是要保证直线投影的交点,是直线在空间交点的投影。

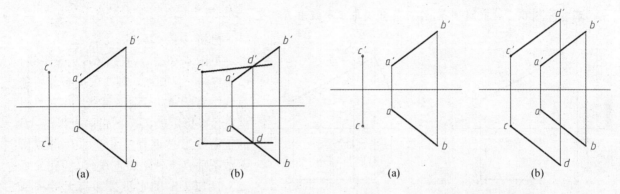

图 4-35　过点作直线相交　　　　　　　图 4-36　过点作平行线

**基本作图 5**　过点 $C$ 作一条直线 $CD$ 与已知直线 $AB$ 平行(图 4-36(a))。

作图步骤如 4-36(b)所示:

(1) 过 $c'$ 作 $c'd'$ 平行于 $a'b'$;

(2) 过 $c$ 作 $cd$ 平行于 $ab$;

(3) 使 $d'$ 和 $d$ 在一条垂直于投影轴的直线上。这是保证 $d'$ 和 $d$ 是空间 $D$ 点的两个投影,至于 $c'd'$ 画多长是无关紧要的。

### 4.3.6.4　两直线垂直

两条在空间互相垂直的直线,它们的投影却不一定互相垂直;相反两条直线在投影面的投影互相垂直,它们在空间也未必是互相垂直的。

两条在空间互相垂直的直线可以是相交垂直,也可能是交叉垂直。

当互相垂直的两直线都平行于投影面时,它们在投影面的投影互相垂直,呈现直角;当它们都不平行于投影面时,它们在投影面的投影不垂直,呈钝角或锐角;当它们其中一条平行于投影面时,它们在投影面的投影互相垂直吗? 这是我们将讨论的。

> 直角投影定理:两条互相垂直(相交或交叉)的直线,其中有一条直线平行于一投影面时,则两直线在该投影面的投影互相垂直,反映直角。

证明如下:

见图 4-37(a),直线 $AB$、$AC$ 为空间垂直二直线,其中 $AB$ 平行于 $H$ 面,$AC$ 为一般位置直线。因为 $AB$ 垂直于 $AC$,也垂直于 $Aa$,所以 $AB$ 垂直于平面 $ACca$,由立体几何直线垂直于平面定理可知,$AB$ 垂直于面内任一直线,所以 $AB$ 垂直于 $ac$。

又由于 $AB$ 平行于 $ab$,因此,$ab$ 垂直于 $ac$。也即它们在 $H$ 面的投影互相垂直。证毕。

图 4-37(b)是它们的投影图。

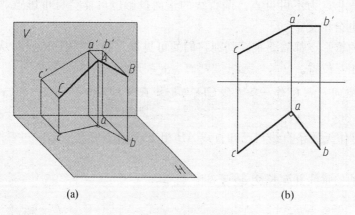

(a)　　　　　　　　　　　　(b)

图 4-37　直角投影定理

**基本作图 6**　过空间一点,作一条直线与正平线垂直相交。

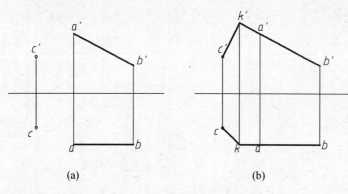

(a)　　　　　　　　　　　　(b)

图 4-38　作直线与正平线垂直相交

**分析:**

见图 4-38(a),直线 $AB$ 为正平线,$C$ 为空间一已知点。现要求过 $C$ 作一条直线垂直于 $AB$。设该直线为 $CK$。根据直角投影定理,$CK$ 的正面投影与 $AB$ 的正面投影必垂直。由于过 $C$ 可以作无数条垂直于 $AB$ 的直线(包括交叉垂直),所以 $CK$ 的水平投影有无数种情况。但本作图要求的是垂直相交,所以,$CK$ 的水平投影必须要满足相交的条件,因此情况只能是一种。

作图步骤如下:

(1) 过 $c'$ 作 $a'b'$ 的垂线,与 $a'b'$ 的延长线相交于点 $k'$,即为交点的正面投影;

(2) 过 $k'$ 作投影轴的垂线与 $ab$ 的延长线交于点 $k$,即为交点的水平投影;

(3) 连接 $ck$。则 $c'k'$ 和 $ck$ 即为所求垂线的两个投影。

**基本作图 7**　过空间一点,任作一条直线垂直于已知的一般位置直线。

**分析:**

如图 4-39(a)所示,$AB$ 为一般位置直线,$C$ 为空间一已知点。如前述,过空间一点可作无数条直线垂直于已知直线,本作图要求是任作一条,可根据直角投影定理直接作平行线垂直于它。

作图步骤如下(见图 4-39(b)):

(1) 首先作一条水平线垂直于 $AB$。因为是水平线,所以它的正面投影应该平行于投影轴,作 $c'1'$ 平行于投影轴。

(2) 由于它们的投影在水平面成直角,所以作 $c1$ 垂直于 $ab$。

(3) 注意使 $1'1$ 要垂直于投影轴,即要符合投影规律。

同理还可以作一条正平线 $C2$ 垂直于直线 $AB$。

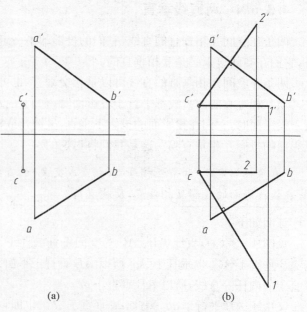

(a)　　　　　　　　(b)

图 4-39　作直线垂直于一般位置直线

应该注意,这两条平行线均不与 $AB$ 相交,它们与 $AB$ 的关系是交叉垂直。

作这样两条平行线垂直于一般位置直线,是一种比较重要的作图方法,常用它来解决一些比较困难的问题。

## 4.4 平面的投影

### 4.4.1 平面的表示法

#### 4.4.1.1 平面的几何元素表示法

平面是没有厚度、可以向四面延展的抽象的概念。因为在几何中平面可以由若干点或线来确定,因此在画法几何中可以用它们来表示平面。

图 4 - 40 是用几何元素来表示平面的五种方法。

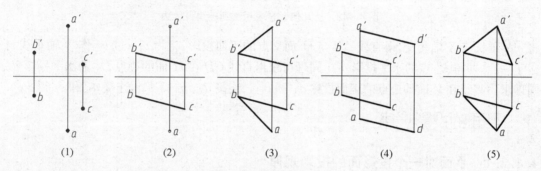

图 4 - 40　平面表示法

(1) 不在同一直线上的三点;

(2) 一直线和直线外的一点;

(3) 两条相交直线;

(4) 两平行直线;

(5) 任意的平面图形(以三角形最为简单也最常见,同时也可以是圆、矩形等)。

这五种表示方法,彼此之间也是可以相互转化的,如三点可以转化为三角形或直线外一点等。初学者应注意,这几种表示法从图中表示的对象来说,它们既可以是指点或者线,也可以是指面,主要看当前针对什么而言。

#### 4.4.1.2 迹线表示法

平面与投影面的交线称为迹线,相应地,直线与投影面的交点称为迹点。迹线实际上也是平面当中的线。平面在正面的迹线记为 $P_V$;平面在 $H$ 面的迹线记为 $P_H$;平面在侧面的迹线记为 $P_W$。展开成投影图如图 4 - 41 所示。在投影图中所绘的既是迹线在一个投影面中的投影,也是它的本身;它的另外两面的投影,均在投影轴上。

如正面迹线 $P_V$,它的水平投影在 $X$ 轴上,侧面投影在 $Z$ 轴上,为了简化起见,在坐标轴上的投影均不画出。

几何元素表示法也可以转化为迹线表示法。

如图 4 - 42 所示,$AB$、$CD$ 两条相交直线表示空间中一个平面,将其转换为迹线表示法的方法是求

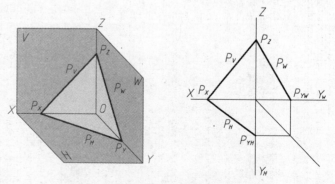

图 4 - 41　平面的迹线

出平面的迹线,为此先求出直线与投影面的交点,即迹点。

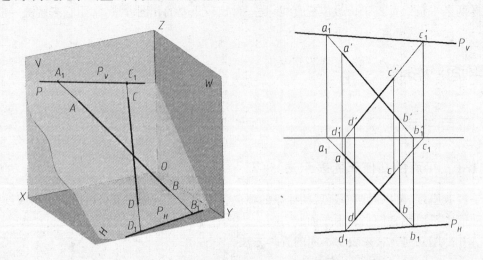

图 4-42　从几何元素表示法到迹线表示法

将 $a'b'$ 延长与 $X$ 轴相交,得直线 $AB$ 与 $H$ 面交点的正面投影,记为 $b_1'$;过 $b_1'$ 作 $X$ 轴垂线与 $ab$ 延长线交于一点,即得 $B_1$ 点的水平投影 $b_1$。同理可求出直线 $CD$ 在 $H$ 面的迹点 $D_1$ 的水平投影 $d_1$。

同理求出直线在 $V$ 面的迹点的正面投影 $a_1'$ 和 $c_1'$。连接 $d_1$、$b_1$ 得 $P_H$,连接 $a_1'$ 和 $c_1'$ 得 $P_V$。

### 4.4.2　平面的投影规律

#### 4.4.2.1　平面对一个投影面的投影规律

平面与一个投影面的关系不外乎三种:平行、垂直、相交。

当平面平行于投影面时,它的投影与真实平面的大小和形状完全一样,我们称为反映"实形";

当平面垂直于投影面时,它的投影为一条直线,此时该平面上所有的点的投影都积聚在这条直线上,我们称这种现象为"积聚性";

当平面与投影面相交时,它的投影将发生变形,但仍是一个与原形状类似的形状,我们称为"类似形"。类似形不同于相似形,类似形是指两多边形的边数相同,但边不对应成比例,对应角也不一定相等。

#### 4.4.2.2　平面对三个投影面的投影规律

1) 三种垂直面

垂直于一个投影面,并与其他投影面呈相交状态的平面称为投影面的垂直面。根据垂直的投影面不同,定义有三种垂直面。

(1) 铅垂面:垂直于 $H$ 面(见图 4-43)。

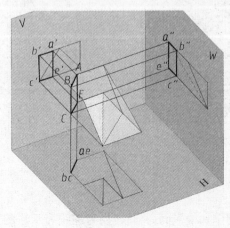

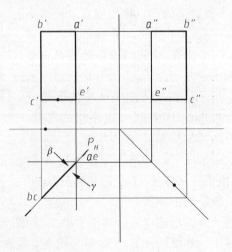

图 4-43　铅垂面

（2）正垂面：垂直于 $V$ 面（见图 4-44）。

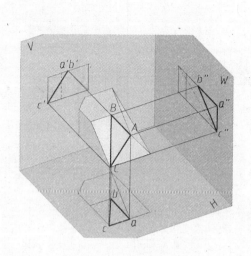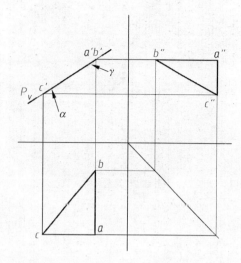

图 4-44　正垂面

（3）侧垂面：垂直于 $W$ 面（见图 4-45）。

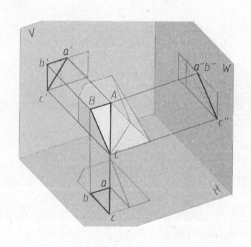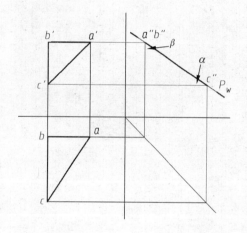

图 4-45　侧垂面

以上三种垂直面有以下相类似的投影规律：

① 垂直于哪个投影面，在哪个投影面上的投影便有积聚性，呈现出一条直线。如铅垂面在水平面的投影是一条直线。

② 在另外两个投影面的投影是类似形。

③ 垂直面与投影面的夹角可在有积聚性的那面投影上反映出来。平面与三个投影面的夹角符号分别规定为：与水平面的夹角为 $\alpha$，与正面的夹角为 $\beta$，与侧面的夹角为 $\gamma$。如图 4-43 所示，铅垂面的水平投影与 $X$ 轴的夹角反映 $\beta$ 角；与 $Y_H$ 轴夹角反映 $\gamma$ 角；由于与水平面垂直，所以 $\alpha$ 角为 90°。其余两种垂直面与投影面的夹角分别可见图 4-44 和图 4-45。

三种垂直面若用迹线来表示，只需画出有积聚性那个投影的迹线即可。其余投影面中的迹线均为垂直于投影轴的直线，可依据有积聚性投影的那个迹线求出。

2）三种平行面

平行于某一投影面，并与其他的投影面垂直的平面称为投影面的平行面。根据平行于投影面的不同定义有三种平行面。

（1）水平面：平行于 $H$ 面（见图 4-46）。

（2）正平面：平行于 $V$ 面（见图 4-47）。

（3）侧平面：平行于 $W$ 面（见图 4-48）。

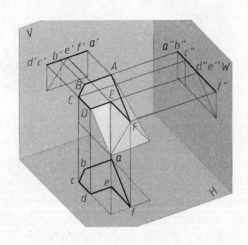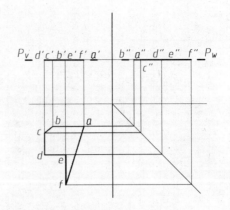

图 4-46 水平面

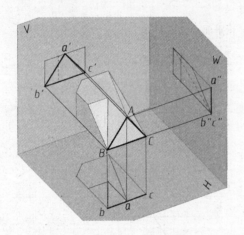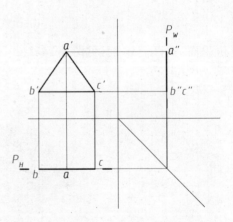

图 4-47 正平面

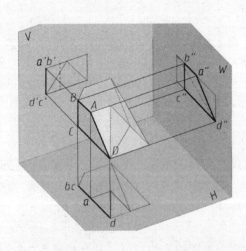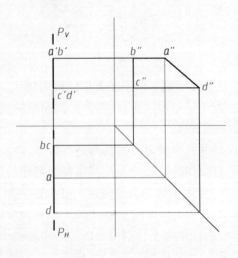

图 4-48 侧平面

以上三种平行面有以下相类似的投影规律:

① 平行于哪个投影面,则在哪个投影面中的投影反映实形。

② 在另两个投影面的投影均为直线,并平行于某一坐标轴。

③ 与三个投影面的夹角均是特定值。如水平面的 $\alpha$ 角为 $0°$,$\beta$ 角为 $90°$,$\gamma$ 角为 $90°$。

3) 一般位置平面

与任何一个投影面均不平行也不垂直的平面称为一般位置平面(见图 4-49)。

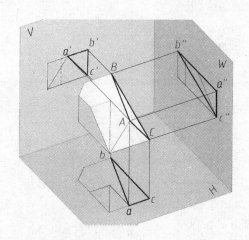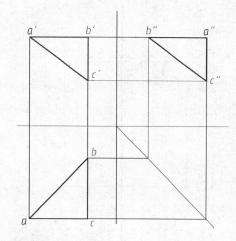

图 4 - 49　一般位置平面

一般位置平面的投影规律是：

① 在三个投影面的投影均为类似形。

② 与三个投影面的夹角均无法在投影图上直接反映出来。

前述三类七种平面的投影规律，是我们判断投影图上的平面是何平面的根据，同时也是我们作图的根据。与一般位置平面相对应，投影面的平行面与垂直面又称为特殊位置平面。

## 4.4.3　垂直于投影面的圆的投影作图

当圆垂直于投影面时，它的投影可看成是当平面是用圆来表示时的情况，此时圆所在的平面为投影面的垂直面。根据垂直面的投影规律，圆在三个投影面的投影分别应该为：直线、椭圆、椭圆。作椭圆的关键是确定长短轴的位置。下面以正垂面圆为例来演示作图步骤。

如图 4 - 50 所示，在圆中有两条相互垂直的直径 $AB$、$CD$，$AB$ 为正平线，$CD$ 为正垂线；$AB$ 的正面投影反映实长，也即是圆的正面投影的长度；它在另两面的投影构成了椭圆的短轴。$CD$ 在正面的投影是一个点，在直线段的中点；它在另两面的投影均反映实长，构成了椭圆的长轴。

作图步骤：

(1) 见图 4 - 51(a)，先确定圆心的位置；

(2) 见图 4 - 51(b)，作出正平线直径 $AB$ 的三个投影，其中正面投影反映实长，与 $X$ 轴倾斜的角度等于空间圆与水平面的夹角；

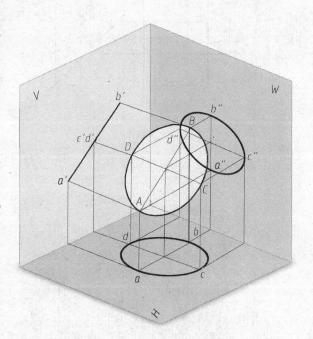

图 4 - 50　正垂面圆的立体图

(3) 见图 4 - 51(c)，作出正垂线直径 $CD$ 的三个投影，其中水平投影和侧面投影均反映实长。

(4) 见图 4 - 51(d)，作圆的水平投影和侧面投影，均是根据已知的长短轴作出相应的椭圆。

## 4.4.4　平面上取点、取线的作图

在平面投影图上作一个点的投影，使它是这个平面上的点的投影，这时应特别注意，即使这个点的三面投影均在平面的投影范围内，也不能保证这个点就一定是平面上的点。如图 4 - 52 所示，平面 $BCD$ 在三个投影面的投影分别是 $b'c'd'$、$bcd$、$b''c''d''$，所有在此面下方的点，它们的投影均在平面的投影范围内，如点 $A$ 不在平面上，它的投影却在平面的投影范围内。

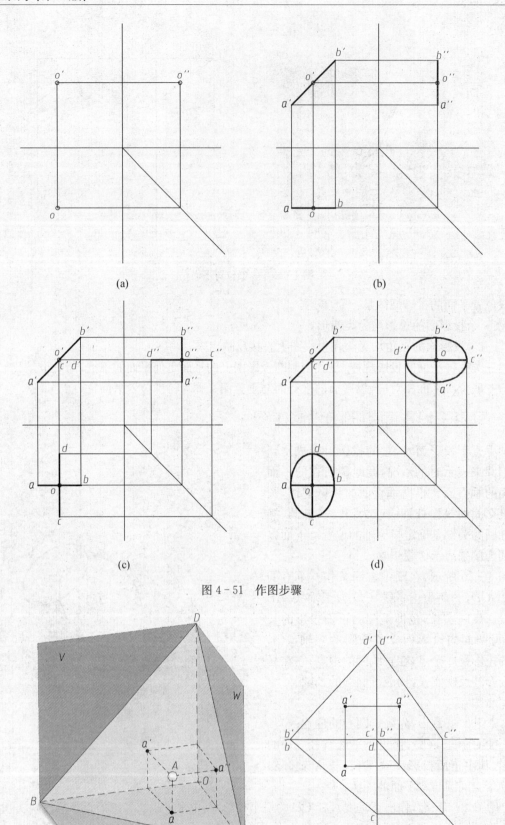

(a)

(b)

(c)

(d)

图 4-51 作图步骤

图 4-52 点在平面上的假象

平面上取点取线作图的基本依据是：点若在平面上，它一定在属于平面的直线上；直线若在平面上，只要直线上有两个点在这个平面上即可。

### 4.4.4.1　一般位置平面上取点、取线

**基本作图 8**　在一般位置平面 $ABC$ 上作点、作线。

在平面已知直线上取的点一定是属于该平面的,在 $a'b'$ 上任作一点 $d'$,过 $d'$ 作 $X$ 轴的垂线,在 $ab$ 上得 $d$,则 $D$ 一定是平面上的点(见图 4-53)。

因为 $C$ 是平面上的点,连接 $c'd'$ 和 $cd$,则 $CD$ 直线一定是平面上的直线,因为直线上只要有两点在平面上,则该直线必定在平面上。

在 $CD$ 直线上任取一点 $K$,在 $c'd'$ 上任取一点 $k'$,根据基本作图 3,作出水平投影 $k$,则 $K$ 点也必定是平面上的点。

从以上作图可以看出,取点和取线彼此是不可分的。

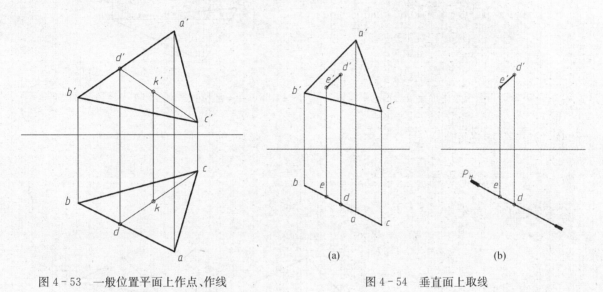

图 4-53　一般位置平面上作点、作线　　　　图 4-54　垂直面上取线

### 4.4.4.2　特殊位置平面上取点、取线

**基本作图 9**　在铅垂面 $ABC$ 上任作一条直线 $DE$。

在特殊位置平面上取点、取线可充分利用其投影有积聚性的特点。$\triangle ABC$ 的水平投影有积聚性,是一条直线,所取的点只要保证其水平投影在该直线上,则该点一定在平面上。如图 4-54(a)中的点 $E(e',e)$ 和点 $D(d',d)$ 均为 $\triangle ABC$ 上的点。连接 $d'e'$、$de$,得属于 $\triangle ABC$ 的直线 $DE$。

如图 4-54(b)所示,当铅垂面用迹线来表示时,取点、取线的作法。注意 $e'$ 和 $d'$ 在正投影面中的高度,并不影响点在平面中的结论。

### 4.4.4.3　一般位置平面上取投影面的平行线

在一般位置平面上存在着无数条平行于投影面的直线。从图 4-55 可以看出,当一个平行于正面的平面 $P$ 与一般位置平面 $ABC$ 相交时,由立体几何知识可知,其交线 $DE$ 就是一条属于 $ABC$ 平面,并平行于正面的直线。也很容易知道,这样的直线有无数条。

一般位置平面上投影面的平行线既有平行线的投影特性,同时也有平面上直线的投影特性。

**基本作图 10**　在一般位置平面 $ABC$ 上,作正平线和水平线。

过 $B$ 作平面 $ABC$ 内水平线的步骤(图 4-56):

(1) 所求直线是水平线,其投影应符合水平线的投影特性,其正面投影应平行于 $X$ 轴。因此作 $b'd'$ 平行于 $X$ 轴。

(2) 同时所求直线是平面 $ABC$ 上的线,其上已知 $B$ 点是平面上的点,现只要保证 $D$ 点在平面上即可。过 $d'$ 作 $X$ 轴垂线,延长交 $ac$ 于 $d$,则 $D$ 点是边 $AC$ 上的点,也即是平面 $ABC$ 上的点。

(3) 连接 $bd$,则直线 $BD(b'd'$,$bd)$即为所求。

同理过 $C$ 可作平面 $ABC$ 内正平线 $CE$。步骤略,请读者自行分析作图。

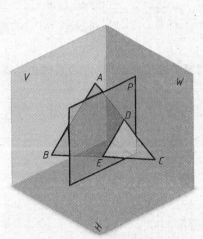

图 4-55　一般位置平面上投影面的平行线　　图 4-56　在一般位置平面上作正平线和水平线

## 4.4.5　过点、直线作平面

### 4.4.5.1　过点作平面

**基本作图 11**　过空间一点任作一个平面(图 4-57)。

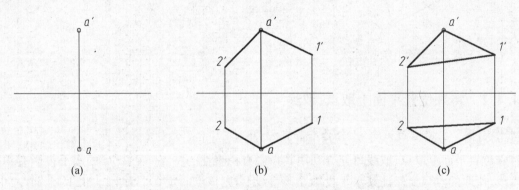

(a)　　　　　　　　(b)　　　　　　　　(c)

图 4-57　过空间一点作平面

过一点可作无数个平面。根据平面的表示法,如图 4-57(b)所示,过 $A$ 作两条相交直线 $A$Ⅰ、$A$Ⅱ,则它们就表示一个过 $A$ 点的平面。若将Ⅰ、Ⅱ点连接,即为用三角形表示的过 $A$ 点的平面。

**基本作图 12**　过空间一点作一正平面(图 4-58)。

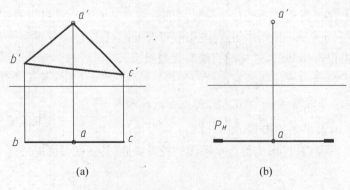

(a)　　　　　　　　　　(b)

图 4-58　过空间一点作正平面

根据正平面的投影特性,在基本作图 11 的基础上,使平面的水平投影为一条平行于投影轴的直线即可,如图 4 - 58(a)所示。图 4 - 58(b)所示为当用迹线表示过 A 点的正平面时的情况。

至于作其他平行面,如水平面、侧平面,方法与此类同。

### 4.4.5.2　过直线作平面

**基本作图 13**　过直线任作一个平面(图 4 - 59)。

过一条直线可以作无数个平面。根据平面的表示方法,只要在直线外再加一点,如图 4 - 59(a)所示点 C,则直线与直线外一点就构成一个平面。也可以用相交两直线或三角形的方式来构成平面。

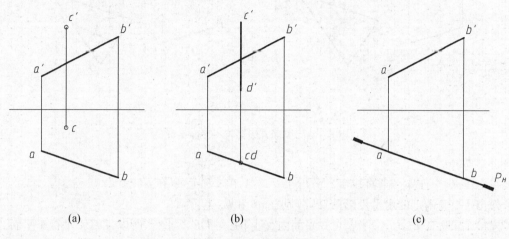

|  (a)  |  (b)  |  (c)  |

图 4 - 59　过直线作平面

**基本作图 14**　过一般位置直线作一个垂直面。

以作铅垂面为例。一个平面中若包含一条垂直于 H 面的直线,则该平面必为铅垂面,所以构造一条与已知直线 AB 相交的铅垂线 CD,则 AB、CD 两相交直线构成了一个铅垂面,见图 4 - 59(b)。

如果铅垂面用迹线来表示,只要使水平面迹线过 ab 即可,如图 4 - 59(c)所示。

至于作其他投影面的垂直面,方法与此类同。

问题:过一般位置直线可不可以作投影面的平行面? 请读者思考。

## 4.5　直线与平面、平面与平面的相互关系

直线与平面、平面与平面的相互关系不外乎三种:平行、相交、垂直。

### 4.5.1　平行

#### 4.5.1.1　直线与平面平行

根据立体几何的理论,空间一条直线与一个平面平行的充要条件是该直线平行于平面中一条直线。

**基本作图 15**　过空间一点,作平面 ABC 的平行线(图 4 - 60)。

只要过 K 点任作一条直线平行于平面中的一条直线即可。可以直接利用三角形的边。

作图步骤:

(1) 过 k'作 d'e'平行于 a'c';

(2) 过 k 作 de 平行于 ac,并注意 d'd,e'e 要垂直于投影轴。

**基本作图 16**　判断一条直线是否平行于一个平面。

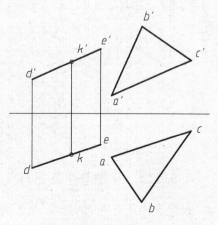

图 4 - 60　作直线平行于平面

已知一条一般位置直线 $DE$，和一个平面 $ABC$，如图 4-61(a)所示。判断一条直线是否平行于一个平面，要看它是否平行于平面中一条直线。

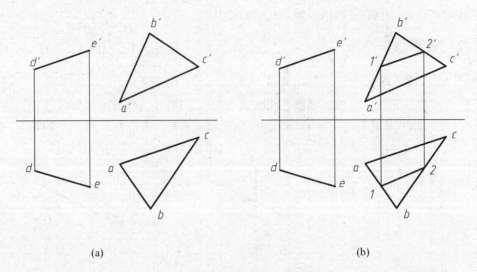

(a)                                   (b)

图 4-61 判断直线是否与平面平行

作图步骤如下：

(1) 在 △$ABC$ 中任作一条直线 $1'2'$ 平行于 $d'e'$，$1'$ 在 $a'b'$ 上，$2'$ 在 $b'c'$ 上。

(2) 作出 Ⅰ、Ⅱ 两点的水平投影 1、2，分别在 $ab$ 和 $bc$ 上。

(3) 连接 12，现 12 与 $de$ 不平行，可知平面内直线 ⅠⅡ 与 $DE$ 不平行，所以，$DE$ 不平行于平面 $ABC$。

由于 ⅠⅡ 线是在平面中任作的，也就是说在平面中不存在这样一条平行线，所以结论成立。

**基本作图 17** 过一点作一平面平行于一条已知直线。

已知一般位置直线 $AB$ 及一点 $K$。过 $K$ 点可以作无数个面与 $AB$ 平行，但这些面中至少应包含一条 $AB$ 的平行线。因此首先作出一条 $AB$ 的平行线，然后再根据平面的表示法创建出一个平面。

如图 4-62(a)所示，过 $K$ 点再任作一条直线，与 $AB$ 的平行线相交，则两条相交直线构成一个 $AB$ 的平行面。

如图 4-62(b)所示，如果过 $K$ 作的直线是一条正垂线 $KC$，由 $KC$ 与 $AB$ 的平行线构成的平面，是一个平行于 $AB$ 的正垂面。同理也可以构建垂直于其他投影面的平面。

如图 4-62(c)所示，用迹线表示的平行于 $AB$ 的正垂面，注意 $P_V$ 应与 $a'b'$ 平行。

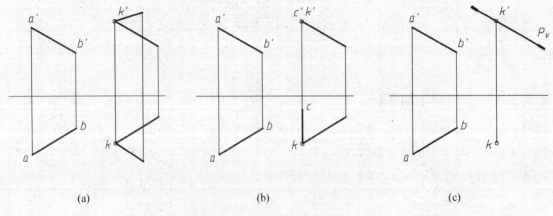

(a)                        (b)                        (c)

图 4-62 作平面平行于一条已知直线

### 4.5.1.2　平面与平面平行

根据立体几何的定理知，一个平面中的两条相交直线若与另一个平面中的对应的两条相交直线平行，则这两个平面平行。

**基本作图 18**　判断空间两已知平面是否平行。

如图 4 - 63,已知两平面 ABC 和 DEF,判别两平面是否平行,可先在一个平面中作一对相交直线,看在另一平面中能否作出相应的一对相交直线与其平行。

一般在这类问题中,作的相交直线总是选择作平面中的水平线和正平线。从图 4 - 63 可以看出,两对相交直线彼此平行,所以这两个平面是平行平面。

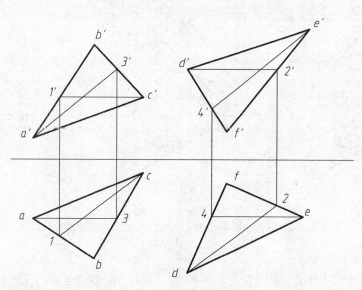

图 4 - 63　判断两平面是否平行

**基本作图 19**　过空间一点作一平面与一已知平面平行。

如图 4 - 64(a)所示,已知一平面是由一对平行线 AB、CD 组成的,并已知一点 K,过 K 作一平面欲与已知平面平行,只需作一对相交直线,平行与平面中的相交直线即可。

作图步骤:如图 4 - 64(b)所示。

(1) 作过 K 点的ⅠⅡ线平行于 AB 或 CD;

(2) 在已知平面中任作一条直线 MN,使与 AB、CD 相交;

(3) 过 K 作Ⅲ Ⅳ线平行于 MN,则ⅠⅡ和Ⅲ Ⅳ所构成的平面即为所求。

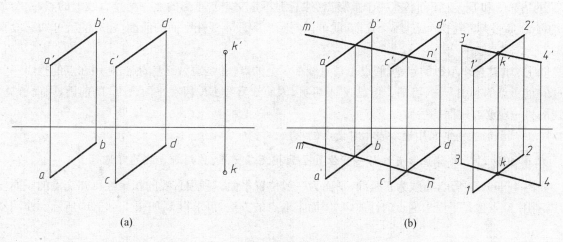

(a)　　　　　　　　　　　　　　　　　(b)

图 4 - 64　作平面平行与平面

## 4.5.2　相交

### 4.5.2.1　直线与平面相交

直线与平面相交,只能有一个交点,这个点是它们的共有点,同时属于两者,也即是说,它既是直线上的点,同时也是平面上的点。

根据是一般位置还是特殊位置的不同,直线与平面可有以下的几种基本作图方法。

**基本作图 20** 一般位置直线与特殊位置平面相交求交点,并判断直线的可见性。

如图 4-65(a)所示,已知一般位置直线 $DE$,和一个铅垂面 $ABC$,求它们的交点,并判别可见性。

对于特殊位置的平面或直线可利用它们有积聚性的投影直接求出交点。

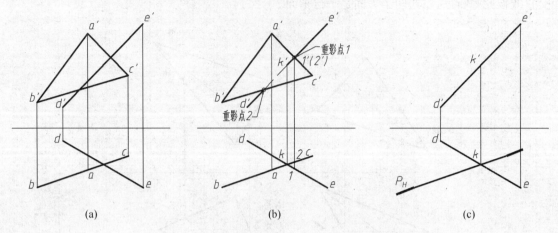

图 4-65 一般位置直线与铅垂面相交求交点

作图步骤:见图 4-65(b)。

(1) 因为交点是平面上的点,所以它的水平投影一定在 $abc$ 这条直线上;同时交点也是直线上的点,所以它的水平投影一定在 $de$ 上;又因为交点是它们的共有点,所以交点的水平投影在它们的交点 $k$ 上。

(2) 通过 $k$ 可以求出 $k'$,它应在 $d'e'$ 上。则交点求解完毕。

(3) 判别可见性。主要是判别正面投影直线与平面重叠的部分,以交点作为分界,被平面遮挡因而不可见,不可见的需改画成虚线。利用平面的特殊性,从平面的水平投影比较容易看出,$EK$ 这一段线在平面 $ABC$ 的前面,因此在正面投影上 $e'k'$ 应是可见的,没有被面遮挡。那另一段 $DK$ 必然在平面 $ABC$ 的后面,因此和面重叠的部分为不可见。

以上是直观的方法。还有一种通用的方法是利用重影点的方法。如图中可看出,直线 $DE$ 与平面 $ABC$ 的边 $AC$ 和 $BC$ 在正面各有一个重影点(注意那不是交点),重影的点一个是直线上的点,一个是平面上的点,通过判断这两个点,哪个在前,就可以判断出哪段直线在平面的前面,相应的就可知哪段直线可见。

如 Ⅰ、Ⅱ 这两个重影的点,可假设 Ⅰ 是直线 $DE$ 上的点,Ⅱ 是边 $AC$ 上的点,利用在点的投影一节中学过的重影点的判别方法,可知 $1'$ 可见,$2'$ 不可见,因而知直线 $EK$ 段在平面 $ABC$ 的前面,因而可见,则直线的另一段必在平面的后面。

图 4-65(c)为铅垂面用迹线表示时交点的求法。

**基本作图 21** 特殊位置直线与一般位置平面相交求交点,并判断直线的可见性。

如图 4-66(a)所示,直线为正垂线,平面为一般位置平面。利用直线的积聚性可知交点的正面投影 $k'$,再利用 $K$ 点也是平面上的点的性质,利用面上取点的方法,可求得 $k$,如图 4-66(b)所示。作图步骤略。

可见性的判别,是判别水平投影上直线与平面重叠的部分,以交点为分界点,哪一段不可见。直接观察有一点困难,可以利用图中所示的两个重影点之一,可以判别出直线上 $KD$ 段在平面的下方,因而与平面重叠部分为不可见。作图步骤略。

#### 4.5.2.2 平面与平面相交

平面与平面相交只能有一条交线,这条交线只能是直线,它是两个平面的共有线。

平面根据是一般位置还是特殊位置的不同,有以下几种基本作图方法。

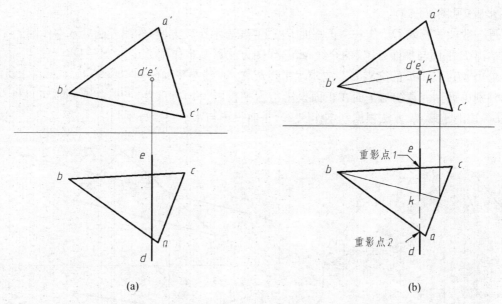

图 4-66　正垂线与一般位置平面相交求交点

**基本作图 22**　一般位置平面与特殊位置平面相交,求交线并判别可见性。

如图 4-67(a)所示,平面 $ABC$ 为一般位置平面,平面 $DEFG$ 为正垂面。

平面与平面求交线,可将问题转化为直线与平面相交求交点的问题。本例中平面 $DEFG$ 与 △$ABC$ 的边 $AB$ 和 $AC$ 相交,若求出它们的交点,则它必是两个面交线上的两个点,而知道一条线上两个点,则这条线也唯一地确定了。

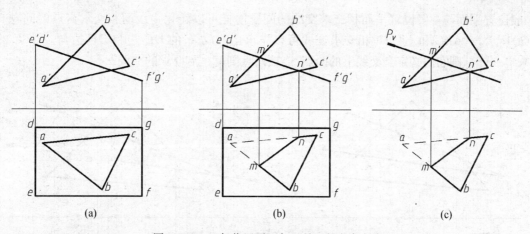

图 4-67　一般位置平面与正垂面相交求交线

用基本作图 20 的方法,可求出 $AB$ 与平面的交点 $M$,$AC$ 与平面的交点 $N$,连接 $mn$ 及 $m'n'$,则交线 $MN$ 求毕(如图 4-67(b)所示)。

判别可见性应一个面一个面依次进行。首先判别 △$ABC$ 上各边的可见性。$AB$、$AC$ 边的可见性判别同样可以应用基本作图 20 的方法,知 $bm$、$cn$ 可见;$BC$ 边未参与相交,并且 $B$、$C$ 两点均在平面的上方,所以 $BC$ 边可见。

其次判别平面 $DEFG$ 各边的可见性。由于四边形各边均在 △$ABC$ 之外,未被遮挡,因而都是可见的。如果遇到被遮挡的情况,可根据平面 $ABC$ 的可见性反推,即与平面 $ABC$ 可见部分重叠的部分一定是不可见的。

图 4-67(c)所示为当正垂面为迹线表示时交线的求法。

**基本作图 23**　一般位置平面与一般位置直线相交,求交点并判别可见性。

求一般位置直线与一般位置平面相交的问题,需借助辅助平面来解决。见图 4-68,直线 $AB$ 与一般位置平面 $CDE$ 相交,先过一般位置直线 $AB$ 作一正垂面 $P$,该面与平面 $CDE$ 相交,得一交线 $FG$,$FG$ 与直线 $AB$ 产生交点 $K$,则 $K$ 点必是直线 $AB$ 与平面 $CDE$ 的交点。

作图步骤(见图4-69):

(1) 过一般位置直线 DE 作一个正垂面 P，用迹线表示比较方便，作图方法见基本作图14；

(2) 求出 P 平面与平面 ABC 的交线 MN，作图方法见基本作图22；

(3) 求出 MN 与 DE 的交点 K。先求水平投影 k。直线与平面的交点求毕。

(4) 判别可见性。直线与平面在正面投影与水平投影上均有重叠，所以都要判别可见性。利用直线与△ABC 边的重影点，方法根据基本作图20，正面投影与水平投影分别判别，结果见图4-69。

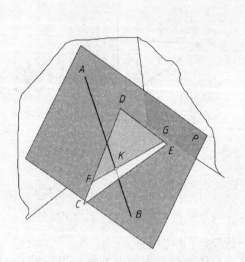

图4-68　求线面相交辅助平面原理图

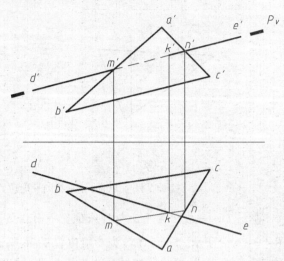

图4-69　一般位置直线与一般位置平面相交求交点

**基本作图24**　两个一般位置平面相交求交线，并判别可见性。

一般位置平面与一般位置平面相交求交线的问题同样可以转化为线面相交求交点的问题。如图4-70(a)所示，△ABC 和△DEF 相交求交线可以先求出△DEF 的 DE 边和 DF 边与△ABC 的交点(反过来也一样)，则它们必定是交线上的两点，连接两点则就是需要求的交线。

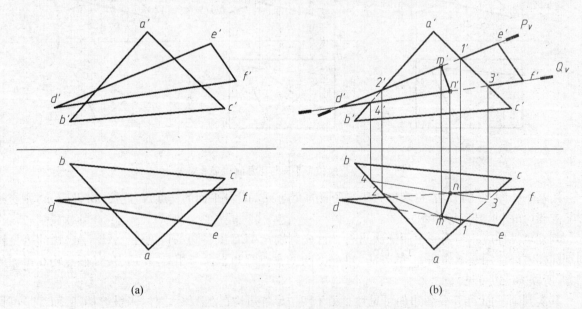

(a)　　　　　　　　　　　　　　(b)

图4-70　两个一般位置平面相交求交线

作图步骤(见图4-70(b)):

(1) 分别求出 DE、DF 与△ABC 的交点 M、N，方法见基本作图23；

(2) 分别连接 m'n' 和 mn，得交线 MN。

(3) 判别可见性。两个平面在正面投影和水平投影上均有重叠，所以均需判别可见性。判别时，三角形凡参与相交的边都需要判别，注意不要漏掉任何一条边。为使思路清楚起见，先从一个面入手，判别清楚后，再判别另一个面。

下面以正面投影为例,来讲解判别的方法。

先从△DEF入手。该三角形上只有 DE 和 DF 边参与了相交。找一个重影点,如 1′ 所在的重影点,它是 AC 边上的点与 DE 上的点的重影。找出它们的水平投影(图中略),可看出 AC 边上的点在 DE 边上的点的前面,因此在正面投影的 1′ 处,DE 上的点不可见,因此可推出 1′m′ 这段线应在△ABC 的后面,即不可见。1′ 与 m′ 之间是否会有点在面的前面呢? 因为 M 是交点,如果在它们之间还有点在 △ABC 的前面,那么必然还有一个交点,而这是不可能的。

m′n′ 是交线的正面投影,再次推论可知,DF 边上 3′n′ 也应不可见,因为它与 1′m′ 同属一个三角形,并在交线的同一侧。

EF 边未参与相交,并未被遮挡,因而可见。

再判别△ABC 各边。从刚才重影点的判别知 AC 边可见。AB 边由于和△DEF 可见部分重叠,因此必然重叠处不可见。BC 边未被遮挡,因而可见。

对于水平投影的判别方法与此类似。

由此可见,这类复杂的可见性判别问题,从一个重影点入手,掌握好判别的次序,是解决问题的关键。

### 4.5.3   垂直

#### 4.5.3.1   直线与平面垂直

根据立体几何知识可知,一条直线与平面垂直的充分条件是直线垂直于平面中的两条相交直线;同时,如果一条直线垂直于平面,则它必垂直于平面中的所有直线。

**基本作图 25**   过空间一点,作特殊位置平面的垂线。

以过点向铅垂面作垂线为例。如图 4-71(a)所示,平面 ABCD 是铅垂面,过 K 点垂直于它的直线必然是水平线。由此可知,欲作的垂线其正面投影应是平行于投影轴的直线。

由于垂线垂直于直线 AB 或 CD,而 AB、CD 是水平线,根据直角投影定理,垂线水平投影与 AB 或 CD 的水平投影彼此垂直。

作图步骤:

(1) 过 k 作 kl 垂直于 ab 或 cd,l 同时也是垂线与平面交点的水平投影;

(2) 过 k′ 作 k′l′ 平行于投影轴,注意 l′ 与 l 的连线应垂直于投影轴。

图 4-71(b)为当铅垂面用迹线表示时的作图。

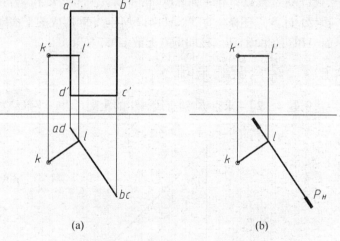

图 4-71   作直线垂直于特殊位置平面

**基本作图 26**   过空间一点,作一般位置平面的垂线。

作一般位置平面的垂线,无法直接作出,根据直线垂直于平面的条件,需垂直于平面中的两条相交直线,为便于应用直角投影定理,在平面内构建由一条水平线和一条正平线组成的交线,然后作同时垂直于它们的直线。

作图步骤(如图 4-72):

(1) 过 C 点作水平线 CD,得 c′d′ 和 cd。

(2) 因垂线应垂直于 CD,根据直角投影定理,它们的水平投影应互相垂直,所以过 k 作 kl 垂直于 cd。不够长可以延长。

(3) 过 B 点作正平线 BE,得 b′e′ 和 be。

(4) 因垂线也应同时垂直于 BE,根据直角投影定理,它们的正面投影应互相垂直,所以过 k′ 作 k′l′ 垂直于 b′e′,则 k′l′ 和 kl 两投影所表示的空间 KL 直线,就是所求的平面 ABC 的垂线。

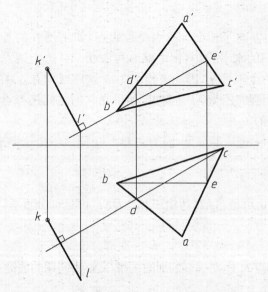

图4-72  作直线垂直于一般位置平面

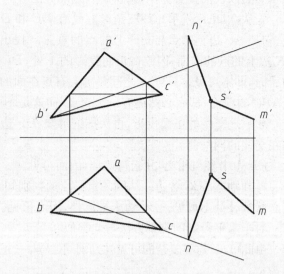

图4-73  过点作一平面垂直另一平面

#### 4.5.3.2  两平面互相垂直

根据立体几何的知识,我们知道如果 A 平面包含有 B 平面的垂线,则 A 平面垂直于 B 平面。反之,如果 A 平面垂直于 B 平面,则从 A 平面中的任何点,向 B 平面所作的垂线,都必定在 A 平面内。

**基本作图 27**  过定点作一平面垂直于一般位置平面。

作图步骤(见图4-73):

(1) 过已知点 S 作平面 ABC 的垂线 SN,得 $s'n'$ 和 $sn$,作法见基本作图 26。

(2) 过 S 点任作一直线 SM,则 SM 与 SN 构成的平面即为所求。因为包含 SN 的平面都是垂直于平面 ABC 的平面,所以该问题有无数多解。

## 4.5.4  综合解题示例

[**例题 4-2**]  求点 K 到直线 AB 的距离(图4-74(a))

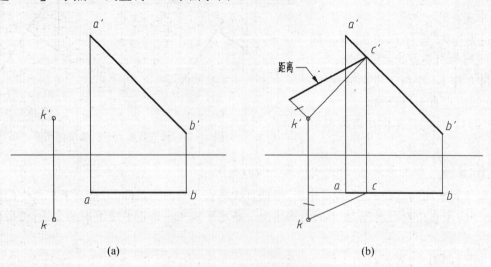

(a)                              (b)

图4-74  例题4-2原题及解题

**分析:**求点 K 到直线 AB 的距离,应从 K 作垂线与 AB 相交,得到垂足,则垂足到 K 点之间的距离即为点到直线的距离。

作图步骤:

(1) 过 K 点作直线 AB 的垂线,并相交。方法见基本作图 6。得交点 C。

(2) 求出 KC 直线段的实长,方法见基本作图 2。在图中标出距离字样,解毕。

[**例题 4 - 3**] 已知 *AB*、*BC* 为正交两直线,试求出 *BC* 的水平投影 *bc*(图 4 - 75(a))。

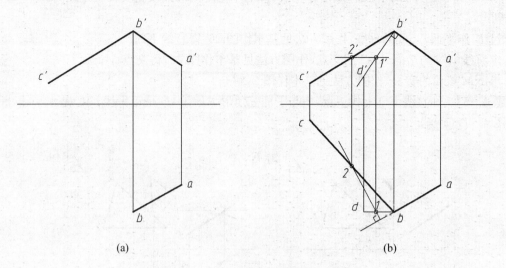

图 4 - 75　例题 4 - 3 原题及解题

**分析**:直线 *AB* 与 *BC* 互相垂直,但由于与投影面均不平行,因此它们的投影不成直角,水平投影 *bc* 与 *ab* 不可能垂直。

将两直线垂直相交的问题,换个角度看成是过 *A* 点向一般位置直线 *BC* 作垂线,这样思路可能会豁然开朗。再考虑如何将直角投影定理利用起来,最后定下解题的思路是:过 *B* 作一条正平线 *BD* 垂直于 *AB*,这是可以做到的。注意 *AB* 与 *BD*、*BC* 不在同一个平面内。*BD* 与 *BC* 组成一个平面,*AB* 垂直于这个面,因此也就垂直于这个面中的所有直线。再在面中作一条 *AB* 的垂线作为取点的辅助线,借助这条线将 *C* 的水平投影求出。

作图步骤(见图 4 - 75(b)):

(1) 过 *B* 作正平线垂直于 *AB*,由直角投影定理可知,*b'd'* 垂直于 *a'b'*,*bd* 平行于投影轴。

(2) 在 *BC* 和 *BD* 组成的面中,任作一条水平线 *I Ⅱ*,则 *AB* 必垂直于 *I Ⅱ*,根据直角投影定理,12 与 *ab* 互相垂直。因此作 *1'2'* 平行于投影轴,*I* 是 *BD* 上的点,据此求出水平投影 1,再过 1 作 *ab* 的垂线,2 应在这条线上。

(3) 同时 *Ⅱ* 点也是 *BC* 边上的点,*C* 点的水平投影必在 *b*2 线上,所以延长 *b*2,与 *c'c* 交于一点 *c*,即为所求水平投影。加粗 *bc*。解毕。

[**例题 4 - 4**] 求点 *K* 到平面 *ABC*(*AB* 是正平线,*AC* 是水平线)的距离(图 4 - 76(a))。

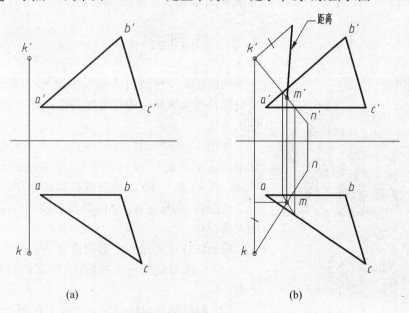

图 4 - 76　例题 4 - 4 原题与解题

**分析**:求距离就是过 $K$ 向平面 $ABC$ 作垂线,$K$ 与垂足之间的线段的实长就是距离。

作图步骤:

(1) 过 $K$ 作平面 $ABC$ 的垂线,作图方法见基本作图 26,得直线 $KN$;

(2) 求直线 $KN$ 与平面 $ABC$ 的交点,作图方法见基本作图 23,得交点 $M$;

(3) 求 $KM$ 线段的实长,作图方法见基本作图 2,解毕。

[**例题 4-5**] 在直线 $ED$ 上找一点,使与平面三角形 $ABC$($AB$ 是正平线,$AC$ 是水平线)相距一已知长度(图 4-77(a))。

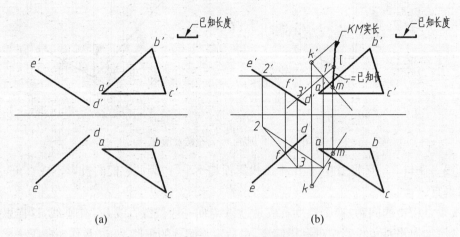

图 4-77 例题 4-5 原题及解题

**分析**:与平面 $ABC$ 距离等于指定长度的所有点均在平行于该面且距离为指定长的平面上。求出直线与此平行面的交点,则所求点即可解出。

作图步骤(见图 4-77(b)):

(1) 先在空间任取一点 $K$,求出 $K$ 点到平面 $ABC$ 的距离,求法见例题 4-4。图中略去有关步骤。$KM$ 实长即为距离。

(2) 在 $KM$ 实长上面,从 $m'$ 开始取线段长等于给出的已知长度。即 $m'I$ =指定长。

(3) 过 $I$ 作平行于直角三角形直角边的线,取得 $k'm'$ 上对应的点 $1'$,并求出水平投影 1。

(4) 过 $I$ 点作平行于 $AB$、$AC$ 的直线,得 $1'2'$、12 及 $1'3'$、13。则 $I\ II$ 和 $I\ III$ 组成的面为平行于 $ABC$ 的平面,且距离等于指定长。

(5) 求出直线 $ED$ 与 $I\ II\ III$ 平面的交点,作图方法见基本作图 23,得交点 $F$,则 $F$ 即为所求。

# 4.6 换面法

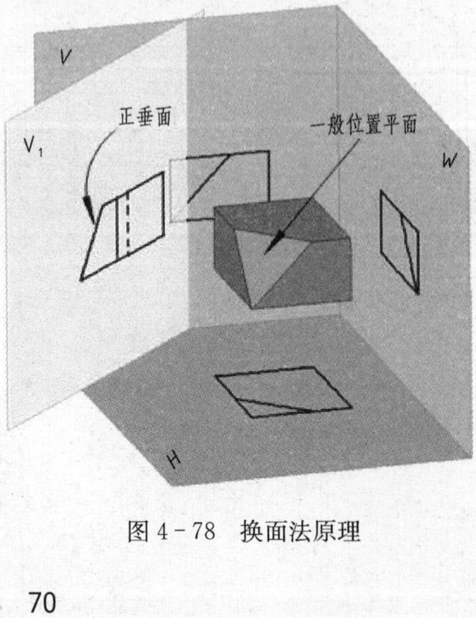

换面法是一种通过改变投影面与空间元素的相对位置,使空间几何元素从一般位置变为特殊位置从而有利于解决问题的方法。

如图 4-78 所示,立体上的三角形平面是一般位置平面,如果要求解该面与 $H$ 面的夹角,难度比较大;如果新增一个 $V_1$ 面,在 $V_1$ 面与 $H$ 面组成的投影体系中,三角形平面成为一个正垂面,则从它在 $V_1$ 面的投影就很容易确定它与 $H$ 面的夹角。

换面法在应用过程中必须遵守一定的规则:

(1) 一次只能换一个投影面,用新的投影面代替旧的投影面;

(2) 新投影面应使空间元素处于有利于解题的位置;

(3) 新投影面必须垂直于未被代替的某个投影面。

图 4-78 换面法原理

换面法根据问题的需要可以进行一次换面、二次换面及多次换面。二次及多次换面必须在前一次已经换面的新的投影体系中进行换面,否则仍是一次换面。

下面以点的换面介绍一次换面及二次换面的原理。对于线及面的换面无非就是将线或面上的点进行换面而已。

## 4.6.1　点的换面

### 4.6.1.1　点的一次换面

如图 4-79 所示,在投影体系 $V/H$ 中,用新的 $V_1$ 面替换 $V$ 面,形成一个新的投影体系 $V_1/H$,将点向新的 $V_1$ 面进行投影,记为 $a_1'$;将它们全部展开,形成投影图,如图 4-79(b)所示。通过研究可以得出点的换面投影的规律:

(1) 点的新投影与保留面投影连线垂直于新轴。如图 $a_1'a$ 垂直于 $X_1$ 轴。

(2) 点在新投影面中的投影到新轴的距离与被替换面中的投影到老轴的距离相等。如图 $a_1'a_{x1} = a'a_x$。

(3) 新轴的倾斜角度反映了新投影面倾斜角度,与保留投影的距离反映了新投影面到空间点的距离,但并不影响换面投影的结果。

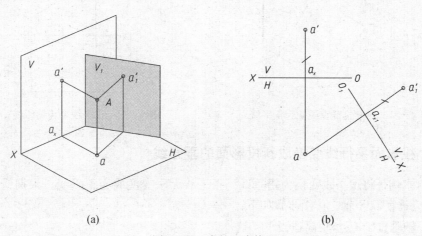

(a)　　　　　　　　　　　　(b)

图 4-79　点的一次换面

根据规律总结出如下作图步骤:

(1) 根据换哪一个投影面,确定坐标轴画在哪一个保留的投影面范围内。如图 4-79 所示,更换 $V$ 面,$V$ 与 $H$ 面的交线是 $X$ 轴,所以将 $X_1$ 画在 $H$ 面的范围内;根据需要确定 $X_1$ 的倾斜方向,根据作图幅面确定 $X_1$ 与 $a$ 距离的远近。

(2) 过 $a$ 作 $X_1$ 轴的垂线并沿长。

(3) 根据规律第二条即可确定在新 $V$ 面的投影,由于是第一次换面,记为 $a_1'$。

按照这个作图方法,可以应用于更换除 $V$ 面之外的其他的投影面。

### 4.6.1.2　点的二次换面

点的二次换面即是在新的 $V_1/H$ 面投影体系中再次应用换面,但是应注意换面要交替更换,如上一次更换的是 $V$ 面,这次应更换 $H$ 面。如果仍更换 $V$ 面,虽然换面作了两次,但仍是一次换面。

作图方法如图 4-80 所示。

(1) 确定 $X_2$ 轴;

(2) 根据规律一作 $X_2$ 轴的垂线,即 $a_1'a_2$ 垂直于 $X_2$ 轴;

(3) 根据规律二确定新的投影 $a_2$,即 $a_2a_{x2} = aa_{x1}$。

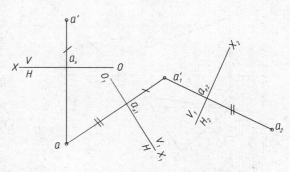

图 4-80　点的二次换面

## 4.6.2 换面法的基本作图

### 4.6.2.1 一般位置直线变换成新投影面平行线

如图4-81所示,一般位置直线 $AB$ 欲变换为投影面的平行线,可以变成正平线或水平线,本例是变为正平线的例子。

根据正平线的投影特性,它的水平投影应平行于 $X$ 轴。作图步骤如下:

(1) 作新坐标轴平行于 $ab$,距离适当;

(2) 根据点的变换规律将点 $A$、$B$ 变换后的投影作出。

从新投影中可以方便求出直线 $AB$ 的实长,及与 $H$ 面的夹角。

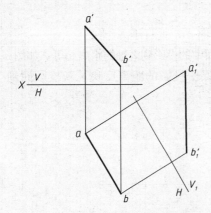
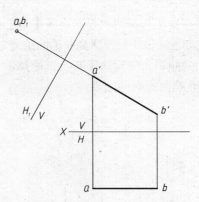

图4-81 一般位置直线变为正平线          图4-82 正平线变为铅垂线

### 4.6.2.2 投影面平行线变换成新投影面的垂直线

如图4-82,本例是将正平线变换为铅垂线。正平线无法变换成为正垂线。根据铅垂线的投影特性,其正面投影应垂直于 $X$ 轴。作图步骤如下:

(1) 作新 $X$ 轴垂直于 $a'b'$,距离适当;

(2) 根据点的变换规律作出 $a_1$、$b_1$ 点,无疑这两点重合于一点。

如果将此例与前一例联合起来,即是一般位置直线通过二次变换,变为一条垂直线的作图。

### 4.6.2.3 一般位置平面变换成新投影面的垂直面

一般位置平面变换为投影面的垂直面,可以变换为正垂面、铅垂面等。如图4-83,本例是将一般位置平面变换成为铅垂面。

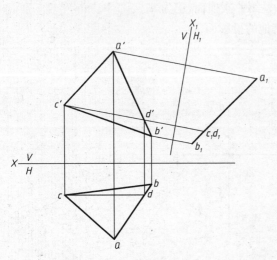

图4-83 一般位置平面变为铅垂面

一个平面若要成为铅垂面,面中必需有一条铅垂线。而平面中的正平线通过一次变换可以变成为铅垂线,因此作图步骤如下:

(1) 过平面中的一点 $C$,作一条平面中的正平线 $CD$;

(2) 根据上一小节作图,将正平线 $CD$ 变换成为铅垂线;

(3) 将平面上所有点 $A$、$B$、$C$ 均按点的投影变换规律,求出新投影面中的投影,并连线。可以看出它们必然在同一条直线上,也就是说面的投影成为一条直线,这是垂直面最显著的特征。

变成铅垂面后,可以很方面地求出该面与 $V$ 面的夹角。

#### 4.6.2.4　投影面的垂直面变换成新投影面的平行面

本例是一个铅垂面变换成为一个新投影面的正平面的例子。铅垂面无法变换成为一个水平面。

根据正平面的投影特性知，其水平投影为一条直线且平行于 $X$ 轴，因此作图见图 4-84 方法如下：

(1) 作新的 $X$ 轴平行于铅垂面的投影 $abc$，距离适当，也可以画在 $abc$ 的另一侧；

(2) 根据点的投影变换规律，将 $A$、$B$、$C$ 的新投影作出。

(3) 连线成为三角形，因为是正平面，所以该三角形即为它的实形。

如果将本例与上一例联系起来，即是一般位置平面变换为新投影面平行面的作图，需进行二次变换。

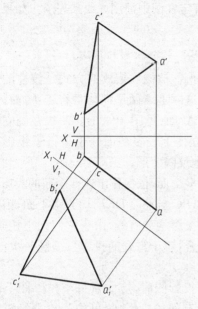

图 4-84　铅垂面变为正平面

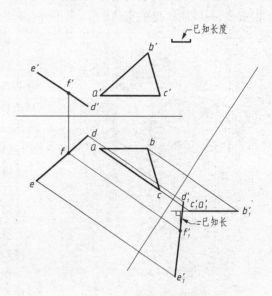

图 4-85　换面法解题

### 4.6.3　换面法解题示例

**[例题 4-6]**　用换面法解[例题 4-5]。

作图步骤：(见图 4-85)

(1) 将△$ABC$ 变换成为正垂面，得 $a_1'b_1'c_1'$；($AC$ 为水平线，将其变为正垂线即可。)

(2) 将直线 $ED$ 也变换得到新的投影 $e_1'd_1'$；

(3) 在 $e_1'd_1'$ 确定一点 $f_1'$，使它到 $a_1'b_1'c_1'$ 距离为已知长。这可能通过推平行线的方法得到；

(4) 将 $f_1'$ 倒推求出 $f$ 及 $f'$。解毕。

## 4.7　立体的投影

立体在画法几何中主要分为平面立体与曲面立体两类。表面全部为平面的立体，称为平面立体；表面全部是曲面或由曲面与平面构成的立体，称为曲面立体。

曲面分为不规则曲面和规则曲面。一般称动线作规则运动形成的曲面为规则曲面，其余的为不规则曲面。

在规则曲面中最为常见的是回转面，如圆柱面、圆锥面、球面、圆环面，它们可以看成是由一条直线或半圆，围绕一根轴(回转轴)旋转而形成的。

运动的直线、半圆或圆称为母线，每一个位置的母线称为素线。

由回转面或回转面加平面组成的立体，称为回转体。如圆柱体是由圆柱面和上、下两个平面组成的立体；圆锥体是由圆锥面和底平面组成的立体；球体是仅由球面组成的立体；圆环体也是仅由圆环面组成的立体。它们都是回转体。因为这些立体都有着比较单纯的形式，是组成复杂立体的基础，因此也统称为基本立体。

本节仅研究平面立体与回转体的投影。

## 4.7.1 平面立体

### 4.7.1.1 平面立体的投影

平面立体的表面都是平面,平面立体的投影可以看成是组成立体的所有平面的投影。组成立体的每个平面都可看成是一个多边形,多边形的边正是相邻两个面的交线,因此平面立体的投影也可归结为其各个表面的交线及各顶点的投影。

在立体投影中,表面与表面的交线处于不可见的位置时,规定在图中须用虚线来表示。如果交线与交线互相重叠,只需画可见的交线。

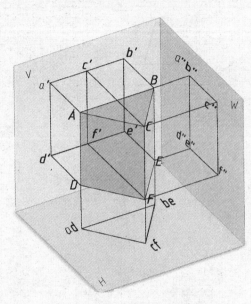

图 4-86 棱柱立体图及投影图

**基本作图 28** 棱柱投影的作法。

以三棱柱为例。该棱柱摆放的方式是棱柱的三条棱均垂直于 $H$ 面,这时上下两平面均平行于 $H$ 面,同时使 $ABED$ 面平行于 $V$ 面(见图 4-86)。一般在画立体投影时,应尽可能使立体上较多的面处于平行于投影面的位置,这样能较多地反映实形。

棱柱一共有 5 个面,依次作出这 5 个面的投影。如图 4-87(a),平面 $ABC$ 与平面 $DEF$ 均为水平面,因此它的正面投影和侧面投影均为直线,由于它们大小相同,所以水平投影完全重合,对于重合的投影只需画一次,并不需要画多遍。

在画立体的投影图时,应注意每个投影图上均应同时存在立体上所有面的投影,这可作为检查投影图中是否漏画的依据。如侧面投影是一个矩形,但在它上面有 5 个面的投影,$ABC$ 和 $DEF$ 面在矩形的上下两个边;$ABED$ 面是矩形左侧的边;$ADFC$ 和 $BCFE$ 完全重叠,就是这个矩形本身。

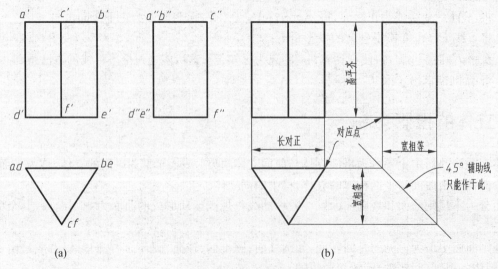

图 4-87 棱柱的投影图

从立体图图 4-86 可以想见,投影面离立体的远近,并不改变立体投影的形状和大小。因为我们主要研究的是立体本身,因此在绘制立体的投影图时,可以不考虑立体与投影面的关系,可以省略绘制投影轴。虽然没有投影轴了,但 3 个投影之间的投影关系不能变,如图 4-87(b)所示,正面投影与水平投影:长对正;正面投影与侧面投影:高平齐;水平投影与侧面投影:宽相等。"长对正,高平齐,宽相等",这三句话是衡量投影图投影关系是否正确的最主要标志,应该牢记。

绘三个投影图时,只要遵守上面的投影关系就可以了,至于投影图之间的远近是不重要的,应根据图纸的布局而定。如果习惯了在水平投影与侧面投影之间利用45°辅助线作图,也可通过图4-87(b)的方法作出,即在两投影图上找到同一点的两个投影,如 $e$ 和 $e''$,过 $e$ 作平行于假想 $X$ 轴的直线,过 $e''$ 作平行于假想 $Z$ 轴的直线,得到交点,从交点处作45°斜线。注意45°辅助线并不是可以随意在水平投影和侧面投影之间任意作出的。

同理可作棱锥、棱台的投影。

### 4.7.1.2　平面立体表面取点、取线

**基本作图 29**　平面立体表面取点的作图。

以三棱锥为例(见图4-88)。在三棱锥上有两个点 $D$ 和 $E$,已知它们的正面投影 $d'$ 和 $e'$,现要作出它们的另两面投影。

作图步骤:

(1) 因为 $D$ 点在棱 $SB$ 上,可用基本作图3的方法,作出其水平投影 $d$ 和侧面投影 $d''$,注意侧面投影 $SA$ 棱与 $SB$ 棱重叠。

(2) 从 $E$ 的正面投影可见(不可见的点加括号)知点在面 $SAC$ 之中,利用面上取点的方法,见基本作图8,可求出它的另两面投影。具体步骤是:连接 $s'e'$ 并延长交 $a'c'$ 于一点 $1'$,在水平投影 $ac$ 上作出 $1$,连接 $s1$。

(3) 过 $e'$ 作投影线与 $s1$ 相交,作出 $e$。

(4) 根据宽相等,即图中的 $Y$ 相等,作出 $s''1''$,或借助45°线作出也可以。

(5) 过 $e'$ 作投影线,与 $s''1''$ 相交,作出 $e''$。投影可见。

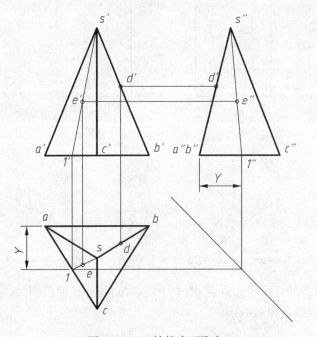

图 4-88　三棱锥表面取点

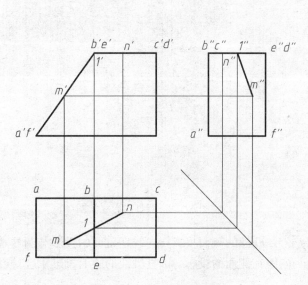

图 4-89　棱锥表面取线

**基本作图 30**　平面立体表面取线的作图。

见图4-89,已知在棱柱的水平投影中有一条线的投影 $mn$,现在需作出其另两面投影。从投影图中可见 $mn$ 为可见,所以可以断定线在棱柱的上表面。同时也可以看出,它跨了 $ABEF$ 和 $BCDE$ 两个面,因此在 $BE$ 棱处线必定会有转折,$MN$ 线并不是一条直线,而是由两段直线组成的。

作图步骤:

(1) 首先求三个点的投影 $M$、$N$、$I$。$M$、$N$ 是直线的首尾,$I$ 点是与棱 $BE$ 的交点,是它的转折点,这三点都是关键点。

$M$ 点所在的平面是正垂面,它的正面投影有积聚性,是一条斜线,$m'$也必定在这条线上。由$m$、$m'$可以求出$m''$。

$N$ 点所在平面是水平面,其正面投影和侧面投影均为直线,因此可方便地求出$n'$和$n''$。

$I$ 点在棱 $BE$ 上,$BE$ 是一条正垂线,其正面投影是一点,因此$1'$也在这点上,与$b'e'$重叠。再由1、$1'$求出$1''$。

(2) 依次连接各点,注意连点的顺序。只能同一面中的点相连。连点时可根据已知的水平投影的顺序,如水平投影是$m1$、$1n$,所以其他投影是$m'1'$、$1'n'$;$m''1''$、$1''n''$。其中除$m''1''$外,其余的均与其他投影重叠。

## 4.7.2 回转体

### 4.7.2.1 圆柱的投影

圆柱由圆柱面及顶、底平面所围成。圆柱面可以看成是由一平行于轴的直母线绕轴旋转而成的。

图 4-90 为圆柱的三面投影立体图,圆柱的轴垂直于 $H$ 面,它的水平投影是一个圆,它既是圆柱面的水平投影,同时也是顶、底面圆的投影。圆柱的正面投影和侧面投影是同样大小的矩形。正面投影矩形的两边 $d'd_1'$ 和 $b'b_1'$ 是圆柱正面投影两条转向线 $DD_1$、$BB_1$ 的投影。正面投影转向线是指回转体作正面投影时,回转体表面处在可见部分与不可见部分的分界的素线。同理可知侧面投影转向线和水平投影转向线的定义。圆柱的侧面投影矩形的两边 $a''a_1''$ 和 $c''c_1''$ 是圆柱侧面投影两条转向线 $AA_1$、$CC_1$ 的投影(见图 4-91)。

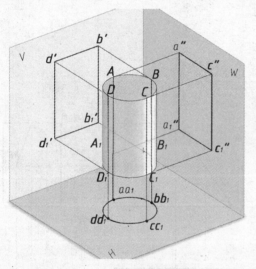

图 4-90　圆柱投影立体图

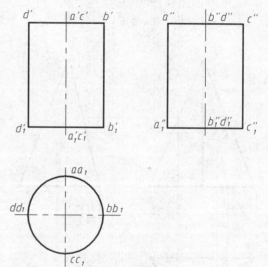

图 4-91　圆柱投影图

圆柱的侧面投影转向线在正面的投影与圆柱轴线的正面投影重合,图中不需画出;圆柱正面投影转向线在侧面的投影与圆柱轴线的侧面投影重合,同样也不需画出。

### 4.7.2.2 圆锥的投影

圆锥由圆锥面及底面围成,圆锥面可看成是由一个与轴线相交的直母线绕轴线旋转而成的。

图 4-92 为圆锥投影的立体图,水平投影是一个圆,它既是圆锥底面圆的投影,也是圆锥面的投影;正面投影和侧面投影均为大小相同的等腰三角形,其两个腰是投影面的转向线的投影。正面投影的转向线是 $SA$、$SB$,侧面投影转向线是 $SC$、$SD$。转向线只是圆锥面无数条素线中的 4 条。4 条转向线在投影图中的位置应牢记,因为它是作图时很重要的辅助线(见图 4-93)。

母线上的任一点,在绕轴线旋转时,都形成一个圆,该圆就是纬线圆,见图 4-92。纬线圆越朝向锥顶越小,圆锥底面圆是最大的纬线圆。

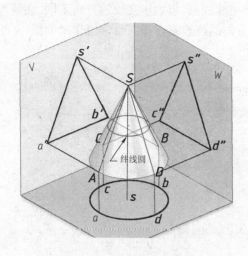

图 4-92　圆锥投影立体图

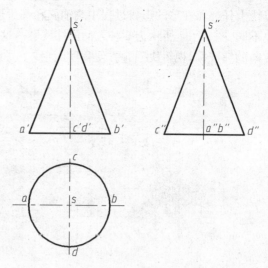

图 4-93　圆锥投影图

### 4.7.2.3　圆球的投影

圆球是由圆球面所包成的立体(见图 4-94)。它的投影是三个大小相同、直径与球相等的圆,它们分别是球的正面、水平面、侧面转向线的投影(见图 4-95)。

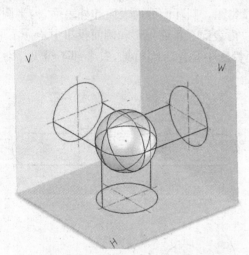

图 4-94　圆球投影立体图

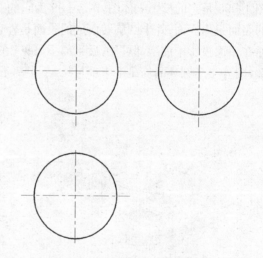

图 4-95　球的三面投影图

在球面上同时存在的三种转向线将球分为不同的两半,特别要注意它们的可见性。如图 4-96(a)水平投影的转向线分球为上下两半,在水平投影上半球可见、下半球不可见。图 4-96(b)正面投影的转向线分球为前后两半,在正面投影前半球可见、后半球不可见。图 4-96(c)侧面投影转向线分球为左右两半,对侧面投影左半球可见、右半球不可见。

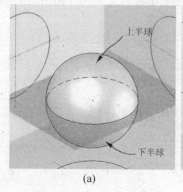

(a)

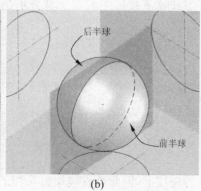

(b)

(c)

图 4-96　半球分界面

母线上任一点在球的形成过程中绕轴旋转都可形成一个纬线圆,但由于绕轴的方向不同,纬线圆的方向也不同,图4-97所示为3种方向的纬线圆。这3种方向的纬线圆在作图时常用作辅助线,至于用何种方向的纬线圆,视解决问题方便程度而定。

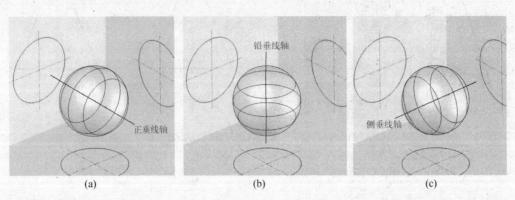

(a)                          (b)                          (c)

图4-97 三种方向的纬线圆

### 4.7.2.4 圆环的投影

圆环体全部由圆环面所围成。圆环面是以圆为母线,绕一个与圆平面共面但不通过圆心的轴线回转而成的。

图4-98是它的投影立体图,图4-99为它的三面投影图。圆环面分内表面和外表面,内半圆旋转而成的表面是内表面;外半圆旋转而成的表面是外表面。内表面在正面投影和侧面投影中均为不可见;外表面在正面投影中前半部可见,后半部不可见;在侧面投影中是左半部可见,右半部不可见。对于水平投影,内外半个圆环面均是上半部可见,下半部不可见。

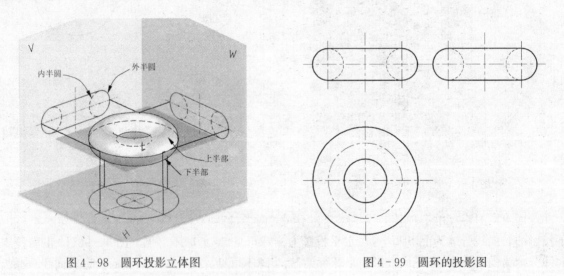

图4-98 圆环投影立体图          图4-99 圆环的投影图

在圆环面上也存在无数个纬线圆,其中水平投影中的两个圆分别是内外表面上的两个处在转向线位置的纬线圆。

### 4.7.2.5 回转体表面取点

**基本作图31** 圆柱表面取点的作图。

如图4-100(a)所示,在圆柱表面有4个点,已知它们的正面投影,求作另两面投影。在圆柱表面取点的关键是要利用好圆柱有积聚性的那个投影。

作图步骤(图4-100(b)):

(1)求点 $A$ 的投影。点 $A$ 在正面转向线上,因此可直接作出 $a$ 和 $a''$。

(2)求点 $B$ 的投影。$b'$ 可见,知点 $B$ 应在前半个圆柱,水平投影应在圆上,所以过 $b'$ 作 $X$ 轴垂线,得

$b$。由 $b'$ 和 $b$，作出侧面投影 $b''$，由于点 $B$ 在左半个圆柱，因此 $b''$ 为可见。

(3) 求点 $C$ 的投影。点 $C$ 在侧面转向线上(注意不是在轴线上)，且可见，因此可直接作出 $c$ 和 $c''$。

(4) 求点 $D$ 的投影。由 $d'$ 可知，$D$ 不可见，因此 $D$ 在圆柱的后半面，过 $d'$ 作 $X$ 轴垂线，得 $d$。由 $d'$ 和 $d$ 可作出 $d''$，由于 $D$ 同时在右半个圆柱，所以 $d''$ 不可见，应加括号。

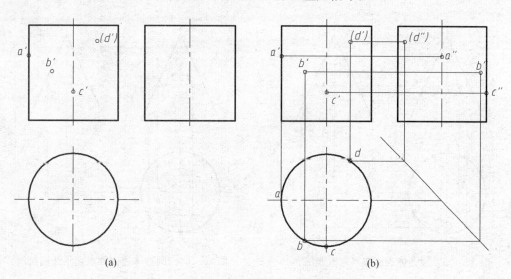

图 4-100　圆柱体表面取点

**基本作图 32**　圆锥体表面取点的作图(素线法、纬线圆法)。

圆锥表面取点根据所用方法不同，分为两种方法：素线法和纬线圆法。

如图 4-101 所示，在圆锥表面任一点都存在着一条素线和一个纬线圆，利用它们便可方便地求出点的投影。

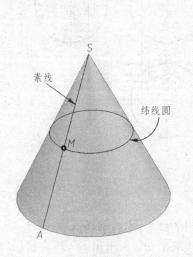

图 4-101　圆锥体表面取点原理图

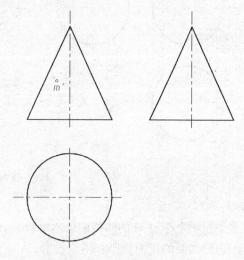

图 4-102　圆锥体表面取点问题

1) 素线法

作图步骤：

(1) 见图 4-103，从顶点 $s'$ 出发，过 $m'$ 作一条直线，与底面圆交于一点 $a'$，$s'a'$ 便是一条过 $M$ 点素线的正面投影。

(2) 在底面圆上作出 $a$，连接 $sa$，注意 $sa$ 应取位于圆锥的前表面上的那条素线，因为 $m'$ 可见。过 $m'$ 作垂线求出 $m$。再作出 $s''a''$，$m''$ 即可作出。

2) 纬线圆法

作图步骤：

(1) 如图 4-104。作出过 $M$ 的纬线圆的 3 个投影。

（2）$m'$可见,知点在前半个圆锥,作投影线求出 $m$,再求出 $m''$。

作图时应特别注意两点:素线一定要过锥顶;对于锥台无锥顶,可假想将锥顶画出再作。

纬线圆法与素线法作出的结果是一样的,根据方便可采用任一种方法。对于落在特殊位置如转向线、底面圆上的点,可直接作出,而不需要采用这两种方法。

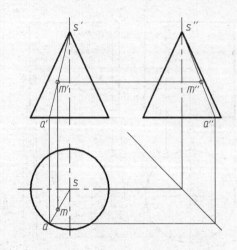 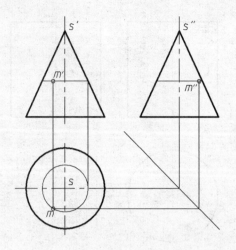

图 4-103　圆锥体表面取点之素线法　　　　图 4-104　圆锥体表面取点之纬线圆法

**基本作图 33**　圆球表面取点的作图。

从图 4-105(a)可知 $M$ 点在水平投影可见,因此它应处在上半球,并且还处在后半球和右半球,因此它的正面投影和侧面投影均是不可见的。

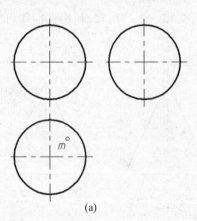 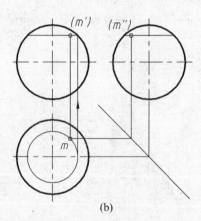

(a)　　　　　　　　　　(b)

图 4-105　圆球体表面取点

作图步骤:

（1）在水平投影上作过 $m$ 的纬线圆的水平投影,此处采用平行于 $H$ 面的纬线圆,见图 4-105(b)。

（2）作出该纬线圆的正面投影和侧面投影,从 $m$ 作投影线求出 $m'$,再求出 $m''$,均应加括号。

**基本作图 34**　圆环表面取点的作图。

由图 4-106(a)可见,在圆环的正面投影和水平投影各有一个点的投影,现要分别求出它们的另一面的投影。

点 $A$ 在正面投影可见,可知它应在外圆环面的前半个圆环上,同时也可见它处在下半个圆环面上,因此它的水平投影不可见。

点 $B$ 在水平投影可见,知其在上半个圆环面上,同时也可知它处于内圆环面,所以它的正面投影也应不可见。

作图步骤:

（1）过 $a'$ 作通过它的纬线圆的正面投影,是一条从左到右与实线圆相交的直线,见图 4-106(b)。作出它的水平投影,过 $a'$ 作投影线,求出 $a$。因不可见,字母外加括号。

（2）过 b 作纬线圆的水平投影，再作出其正面投影，应是在上半个圆环，处在两个虚线圆之间的直线。过 b 作投影线，求出 b′，因不可见，字母外加括号。

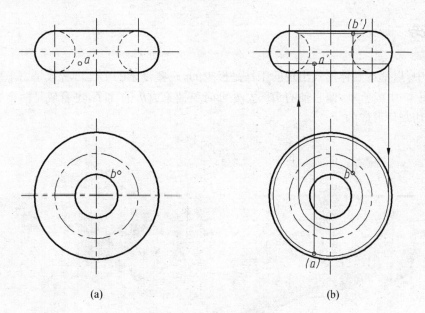

(a)　　　　　　　　　　　　(b)

图 4 - 106　圆环表面取点

### 4.7.2.6　回转体表面取线

**基本作图 35**　回转体表面取线。

图 4 - 107(a)中圆锥的轴线垂直于侧面，所以它在侧面的投影是一个圆。在圆锥表面有一条线，它的水平投影是一条直线，但它在空间不会是一条直线，而应是曲线。

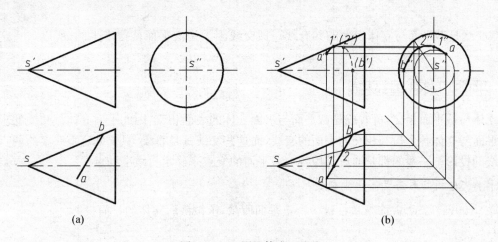

(a)　　　　　　　　　　　　(b)

图 4 - 107　圆锥体表面取线

回转体表面取线作图的基本方法是在曲线上取若干个点，分别求出这些点的投影，然后将同面投影依次光滑连接。

作图步骤（图 4 - 107(b)）：

（1）首先求特殊点的投影。所谓特殊点即是那些起着界定曲线的边界，处于转向线或有积聚性投影上的点。

点 B 在圆锥水平投影的后部转向线上，因此可直接作出 b′ 和 b″，其中 b′ 不可见。

点 I 在正面投影转向线上，由于曲线水平投影可见，可知 1 也可见，所以 1′ 应在圆锥上部。求出 1″。

点 A 在此用纬线圆法来求。注意点 A 在圆锥的上、前半个。所以 a′、a″ 均可见。

（2）求一般点。如在 1 和 b 之间任取一点 2，此点在此用素线法求出 2′、2″，2′ 不可见。为了精确还可以再取一些一般点，本例略。

(3) 依次连接。连接时为避免连错可参考已知的水平投影上点的次序。不可见的部分应连成虚线,如正面投影上 $1'2'6'$ 这段曲线。注意连线时应连成光滑的曲线,不应是直线。

## 4.8 截交线

在工程实践中,以基本立体形式出现的工件是极少的,一些复杂的工件可看成是由平面切割基本立体后形成的,如图 4-108 所示,偏心轴的头部 $I$ 处可简单抽象成 $II$ 的样子,可看成是两个叠加在一起的圆柱经两个平面切割后形成的。

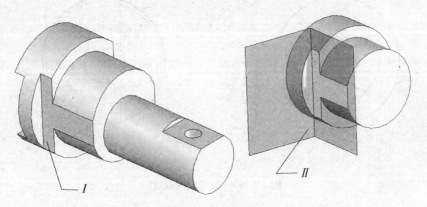

图 4-108　实际零件

切割立体的平面称为截平面;截平面与立体表面的交线称为截交线。欲想正确地绘制上图所示的零件,关键是要正确绘制截交线的投影图。

任何截交线都有下面两个基本性质:

(1) 立体是由若干面围成的,在空间占有一定的范围,因此截交线必然是封闭的,但可能是由若干段组成的。

(2) 截交线是截平面与立体表面的共有线。截交线因为是由平面截得产生的,所以它一定是平面图形。

### 4.8.1　平面立体的截交线

平面立体与截平面相交,可看成是截平面与平面立体的表面相交,因此平面立体截交线的求法可看成是求截平面与立体各个参与相交的表面的交线,而这些交线都是直线,只要确定直线上的两点即可求出这些直线的投影。一般的都是通过求棱线与截平面的交点来确定直线上的点。

**基本作图 36**　求平面立体的截交线。

如图 4-109(a)所示,一个八棱柱被一个正垂面所截,求被截后立体的三面投影。

**分析:**

因为截平面是正垂面,所以截交线的正面投影已知,积聚在 $p'$ 上。八棱柱的 8 个面均垂直于侧面,所在截平面与 8 个面产生的交线均积聚在 8 个面的侧面投影上,所以截交线侧面投影已知,是 $p''$ 所示的线框。现只需求水平投影。

**作图:**

(1) 标出截平面与 8 个棱相交的 8 个交点的正面投影 $1'$、$2'$、$3'$、$4'$、$5'$、$6'$、$7'$、$8'$ 和侧面投影 $1''$、$2''$、$3''$、$4''$、$5''$、$6''$、$7''$、$8''$。

(2) 由投影关系求出它们的水平投影。

(3) 依次将水平投影连成线框,次序可参考侧面投影。见图 4-109(b)。

(4) 擦去被截掉的多余的棱线的水平投影,见图 4-109(c)。

(5) 检查正确性,可通过类似形来检查,正垂面的水平投影和侧面投影应该是类似的。

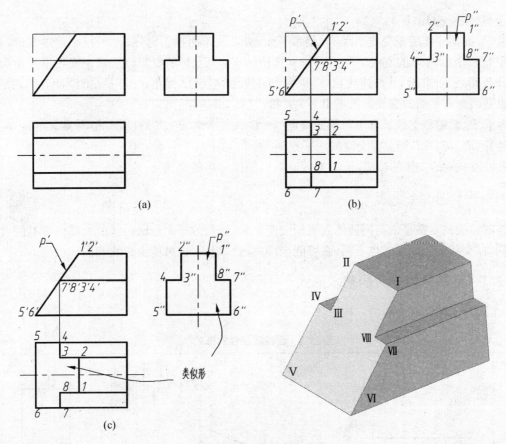

图 4-109  棱柱求截交线

[例题 4-7]  求立体被截后的三面投影。

分析：见图 4-110(a)，该立体可看成是被水平面 $P_1$ 和正垂面 $P_2$ 所截，求截交线的投影时，可先分别求出它们各自的截交线，再求出 $P_1$ 与 $P_2$ 的交线。

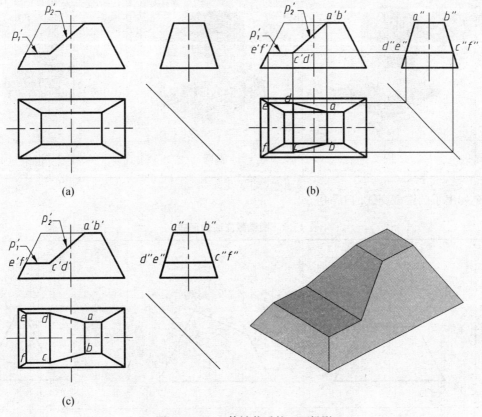

图 4-110  立体被截后的三面投影

作图步骤(图4-110(b)):

(1) 求 $P_1$ 面截立体的截交线。因 $P_1$ 是水平面,所以其正面投影已知,水平投影反映实形,侧面投影是一条平行于坐标轴 Y 的直线。先求出与立体棱的交点 E、F 的投影,E、F 正面投影积聚为一点,从上向下作投影线,可求出 e、f;连接 e、f,并作水平线,画至 c、d 终止,c、d 是 C、D 两点的水平投影;同时 CD 也是两个截平面的交线。再求出 $e''$、$f''$ 和 $c''$、$d''$,并连接。

(2) 再求 $P_2$ 面的截交线。求出与顶面交点 A、B。$a'$、$b'$ 和 $a''$、$b''$ 均已知,很容易求出 a、b。在水平投影中连接 ab、bc、ad,即是截交线的水平投影。

(3) 去掉被截除的立体的棱线,见图4-110(c),加深加粗截交线,完成。

## 4.8.2 回转体的截交线

回转体的截交线是截平面与回转体表面相交产生的,根据截平面与回转体所处的位置不同,以及回转体的不同,截交线的组成形式也不同,它可能全部由曲线组成,也可能由直线和曲线组成。

### 4.8.2.1 回转体截交线的基本形式

表4-1列出了圆柱截交线的三种形式。

表 4-1 圆柱截交线的形式

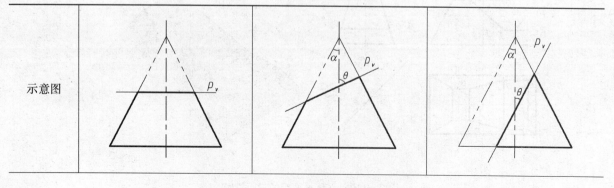

| 示意图 | | | |
|---|---|---|---|
| 立体图 | | | |
| 截交线形式 | 圆 | 椭圆 | 矩形 |

表4-2列出了圆锥截交线的五种形式。

表 4-2 圆锥截交线的形式

（续表）

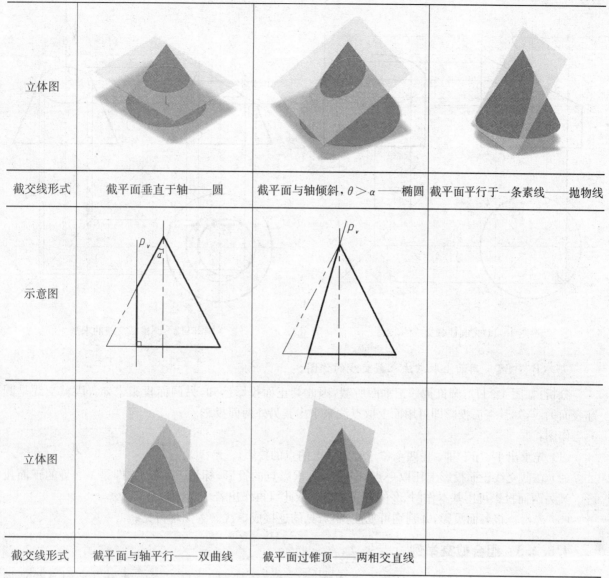

| 立体图 | | | |
|---|---|---|---|
| 截交线形式 | 截平面垂直于轴——圆 | 截平面与轴倾斜，$\theta > \alpha$——椭圆 | 截平面平行于一条素线——抛物线 |
| 示意图 | | | |
| 立体图 | | | |
| 截交线形式 | 截平面与轴平行——双曲线 | 截平面过锥顶——两相交直线 | |

#### 4.8.2.2　回转体截交线的求法

回转体截交线的主要求法有：**直接作投影法、面上取点法。**

**基本作图 37**　用直接作投影法求截交线的作图。

**分析：**图 4-111 所示圆柱被正垂面所截，正是圆柱截交线的第二种形式。正垂面在正面的投影是直线，所以截交线的正面投影已知。同时截交线是圆柱表面的线，所以它的水平投影就是圆，也已知。当截交线的两个投影已知，求第三个投影时，就可以用直接作投影法去求。

**作图：**

（1）在截交线的水平投影上任取若干个点，本例是均匀地取了 8 个点，等分圆周。这些点当中应当包括在转向线上的点。1、2、3、4、5、6、7、8 即为 8 个点的水平投影。

（2）向上作投影线，找到它们的正面投影：1′、2′、3′、4′、5′、6′、7′、8′。

（3）已知两个投影求第三投影，直接求出它们的侧面投影 1″、2″、3″、4″、5″、6″、7″、8″。

（4）光滑连接侧面投影，注意它们的可见性。截面的倾斜方向使这 8 个点在侧面均可见，因此截交线全部为可见。

由于已知此时截交线的形式是椭圆，也可以只求出 1、3、5、7 这 4 个点后，直接用已知长短轴的方式作椭圆。

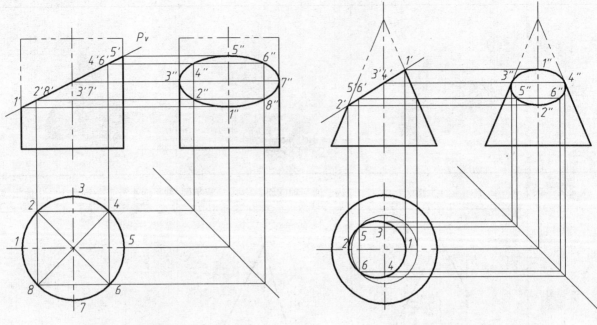

图4-111  圆柱截交线的求法          图4-112  圆锥截交线的求法

**基本作图38**  用面上取点法求截交线的作图。

**分析:**如图4-112,圆锥被一正垂面所截,因此其正面投影已知,另两面投影未知。因截交线是圆锥表面的线,知其一面投影即可用面上取点法来求出其另外两面投影。

**作图:**

(1) 先求出Ⅰ、Ⅱ、Ⅲ、Ⅳ四个位于转向线上的点的投影。

(2) 在截交线正面投影上任取一点,即是两个重影点的投影,标记$5'$、$6'$,它即是Ⅴ、Ⅵ的正面投影。其另两面投影可用基本作图32的方法求出。依此可再作出若干点(略)。

(3) 光滑连接各面投影,并判别可见性,不可见的连接成虚线。本例均可见。

### 4.8.2.3  组合截交举例

组合截交是指两种情况:一是单个立体被多个截平面所截;二是多个立体组合被同一截平面所截。

**[例题4-8]**  补画开槽圆柱的投影,见图4-113(a)。

**分析:**半圆柱开槽可看成是被3个截平面$P_1$、$P_2$、$P_3$所截。$P_1$、$P_3$是正平面,因此,其正面投影是半圆的一部分,水平投影是一条直线,均已知,可推知其侧面投影也是直线。$P_2$是侧平面,其正面投影是一段直线,由于不可见,因此是虚线,水平投影是一条直线,也均已知,可推知其侧面投影反映实形,是一个矩形。

**作图:**

(1) 作半圆柱的侧面投影,见图4-113(b)。

(2) 依次作出三个截平面的截交线,参考立体图,再作出截平面与截平面的交线,考虑可见性;线的长度应考虑截交线的范围。

(3) 三个截平面与底平面也有交线,立体图上未注。把各段交线均考虑清楚。

(4) 检查各段交线在空间应该是一个闭合的图形,不能缺失任何一段线的投影。

**[例题4-9]**  求顶针被截后的投影。

**分析:**顶针可看成圆锥与圆柱的叠加。本例即是圆锥与圆柱组合被一个水平面所截求截交线的问题,它的解法是将圆锥与圆柱分割后各自求截交线,见图4-114。但应注意,这只是假想的分割,并不是真的分割。

作图步骤:

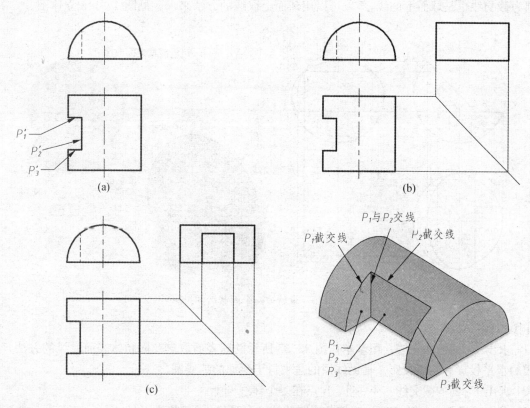

图 4-113　补画开槽圆柱的投影

（1）求圆锥的截交线。先确定特殊点的投影。如转向线上点 Ⅰ 的投影及截锥底大圆两点的投影。再确定一般点的投影。如 Ⅱ、Ⅲ 两点，本例采用了纬线圆的方法。

（2）求圆柱的截交线。根据圆柱截交线的形式，知是矩形，由于截平面是水平面，所以水平投影是矩形，其余两面投影是直线。

（3）综合考虑。顶针在被截后的平面上不可能再有交线，所以圆锥底面大圆的水平投影在截平面的部分不应有实线，但由于在顶针的下部仍存在部分圆锥底部的大圆，所以在投影上应存在一段虚线。

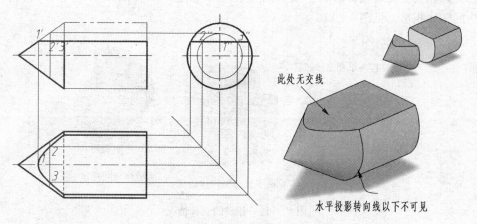

图 4-114　求顶针被截后的投影

[例题 4-10]　求球被两个面截后的投影。

分析：球被两个平面所截，$P_1$ 是通过球心的正垂面，$P_2$ 是水平面，平面截球无论从何种方向去截，截交线总是圆，但投影却不一定是圆，可能会是直线、椭圆。$P_2$ 面的截交线正面投影和侧面投影均是直线，水平投影反映实形，是圆的一部分；$P_1$ 面的截交线正面投影是直线，侧面投影与水平投影均为椭圆。

因为截交线也是球面上的线,所以可以用球面上取线的方法来求。见图 4-115 立体图。

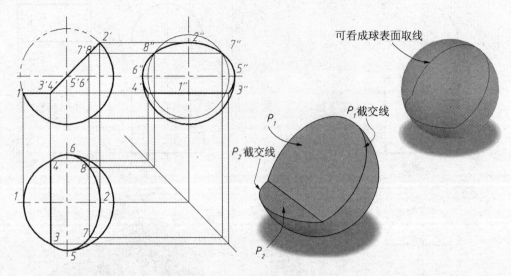

图 4-115 求球被两个面截后的投影

作图步骤:

(1) 求出 $P_1$ 面的截交线。用基本作图 33、35 所示的球表面取点及回转体表面取线的方法,可求出截交线的水平投影和侧面投影。辅助线用的是平行于侧面的纬线圆。

(2) 求出 $P_2$ 面的截交线。Ⅰ、Ⅲ、Ⅳ点在一个纬线圆上。

(3) 求出截平面之间的交线。连接各点时应注意可见性,本例均为可见。

(4) 擦去球体上被截掉部分的投影。侧面投影 5″6″以上的半个转向线圆的投影应擦去;水平投影 56 以左的半个转向线圆的投影应擦去。

## 4.9 相贯线

立体与立体相交称为相贯,其表面相交产生的交线称为相贯线。生产实践中的复杂工件可以看成是由基本立体彼此相交而产生的,为了正确表达这样的立体,必须正确求出相贯线的投影。

立体与立体相贯主要有三种情况:一是平面立体与平面立体相贯;二是平面立体与回转体相贯;三是回转体与回转体相贯。见图 4-116。

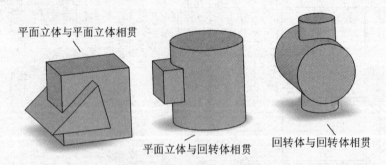

图 4-116 相贯的三种情况

每种相贯又有三种形式:一是实实相贯;二是实空相贯;三是空空相贯。见图 4-117。

相贯线有两条共同的性质:

(1) 相贯线是参与相贯的立体表面的共有线,线上的每一点都同时属于相邻两个立体的表面。

(2) 相贯线一般是闭合的空间曲线。特殊情况下有时不闭合或是平面图形。组成闭合图形时,可能是仅由一条曲线所组成的闭合图形,也可能是由多段曲线或直线加曲线所组成的闭合图形。

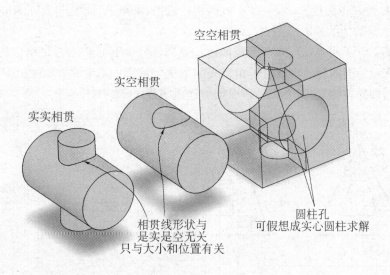

图 4-117　相贯的三种形式

## 4.9.1　平面立体与平面立体相贯

平面立体与平面立体相贯产生的相贯线,可以看成是一个立体的若干平面与另一个立体的若干平面相交产生的交线所组成的多边形,多边形的顶点是立体的棱与另一立体表面相交产生的交点。

求这类立体相贯线是通过求出一段段平面与平面交线的方法来解决的。各段交线要注意其可见性,不可见的部分应画成虚线。

**基本作图 39**　求平面立体与平面立体的相贯线。

以图 4-118 所示的一个三棱锥与一个四棱柱相贯为例。

**分析:** 四棱柱上只有 3 个面与三棱锥相交,如图中所标的 $P_1$、$P_2$、$P_3$ 面。$P_1$、$P_2$ 是水平面;$P_3$ 是正平面。可将此例看成是 3 个面求截交线的问题,求出截交线即求出了两个立体的相贯线。

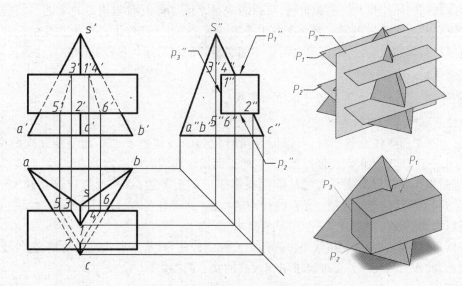

图 4-118　四棱柱与三棱锥的相贯线

作图步骤:

(1) 求出 $P_1$ 面的截交线 Ⅰ Ⅲ、Ⅰ Ⅳ。Ⅰ 是与棱 $SC$ 的交点。Ⅲ、Ⅳ 由四棱柱上的棱来确定,同时注意它们的正面投影与侧面投影分别与相应的四棱柱的投影重合,水平投影 $13 /\!/ ac$, $14 /\!/ bc$。

(2) 求出 $P_2$ 面的截交线 Ⅱ Ⅴ、Ⅱ Ⅵ。方法与原理同上。

(3) 求出 $P_3$ 面的截交线 Ⅲ Ⅴ、Ⅳ Ⅵ。因为四点 Ⅲ、Ⅴ、Ⅳ、Ⅵ 已经求出,直接连接即可。

(4) 检查可见性。正面投影,$3'5'$、$4'6'$被四棱柱遮挡,不可见,同时三棱锥的棱 $s'a'$、$s'b'$ 也有一部分不可见。$1'2'$ 之间的棱的投影应擦去。

水平投影,25、26 不可见,$ac$ 和 $bc$ 上被四棱柱遮挡部分也不可见。12 之间棱的投影应擦去。

图 4-119 所示为当四棱柱为空时的相贯线的求法。从图中可看出,求的方法与上面完全相同,只是在最后连线时,因为各相贯线均可见,所以均应连成实线。

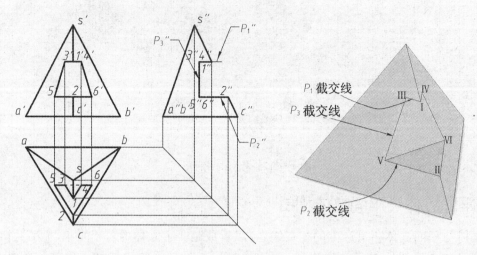

图 4-119　四棱柱为空时与三棱锥的相贯线

特别要注意在水平投影 34 之间应有一段虚线,因为它是当四棱柱挖空之后,$P_3$ 面贯穿棱锥形成的;而在未挖空时是不存在的,因为相贯体内部是一个整体。

从图 4-119 例子可见,相贯线与截交线并不是毫不相关的,有平面立体参与的相贯,它们的相贯线均是由一段段的截交线组成的。下面平面立体与回转体的相贯也是一样的。

## 4.9.2　平面立体与回转体相贯

平面立体与回转体相贯产生的相贯线,可以看成是平面立体上参与相贯的平面与回转体分别相交产生截交线组成的空间几何图形。因此这类相贯线的求法,就可以转化为求截交线的问题。只要求出一个个平面截回转体的截交线,就可求出两立体相交最终的相贯线。各段截交线应注意其可见性,不可见的应画成虚线。

**基本作图 40**　求平面立体与回转体的相贯线

以四棱柱与圆柱求相贯线为例,见图 4-120(a)。

**分析**:因为有平面立体参与相贯,所以问题可转化为四棱柱上 4 个平面与圆柱求截交线的问题。$P_1$、$P_2$ 面为水平面,其产生的截交线是圆弧,它的正面投影和侧面投影均为直线;但正面投影直线段的长度未定,侧面投影直线段分别是四棱柱侧面投影矩形的上下边;水平投影应该反映实形即是圆弧。$P_3$、$P_4$ 面为正平面,其截交线应是一条双曲线中的一段(见所附立体图),其正面投影反映实形,水平投影和侧面投影均为直线。

通过分析可以知道它们的相贯线是由四段截交线组成的,其基本形状已经清楚,但每段线的起讫位置还不清楚,因此作图的关键是要准确求出四段线的交点的投影。

作图步骤:

(1) 作出圆锥上通过 $P_1$ 面的纬线圆的三个投影,图中的"纬线圆 1"。$P_1$ 面所截的圆弧应是该圆的一部分。结合侧面投影 $1''2''$ 可以确定水平投影 12 的位置,再求出正面投影 $1'2'$,它们重叠为一点。

(2) 作出圆锥上通过 $P_3$ 面的纬线圆的三个投影,图中的"纬线圆 3"。同样方法,求出 Ⅲ、Ⅳ 两点的三个投影 $3'4'$、34、$3''4''$。

(3) 求出 $P_3$、$P_4$ 面的截交线,参照立体图,求法与例题 4-8 顶针头部的圆锥的截交线求法相同。因为已经确定了 Ⅱ、Ⅳ 两点,现只需在中间再确定一点即可,图中所示是求出 Ⅴ、Ⅵ 两点。

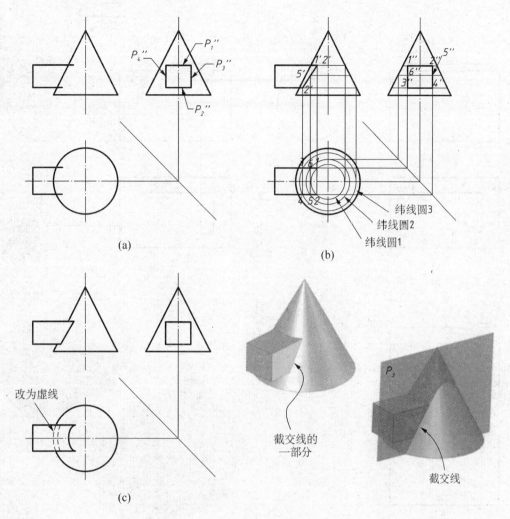

(a)

(b)

纬线圆3
纬线圆2
纬线圆1

改为虚线

(c)

截交线的
一部分

$P_3$

截交线

图 4-120 求四棱柱与圆锥相贯的相贯线

（4）擦去多余的线,将轮廓线(包括相贯线)加黑加粗,同时注意可见性,不可见的应改为虚线,其中应特别注意圆锥底部大圆被棱柱挡住的部分,如图 4-120(c)所示。

[例题 4-11] 求三棱柱与圆柱的相贯线,见图 4-121(a)。

分析:三棱柱的三个面中 ABEF 面是正平面,其与圆柱的截交线是一段直线;AECD 面是侧平面,其截交线是一段圆弧;BFCD 面是铅垂面,其截交线是椭圆上的一部分,即椭圆弧。见图 4-121 立体示意图。

由于 3 个面均垂直于水平面,所以相贯线的水平投影已知,即是直角三角形。又由于相贯线是圆柱表面的线,所以其侧面投影也已知,即是三棱柱范围内的那段圆弧。只需求出正面投影。

作图步骤:

（1）先求特殊点。先确定 D、E、F 及 Ⅰ($1'$、1、$1''$)点,Ⅰ点是圆柱正面投影转向线上的点。

（2）连接 $e'f'$ 即是正平面所截的截交线,不可见。连接 $d'a'e'$,即是侧平面的截交线。$d'$、$1'$、$f'$ 是铅垂面截交线上的 3 个点可直接求出,还需再求一般点,如图 4-120(b)所示,用直接作投影法求一般点 Ⅱ($2''$、2、$2'$),还可再求一些一般点,本例略。

（3）光滑连接。$d'2'1'$ 这段弧线可见,连实线;$1'f'$ 这段不可见,连虚线。它们均位于同一段椭圆弧上。

（4）检查棱柱各棱线及圆柱投影。$1'$ 右部的圆柱的转向线未与棱柱相交,所以应继续存在,还应画出。$f'b'$ 棱一部分被圆柱挡住,应绘成虚线,见图 4-120(b)放大图。

图 4-120(c)所示为当三棱柱是挖进圆柱内部时投影的画法。请读者仔细对照研究。

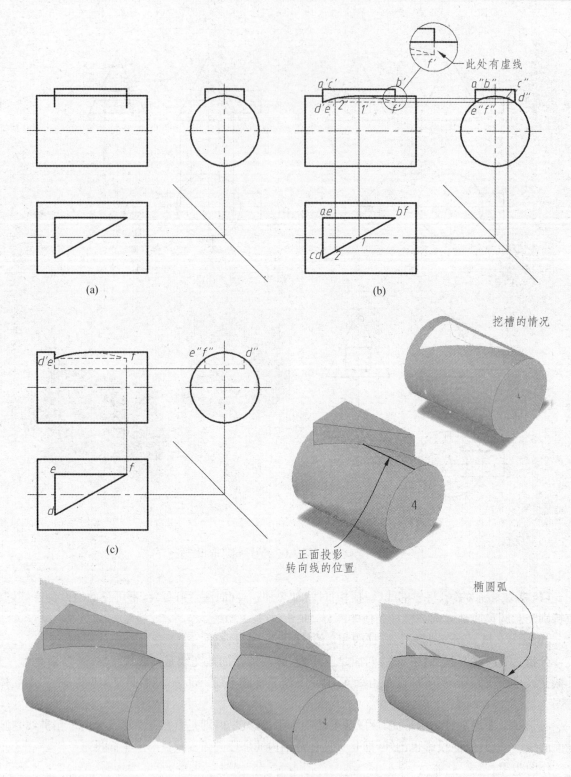

图 4-121 求三棱柱与圆柱相贯的相贯线

## 4.9.3 回转体与回转体相贯

回转体与回转体相贯,其相贯线一般是闭合的空间曲线,特殊情况下也可能是平面曲线。这类相贯线的求法是利用相贯线的性质求出相贯线上足够多的点的投影,然后光滑连接,最后得出相贯线的投影。

求点的投影时,一般先求特殊点,如最上最下、最左最右、最前最后,及转向线上的点等,然后再求一般点的投影。连点时应注意其可见性,对于不可见的曲线段应画成虚线。

求相贯线上一般点投影的方法是辅助平面法,特殊情形也可以使用表面取点法。

辅助平面法的基本原理是三面共点原理。两立体表面相交其共有部分是相贯线,如果再用一个平面与其在相贯线处相交,则其三者共有部分是点,而且必定是相贯线上的点。如图 4 - 122 所示。

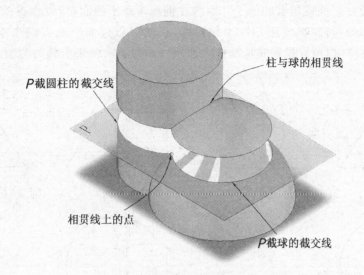

图 4 - 122　辅助平面法的示意图

**基本作图 41**　求回转体与回转体的相贯线(表面取点法/辅助平面法)。

### 4.9.3.1　圆柱与圆柱相贯

图 4 - 123(a)为两圆柱相贯。此例中两圆柱摆放的位置,一个圆柱的轴线垂直于水平面,一个圆柱的轴线垂直于侧平面。再根据相贯线是两圆柱表面的共有线,知它们相贯线的水平投影和侧面投影均已知。水平投影是一个圆,侧面投影是小圆柱范围内的一段圆弧。

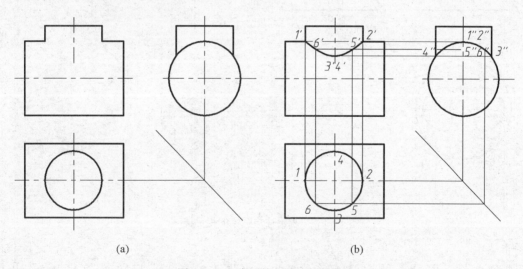

(a)　　　　　　　　　　　　　　　　(b)

图 4 - 123　求圆柱与圆柱的相贯线

已知相贯线的两面投影求第三面投影,可以用表面取点法或直接作投影法来求出正面投影。

作图步骤:

见图 4 - 123(b),先求出 Ⅰ、Ⅱ、Ⅲ、Ⅳ 四个小圆柱上转向线上的点的正面投影,然后再求一般点 Ⅴ、Ⅵ 的正面投影,还可以取更多的一般点,本例略。

图 4 - 124 所示为当小圆柱为空时,其相贯线形状不变,因为两圆柱的大小及相交的位置没有变。但应注意大圆柱内孔的投影应画虚线。

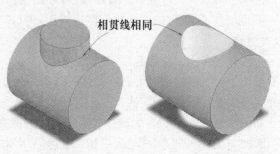

图 4 - 124　圆柱与圆柱相贯立体图

### 4.9.3.2 圆柱与圆锥相贯

图4-125(a)为圆柱与圆锥相贯的例子。因圆柱轴线垂直于侧面,所以相贯线的侧面投影已知,即是圆。另两投影未知。当相贯线已知一个投影时,仍然可以用面上取点法来求相贯线其他的投影。见图4-125立体图,把相贯线看成是圆锥表面的一条封闭曲线来求其另两面的投影。

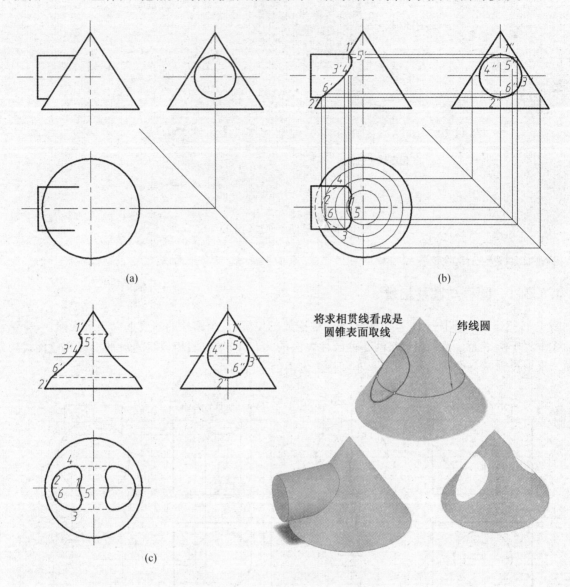

图4-125 求圆柱与圆锥的相贯线

作图步骤:

先求特殊点:Ⅰ、Ⅱ、Ⅲ、Ⅳ为圆柱转向线上的点,见图4-125(b)。已知1″、2″可直接作出1′、2′和1、2。由3″、4″需借助纬线圆,求出3、4,再求出3′、4′。

再求一般点。为了减少作投影线,可如图所示的那样用一条投影线同时取5″、6″,在水平面作出过5、6两点的同心圆,圆的大小依据侧面投影,即可求出5、6,再求出正面投影。同理继续求其他的一般点,本例略。

光滑连接各点。应注意顺序与可见性。3、5、1、4为可见,连成实线,其余不可见,连成虚线。同时,水平投影上,被圆柱挡住的圆锥的底面圆,有一段也不可见,改画成虚线。正面投影可见部分与不可见部分完全重叠,所以只画实线。

如图4-125(c)所示,为圆柱变为通孔时的截交线的情况。注意可见性的变化。

圆柱与圆柱相贯、圆柱与圆锥相贯也可以用辅助平面法来解。请读者思考,尝试作图,辅助平面法的具体应用见下例。

### 4.9.3.3　圆锥与球相贯

如图 4-126(a)所示,圆锥与半球相贯,相贯线三面投影均未知,所以无法用面上取点法求解,只能用辅助平面法。

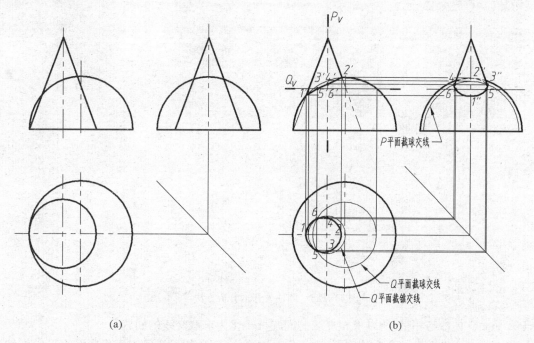

图 4-126　圆锥与半球的相贯线

用辅助平面法解题时,在选择辅助平面时应注意考虑辅助平面截两个回转体所产生的平面图形是否容易作出。如图 4-127 所示。辅助平面 P 是侧平面,通过锥顶截圆锥是三角形,截球是半圆,这是比较合适的,但其他的侧平面则不合适了,因为其截圆锥是双曲线。辅助平面 Q 是水平面,截圆锥及球都是圆,因此是合适的,其他的水平面也同样合适。

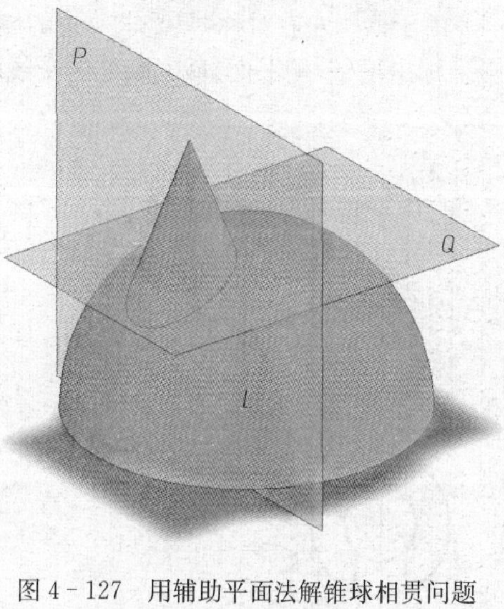

作图步骤:

(1) 求特殊点。Ⅰ、Ⅱ两点,是圆锥与圆球正面转向线的交点,因此可首先求出其三面投影。圆锥侧面转向线与球的交点,需借助辅助平面 P 来求出,见图 4-126(b)。先求出 3″、4″,再求出 3′、4′,与圆锥轴线重叠,再求出 3、4。

(2) 求一般点。作辅助面水平面 Q,作出其与圆锥、圆球的交线圆的水平投影,其交点即为相贯线上的

图 4-127　用辅助平面法解锥球相贯问题

两点 5、6,作投影线求出 5′、6′和 5″、6″。同理还可以求出更多的一般点,本例略。

(3) 连接各点,并注意判别可见性。对于水平投影,因为圆锥面和半球的表面均可见,所以相贯线也可见,全用光滑曲线连为实线。侧面投影,3″2″4″曲线处在右半个圆锥,因此不可见,5″1″6″曲线处在左半个圆锥,因此可见。同时注意,圆球侧面转向线上被圆锥挡住的部分也应是虚线。

(4) 检查加深。将多余的轮廓线擦去。

[例 4-12]　求圆柱管端部开槽后的投影。

如图 4-128 所示,圆柱管端部开槽可以看成是一个实心的大圆柱开槽后挖去一个开槽后的实心小圆柱,因此首先应分别求出大、小圆柱开槽后的投影,再综合考虑可见性。

圆柱端部开槽可看成是圆柱与一个四棱柱相贯,如图 4-128 所示。四棱柱上的 3 个面截圆柱后构成了槽的 3 个面。

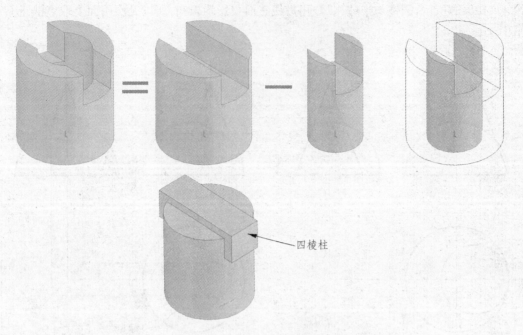

图 4-128　圆柱管开槽分析方法

由于有平面立体参与相贯,所以求相贯线的问题可转化为求截交线的问题。

参与截交的 3 个平面中的两个是侧平面、一个是水平面,因此相贯线的正面投影和水平投影均为已知。需要求的是侧面投影。

作图步骤:

(1) 由于槽壁左右对称,只需求一边的侧面投影即可。如图 4-129(a)所示,首先在水平投影和正面投影上标出槽壁(侧平面)截大圆柱的交线的端点 1、2 和 1′、2′;截小圆柱的交线的端点 3、4 和 3′、4′。

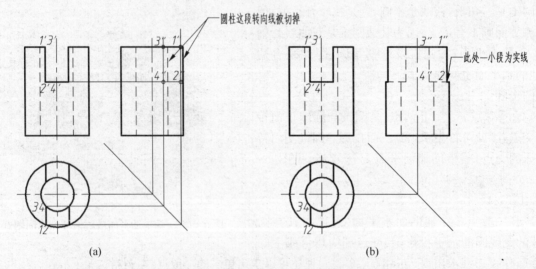

图 4-129　求圆柱管开槽投影

(2) 根据投影关系,求出 1″、2″、3″、4″。连接 1″2″、3″4″、2″4″。

(3) 去掉被截掉的转向线上的部分,考虑可见性,再根据对称关系,作出侧面投影上的另一半,完成。如图 4-129(b)。

本例也可以看成是在空心圆柱上用 3 个平面去截求截交线的例子。

从本例也可以看出,一个问题由于思考的角度不同,既可以将其看成是相贯线的问题,也可以看成是截交线的问题,但是这并不影响最后的结果。

## 4.9.4 相贯线的特殊情况

两回转体的相贯线在一般情况是空间闭合的曲线,但在特殊情况下也可能是平面曲线。见表 4-3。

表 4-3 相贯线的特殊情况

| 特 殊 情 况 | 立 体 图 | 投 影 图 |
|---|---|---|
| (1) 圆柱轴线相互平行:<br>相贯线是两条与轴线平行的直线 | | |
| (2) 圆锥共锥顶:<br>相贯线是过锥顶的相交直线 | | |
| (3) 球心在圆柱的轴线上:<br>相贯线是两个圆 | | |
| (4) 球心在圆锥轴线上:<br>相贯线是两个圆 | | |
| (5) 两直径相同的圆柱相贯:<br>相贯线是两个椭圆,它们在反映非圆的投影上是两条直线 | | |
| (6) 圆柱与圆锥相交并共切于球:<br>相贯线是两个椭圆,它们在反映非圆的投影上是两条直线 | | |

## 4.9.5 影响相贯线形状的因素

影响相贯线形状的因素有 3 个:两相贯立体的形状、相对大小和相对位置。

(1) 两相贯立体形状不同的例子在前面各例题中可以看出,如圆柱与圆柱相贯、圆柱与圆锥相贯、圆锥与圆球相贯等,它们的相贯线都不同。

（2）两相贯立体相对大小不同引起相贯线变化,见表4-4。

（3）两相贯立体相对位置不同引起的相贯线变化,见表4-5。

表4-4 相贯体相对大小不同引起相贯线的变化

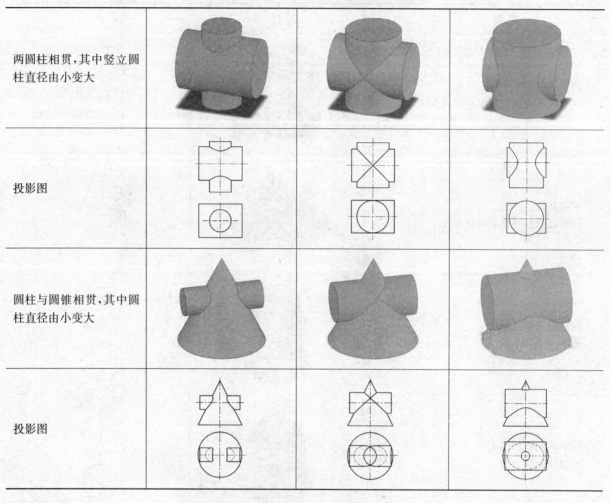

表4-5 相贯体相对位置不同引起相贯线的变化

## 4.9.6 组合相贯

组合相贯是指多个(3个及以上)立体相贯的情形。组合相贯在求相贯线时,可以看成是立体两两相贯来求相贯线,最后综合起来考虑。组合相贯中各段相贯线转折点应重点求出。

[例 4‑13]　完成组合相贯体的三面投影。

如图 4‑130 所示,本例的问题可假想的看成是 3 个两两相贯问题的组合,即圆柱与圆柱相贯、圆柱与棱柱相贯、圆柱与圆柱相贯。先分别求出它们各自的相贯线。由于本例是实与空相贯的例子,在求相贯线时,可将空的假想为实的来求。

作图步骤:

(1) 先求一左一右两个半圆柱与大圆柱的相贯线。关键是求出Ⅰ、Ⅱ、Ⅲ、Ⅳ四个点。见图 4‑131。再求一般点,此处略。

(2) 连接Ⅱ、Ⅲ即为棱柱与圆柱的相贯线。另一边的求法以此类推。

(3) 求槽底部的投影。

(4) 综合考虑可见性并将多余的线擦去。作图方法参见基本作图 40、41。

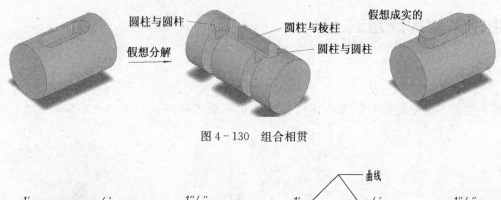

图 4‑130　组合相贯

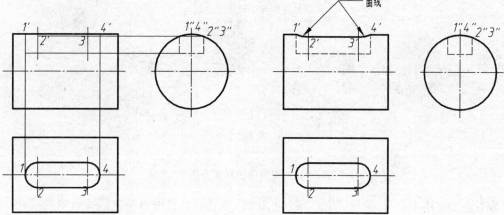

图 4‑131　组合相贯求相贯线作图

# 第5章 组合体

我们在生产或生活中所遇到的物体,经过简化、抽象后都可以看作是由基本立体按一定的方式组合而成的,这样形成的立体称为组合体。组合体是复杂零件的基础,它们的区别在于组合体略去了一些复杂的(曲面等)、局部的、细小的工程结构。

掌握组合体的画图与看图,对掌握零件结构的分析方法,进一步学习零件图的绘制与阅读,乃至计算机建模都有十分重要的意义。

## 5.1 组合体的构成方式

### 5.1.1 基本体

组合体的构成方法主要有两种:基本体的叠加和切割,见图5-1。

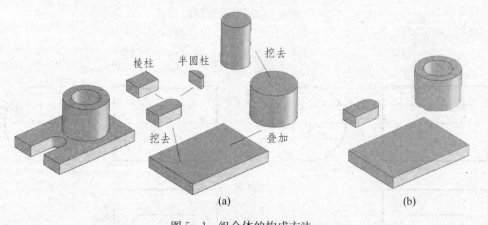

图5-1 组合体的构成方法

成为基本体的立体主要有:圆柱、圆锥(锥台)、棱柱、球、圆环,也可以是它们的简单的组合。因此组合体的表面主要是平面和圆柱面、锥面、球面、圆环面,不存在其他更复杂的曲面。

将组合体分解成为若干基本体的叠加或切割,只是分析问题的一种方法,并不是真的将组合体进行分解,这种分析组合体问题的方法称为形体分析法,因此所谓形体分析法就是分析组合体的组成形体,及它们的组合方式、表面之间的关系、相对位置来进行画图和看图的基本方法。

在进行形体分析时,形成的最终的基本体不一定必须是圆柱、圆锥、球等,而应根据解决问题的具体情况,以及分析者对形体掌握的程度,分解到一定程度即可。见图5-1(a),组合体被看成是由5个基本体构成的;也可以如图5-1(b)那样,看成是由3个基本体构成的。

再如图5-2所示的组合体,可以按图5-2(a)那样分解,也可以按图5-2(b)那样分解。当然还可以有更多种的分解方式。

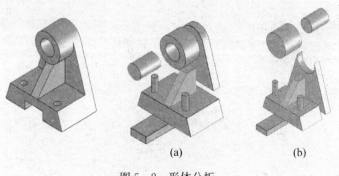

图5-2 形体分析

在作形体分析时应注意以下几个原则:

(1) 按照比较自然的、易于理解的方式进行分解,不要为了分解而分解,故意使分解出的形体过于出乎意料或过于零碎。

(2) 由大到小、由整体到局部、由简单到复杂。见图 5-3,其中图 5-3(a)的分解方法就较图 5-3(b)为好。

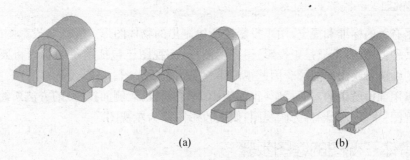

(a)　　　　　　　　(b)

图 5-3　形体分析应掌握的原则

## 5.1.2　表面连接关系

组合体表面间的连接关系有 3 种:相交、共面和相切。

当表面相交时,在它们的交界处应画出交线,如图 5-4 和图 5-5 所示。当交线与其他线重叠,按照粗实线、虚线、点画线的优先次序选择画一种线型即可。

当表面共面和相切时,在它们的交界处不画线,如图 5-6 和图 5-7 所示。

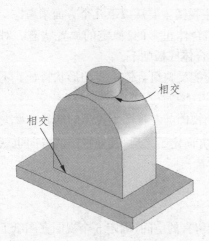

图 5-4　连接关系之一:相交

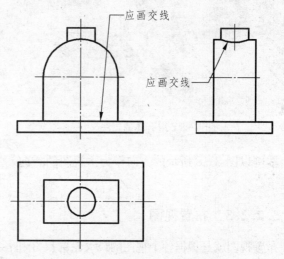

图 5-5　相交立体的三面投影图

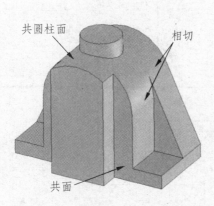

图 5-6　连接关系之二、三:共面、相切

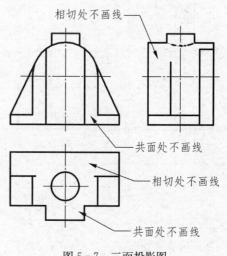

图 5-7　三面投影图

101

## 5.2　组合体三视图

### 5.2.1　三视图

视图是根据有关的标准和规定,用正投影法所绘制出的物体图形。视图与投影图的概念略有不同,投影图是指用某种投影法(不只是正投影)得到的图形,而视图还包括用我们后面将要介绍到的在国家标准中所规定的画法所绘出的图形。因此视图不仅是指正投影图。

三视图是指用前面所讲的三面投影(正面投影、水平面投影、侧面投影)的方法所绘出的图形。正面投影图称为主视图;水平投影图称为俯视图;侧面投影图称为左视图。

### 5.2.2　组合体三视图的绘图步骤

#### 5.2.2.1　分析形体

运用形体分析法,将组合体进行分解,以图5-8所示组合体为例,将其分为6个基本体,搞清基本体间表面的连接关系。支承板与圆筒有相切关系;支承板与底板有共面关系;其余都是相交关系。在相交关系中特别需注意观察肋与圆筒的交线的位置。

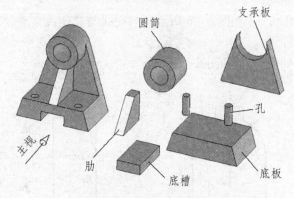

图5-8　组合体的画法

#### 5.2.2.2　选择主视图

选择主视图主要从以下几个方面来考虑:

(1)组合体正常的、稳定的放置状态。对于本例,应使组合体底板朝下。

(2)应能反映组合体主要的形状特征。不可见的部分最少。

(3)俯视图与左视图不可见的部分也最少。

本例以图5-8所示的方向作为主视图的方向。主视图的方向定了之后,其他视图的方向也就相应确定了。

#### 5.2.2.3　布置视图

布置视图就是根据各个视图的最大轮廓尺寸和各视图间应留有的空间,确定3个视图在图纸上的位置。确定位置时,可以通过先画出组合体上主要的端面、对称面、回转体轴线等的投影来进行,见图5-9。

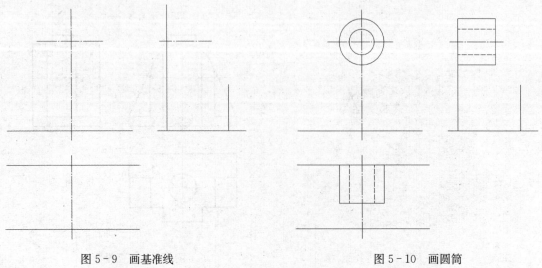

图5-9　画基准线　　　　　　　　　图5-10　画圆筒

### 5.2.2.4 画底稿

按形体分析的结果,逐一画出各基本体。画时用硬度高的铅笔,线要画得尽可能轻。

图 5-10 画圆筒,先从主视图入手,一般有圆的基本体,均从圆的投影画起;然后再按照投影规律,画出其俯视图和左视图。

图 5-11 画底板。也是先从主视图入手,因主视图能反映梯形这个主要特征。

图 5-12 画支承板。注意处理好与圆筒及底板表面连接关系。相切与共面均不画线,多余的线应及时擦去,以免遗忘。

图 5-13 画肋。应注意与支承板及底板、圆筒的交线投影。特别是俯视图上不可见的投影。

图 5-14 画底槽,应先从主视图入手。其他两面投影均不可见。

图 5-15 画两个小孔的投影。先从俯视图入手,画两个小圆。

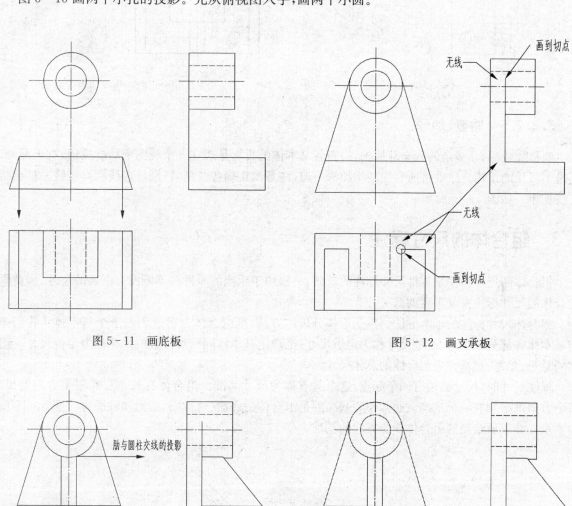

图 5-11 画底板

图 5-12 画支承板

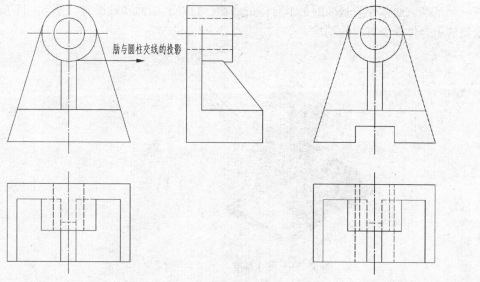

图 5-13 画肋

图 5-14 画底槽

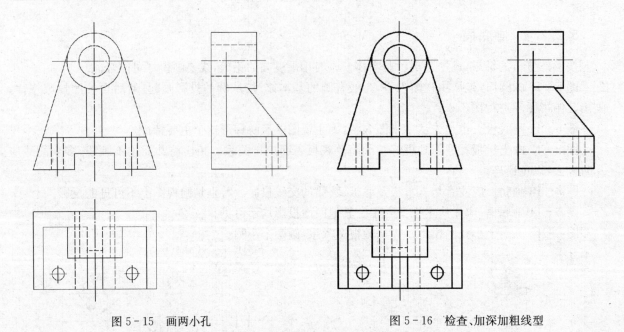

图 5-15　画两小孔　　　　　　　　　　图 5-16　检查、加深加粗线型

### 5.2.2.5　检查、加深

底稿完成后,将多余的线全部擦去,检查各基本体的投影是否在 3 个视图中均能找到,有无漏画,尤其是不可见的结构。然后将所有线型均加深一遍,注意画正确各线型,特别是虚线和点画线。最后将粗实线加粗。如图 5-16 所示。

## 5.3　组合体的尺寸标注

组合体的尺寸标注是零件尺寸标注的基础,一幅用于生产的零件图不能没有正确的尺寸,因此学习组合体的尺寸标注有着重要的意义。

组合体尺寸标注的基本方法仍然是形体分析的方法,把组合体分解成为若干个基本体。我们把确定基本体各部分形状、大小的尺寸称为定形尺寸;把确定基本体间相对位置的尺寸称为定位尺寸。组合体的总长、总宽、总高称为组合体的总体尺寸。

标注尺寸时,尺寸必须有一个起点,这个起点称为尺寸基准。组合体有长、宽、高三个方向的尺寸,每个方向都必须有一个基准。通常作为基准的是组合体的底面、对称面、端面和轴线等。图 5-17 所示为本章 5.2 节所绘制的组合体 3 个方向的基准。

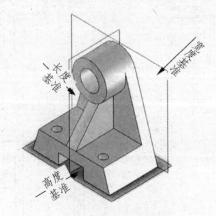

图 5-17　尺寸基准

### 5.3.1　基本体的尺寸标注

表 5-1 为几种常见基本体的尺寸标注,掌握它们有助于正确的标注组合体的定形尺寸。

　　第(i)种情况可以进一步分解成半圆柱与棱柱,但由于它在组合体中常出现,所以也可以直接看成是基本体的一种,其尺寸标注方式也基本固定。

表 5 - 1　几种常见基本体的尺寸标注

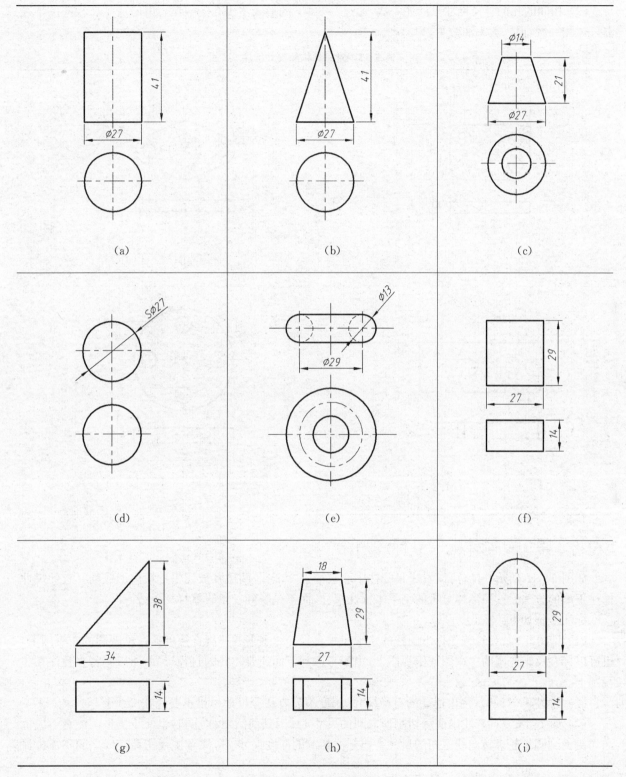

5.3.2　常见结构的尺寸标注

　　一些组合结构在机件上十分常见,它们的尺寸标注方法也基本固定,掌握它们的尺寸标注方法,有助于理解定形尺寸和定位尺寸。表 5 - 2 所示为四个有代表性的常见结构。注意以下几点:

　　(1) 孔的定位尺寸的注法。如表 5 - 2(a),四个孔长度方向的定位尺寸是 30;高度方向的定位尺寸是14,均以对称面为基准。表5-2(b)、(c)与此类似。

当孔沿圆周分布时,其径向定位尺寸为孔心所在的圆周直径,如(d)所示。如果是均布,其圆周方向的定位尺寸不必标注角度。

(2)相同的孔的直径尺寸只标注一次,通过"4×Φ8"的形式注出孔的数量,如(a)所示。相同的半径也只标注一次,但一般不注数量。

表5-2 常见结构的尺寸标注

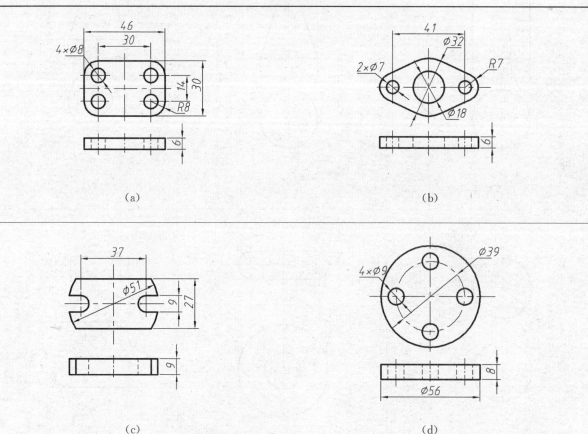

(a)　　　　　　　　　　　　　　　(b)

(c)　　　　　　　　　　　　　　　(d)

## 5.3.3 常见切割体的尺寸标注方法

如图5-18所示立体,可以看成是圆柱中心被挖去一个孔,两边各被切去一块后形成的。它的尺寸标注正确的方法是按照形体分析的结果来标注尺寸,而不是看到一条线就标一条线。

标注步骤如下:

(1)见图5-18(a),首先标出圆柱的定形尺寸直径Φ22和长度31,直径可标在反映圆的左视图上,也可以标在反映非圆的主视图或俯视图上,由于考虑到下面还要注孔的直径尺寸,所以先将直径注在主视图上。

(2)如图5-18(b),注出通孔的直径尺寸,长度不需要注。尺寸尽量不要注在虚线上。

(3)如图5-18(c),注出前后切割面之间的尺寸14,因其前后对称,同时也便于测量。注意不应标注切割面到圆柱轮廓转向线之间的尺寸。再标注切割的深度尺寸21,注意主视图截交线之间不能标注尺寸。

如图5-19所示立体,可以看成是一梯形块,被一平面斜切掉上面一个三角块后形成的。其标注尺寸的步骤为:

(1)如图5-19(a)所示,先正确标注出梯形块的定形尺寸。

(2)如图5-19(b)所示,注出斜切平面的定位尺寸7和12。只要斜切平面的位置确定了,其产生的截交线的长度是不需标注尺寸来表示的,因此其左视图和俯视图上不应再增加任何尺寸。

图5-20是另外一些常见切割体的尺寸标注,请读者自行分析其标注方法。

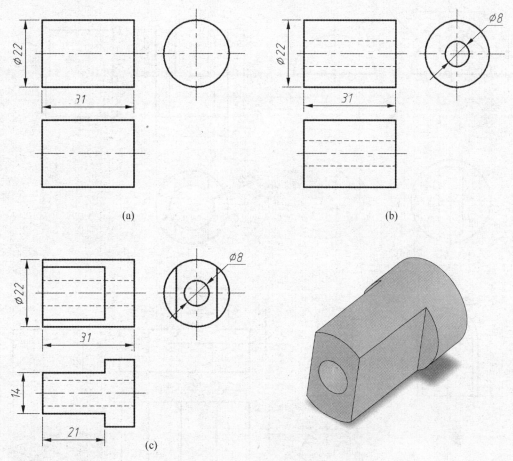

图 5-18 切割体尺寸标注一

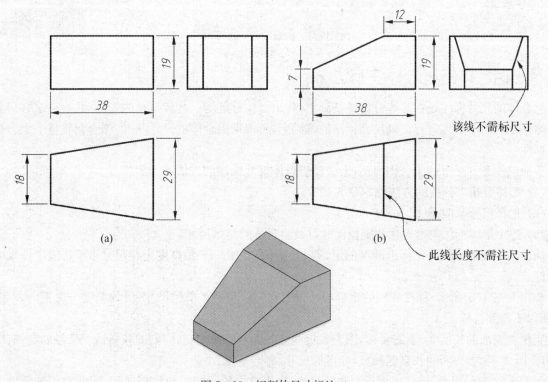

图 5-19 切割体尺寸标注二

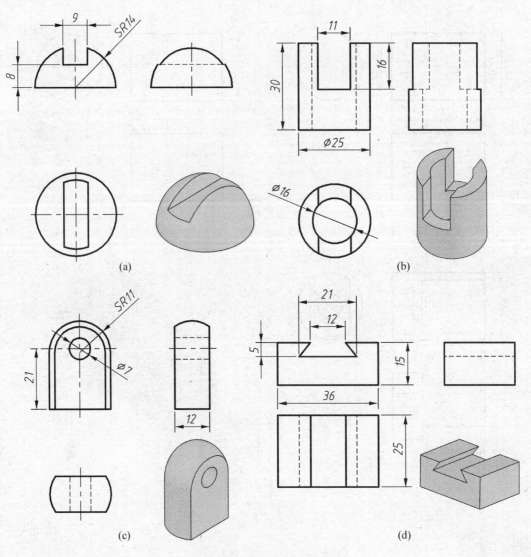

图 5-20　切割体尺寸标注三

## 5.3.4　组合体的尺寸标注方法

组合体的尺寸标注是在形体分析的基础上,将组合体分解为一些较简单的形体(并不一定非得是基本立体),在为简单形体进行正确尺寸标注的基础上,再根据组合体的尺寸基准,综合调整整个组合体的尺寸标注。

下面以本章 5.2 节的组合体为例,来说明组合体尺寸标注的方法和步骤:

(1) 形体分析。分析的方法见本章 5.2 节。

(2) 选择尺寸基准,见图 5-17。

(3) 逐个形体标注定形尺寸和定位尺寸以及组合体的总体尺寸。

如图 5-21(a)所示,先标出圆筒的定形尺寸 Φ10、Φ18、15 和高度定位尺寸 35,其他定位尺寸不需标注。

如图 5-21(b)所示,标注底板的定形尺寸,长、宽、高,及底部槽的尺寸,槽的长度与底板的宽 25 一样,所以不需要再标。

底板上表面的长度 34 不需要标,因为底板两侧斜面与圆筒相切,它们的倾斜情况已经确定,有了底板高度 10 之后,上表面的长自然确定,如再标尺寸,将会重复。

如图 5-21(c)所示,标注支承板和肋的尺寸,由于它们位于圆筒与底板之间,因此它们的尺寸凡是能间接确定的尺寸均不需标注,只需标出两个厚度 5 和肋的倾斜角度 50°即可。

如图 5-21(d)所示,标注底面两孔的定形和定位尺寸。长度方向定位尺寸 24 应相向而标,宽度方

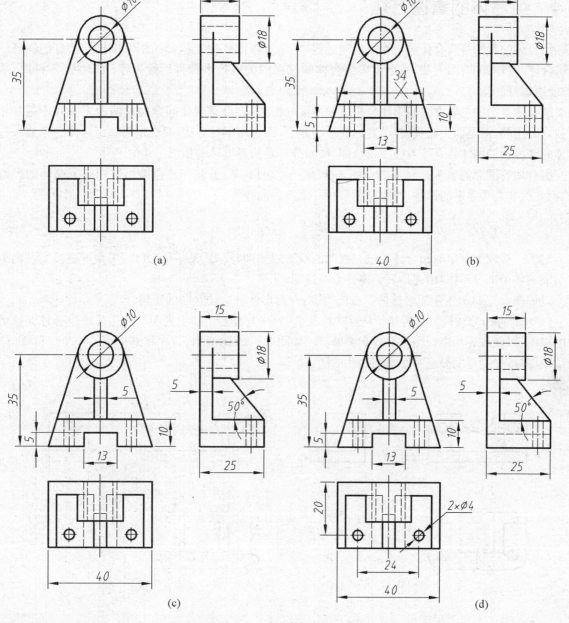

图 5 - 21 组合体的尺寸标注

向定位尺寸 20 应从宽度基准出发来标。

（4）检查、调整。逐个形体反复检查它们的定形、定位尺寸看看是否有漏,同时也要注意尺寸不应重复,有时同一个尺寸既可以是一个立体的定形尺寸,同时也是另一个立体的定位尺寸。有的尺寸还兼有总体尺寸的作用,如长 40 这个尺寸具有长度方向总体尺寸的作用。

标注组合体尺寸要做到正确、完整、清晰、合理。要做到完整必须要作好形体分析,要做到清晰还必须注意以下几条:

（1）尺寸应尽量标注在图形的外面。

（2）大尺寸应套在小尺寸的外面,避免尺寸线之间的相交。

（3）每一形体的尺寸应尽可能标注在反映该特征最明显的视图上。如图 5 - 20(b),槽的宽应标注在反应槽缺口的视图上。

（4）同心圆柱的直径,尽可能标注在反映非圆的视图上。可以在反映圆的视图上标注一个,其余的注在反映非圆的视图上,如图 5 - 21(a)圆筒的直径注法。

## 5.4 组合体的看图方法

组合体的看图是组合体绘三视图的逆过程,它是工程图作为工程师的语言中接受信息的一环。掌握组合体三视图的看图方法,完全读懂组合体的三视图关系到本课程后续内容(如剖视、零件图、装配图)能否很好的学习。

组合体看图的主要方法是形体分析法和线面分析法,在处理具体问题时这两种方法并不是互相各自独立应用的,而是你中有我、我中有你的。实际上,无论用哪种方法,只有最后将组合体想象成一些基本体的叠加和切割才算真正看懂了组合体,线面分析是构思形体的精细思考的工具。

组合体看图总的思考过程是:构思——想象——对照——修正——再构思这样一个循环的思维过程,因此除非是很熟悉的形体,否则是不可能一蹴而就的。

### 5.4.1 形体分析法

对于一些较为简单的组合体通过三视图的投影规律即"三等"关系及"方位"关系可直接"看"出组合体组成的各个部分形体,由此最后读懂整个三视图。

以如图5-22(a)所示组合体的三视图为例,介绍形体分析法看图的步骤:

(1) 抓特征,分线框。抓特征须从反映特征最明显的视图入手,主视图一般是反映组合体特征最集中的视图,因此应先从主视图入手找到突破口。如图5-22(b)所示,首先找到中央的一个线框1′,该特征比较明显,中间很明显是一个半圆的孔或槽。

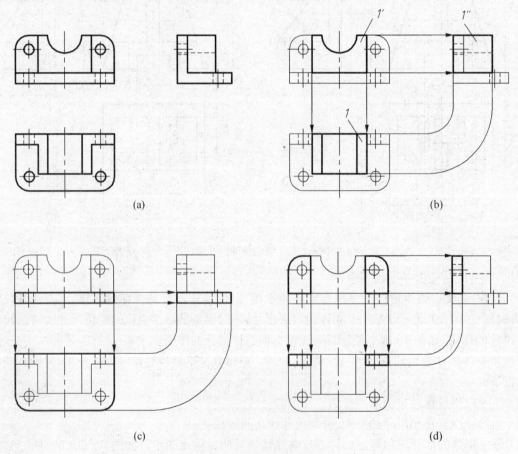

(a)                          (b)

(c)                          (d)

图5-22 组合体看图一

(2) 对投影,想形体。联系三个视图,通过对投影关系,把握"长对正、高平齐、宽相等"的"三等"关系,分别找到俯视图与左视图对应的投影1和1″。找对应投影时,不必过分拘泥于视图上有无图线,可以大胆地设想,然后再加以调整。通过此步可以先想象出如图5-23(a)所示的形体。

同理如图5-22(c)、5-22(d)所示,再继续分出底板和侧立板。对投影时"方位"关系也有很强的提示作用,如图5-22(d)的侧立板,从俯视图可看出它位于组合体的最后面,因此在左视图上也应在最后面找对应的投影。

分线框时,可以先忽略一些小的结构,如图5-22(c)和5-22(d)中的孔。通过此步又可以想象出如图5-23(b)和图5-23(c)所示的形体。

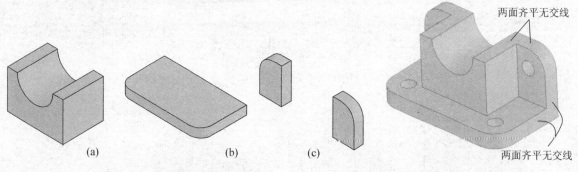

| (a) | (b) | (c) |
|---|---|---|

图5-23 组合体看图一中各形体

图5-24 组合体一

（3）组合起来想整体。将想象出来的形体组装在一起,并想象其三视图的样子,再与图5-22(a)所给的三视图进行对比。要求想象中的组合体的三视图必须与原图完全吻合,图线丝毫不差。如果有不符合的地方,还需返回重新想象,修正想象中的形体。最后结果见图5-24。

在对照原视图时,应特别注意如图5-24所示处的地方应该没有交线。

## 5.4.2 线面分析法

线面分析法是通过找投影关系,分析想象组合体上各表面的形状和相对位置,根据立体的概念想象出物体的形状。

线面分析法重点是对面的投影的认识,根据面的投影规律来判断面的形状及在组合体上的位置。

### 5.4.2.1 线框的含义

1）单个线框的含义

在组合体的视图中一个线框一般表示一个面,可能是平面也可能是曲面,还可能是一个平面与一个曲面相切的组合。平面可能平行于该投影面,也可能倾斜于该投影面。

如图5-25所示,在$V$面投影是一个矩形的可能是平面,也可能是圆柱面;平面中可能是平行于$V$面（正平面）、倾斜于$V$面但垂直于其他某个投影面（铅垂面、侧垂面）或倾斜于$V$面但同时也倾斜于其他面（一般位置平面）。

能与一个线框对应的面的空间情况看起来比较复杂,但仔细分析它在另两面的投影,我们发现,它们无非是直线（曲线）或线框。

当另两投影都是直线时,此面必是平行面;当另两投影有一个是直线时,此面必是垂直面;当另两投影都是线框时,此面必是一般位置平面。而且在另两面投影的线框应是$V$面上线框的类似形。

2）多个线框的含义

图5-26中的三个矩形线框表示一个组合体的俯视图,与这个视图相符合的组合体可能会有如图中所列的若干种,其实还不止这几种。从中可以得出以下结论：

（1）一个视图中多个线框之间的线可能是两个面交线的投影,也可能是一个垂直面的投影,总之这多个线框所代表的面不可能是在同一个平面上。

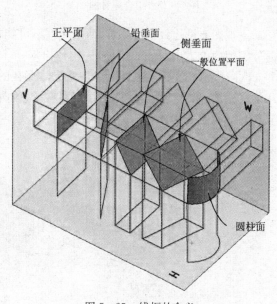

图5-25 线框的含义

（2）这几个线框所代表的面可能是平行于投影面的面，也可能是倾斜于投影面的面。除了平面还可能是曲面。最后的结果可能就是这几种情况的排列组合，究竟是哪一种，还需要看另两面的投影。

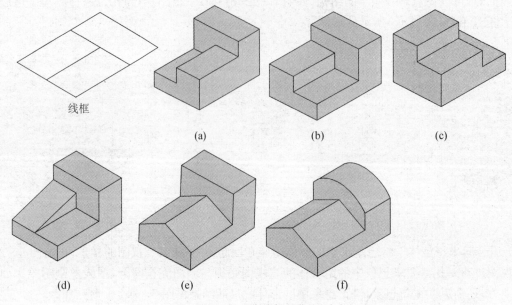

线框

(a)　(b)　(c)

(d)　(e)　(f)

图 5-26　多线框的含义

### 5.4.2.2　凹凸法构思形体

看组合体的三视图，本质上是一种边对照投影关系、边构思形体、边检查修正的过程，构思形体的过程是一个形象思维及抽象推理的思考过程，如何更快更准地构思出形体，有不少研究者提出了不少好的方法，其中凹凸法就是一种与一般人思考习惯十分相近的好的方法。

[例题 5-1]　已知组合体的主、俯视图，求作其左视图（图 5-27）。

**分析**　已知两个视图求作第三个视图，俗称为"二求三"，要求解题者首先要由两个视图正确想象出组合体的结构，然后再以想象出的模型为基础画出第三个视图。由于没有了第三个视图，因此想象起来更加有一定的难度。"二求三"的题目一般是两个视图已经能唯一确定一个组合体，如果是多解的题，可根据题目要求解出其中一个或多个作为答案。

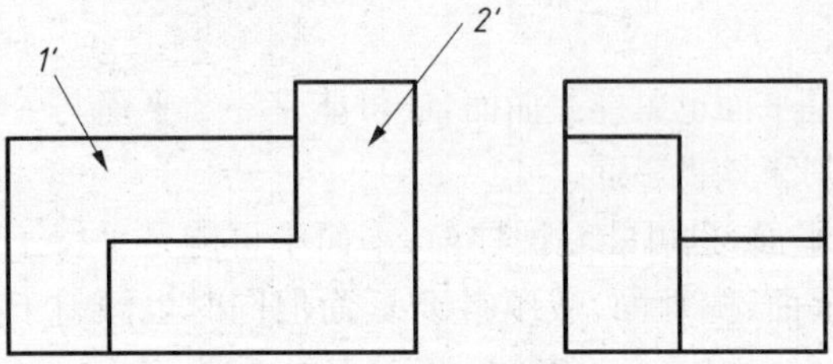

图 5-27　组合体看图一

主视图有两个线框 1'2'，这两个线框不可能在同一平面上，它们一定是有凹有凸的，因此可以将线框分别朝两上方向假想的拉伸，先构建出来一个立体。正因为此，凹凸法也称为"拉伸法"。结果如图 5-28(a)所示。在构思形体时要注意形体存在的可能性，目前构建出来的形体是由两块实体通过中间几条线相连，这在实践当中是不可能存在的，因为它们无法真正的"连"在一起。同时也要避免出现如图 5-28(b)所示的形体。

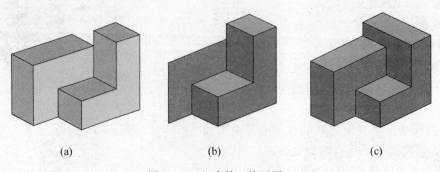

(a)　(b)　(c)

图 5-28　组合体二构思图一

将图 5-28(a)构想出来的形体对照主、左视图,发现与左视图也不相符。在此基础上修正这个结果,得出如图 5-28(c)的形体,再对照主、左视图,此时可以看出能与它们很好的对应。因此可以得出结论,该形体为最后的结果。

构想出形体后,再做出俯视图。由于本例比较简单,因此俯视图略。

[例题 5-2]　已知组合体的主、俯视图,求作其左视图(见图 5-29)。

[分析]　从主视图可以看出有三个线框及中间一个圆,线框 3′似一个"凹"字形,凭经验或感觉中间应是一个槽。三个线框必然有凹有凸,中间的圆不是凸在外面的圆柱就是挖掉的圆孔。三个线框究竟哪个凹哪个凸,粗略对一下俯视图的投影,可以看出组合体后面有跟圆对齐的虚线,前面是实线,圆是孔的可能性比较大,如果槽是孔,则必是方孔,主视图上无方孔的投影,所以初步想象组合体如图 5-30(a)。

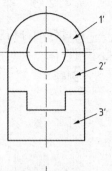

图 5-29　组合体看图二

将其与原题对照发现与土视图圆处的实线不符合,与俯视图前面第二条实线也不符,因此还需要修正。

为了形成主视图圆处的实线,可以想象如图 5-30(b)和图 5-30(d)两种情况。这两种情况哪一种才是答案呢? 它们的主视图已能完全符合,下面需看它们的俯视图是否也符合。图 5-30(b)情况的俯视图如图中所示,显然不符合,而图 5-30(d)的俯视图却能很好地符合。

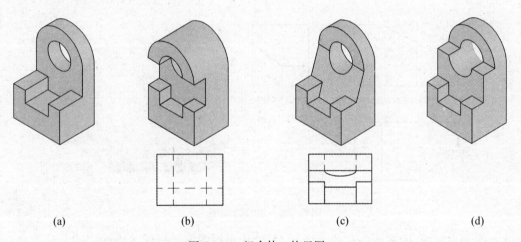

(a)　　　　　　(b)　　　　　　(c)　　　　　　(d)

图 5-30　组合体二构思图二

那么有没有可能中间的线框所代表的平面是倾斜的呢? 如图 5-30(c)所示的情况。它的主视图能够符合题目,经画出它的俯视图,显然也不符合原题。

因此最后的结果应是图 5-30(d)。

补充左视图的步骤如图 5-31 所示:

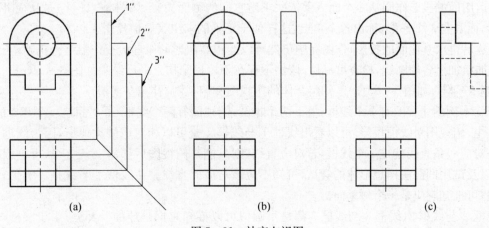

(a)　　　　　　　　　　(b)　　　　　　　　　　(c)

图 5-31　补充左视图

(1) 根据想象的结果,知道该组合体像一个台阶,因此可先把这个台阶状的左视图绘出来,绘时注意Ⅰ、Ⅱ、Ⅲ三个面应与俯视图上相应的直线一一对应。如图5-29(a)和图5-29(b)所示。

(2) 画出槽与圆孔的投影。注意孔应是从Ⅱ面开始,贯穿组合体;槽是从3″面挖切到2″面。

### 5.4.2.3　类似形法构思形体

通过仔细分析和查找类似形,可以有助于想象出组成组合体表面的形状和位置,从而有助于想象出整个组合体。这对于以切割为主的组合体十分有效。

[例题5-3]　见图5-32(a),已知组合体的主视图和俯视图,补充左视图。

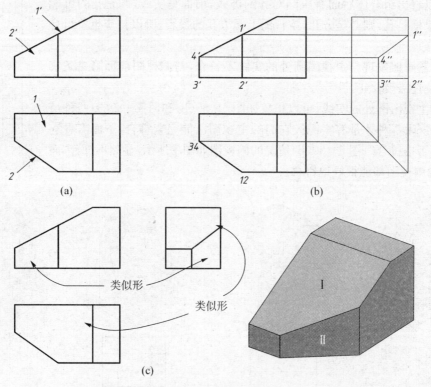

图5-32　组合体看图三

**分析**　该例主视图、俯视图各有两个线框,无论从主视图或俯视图入手运用凹凸法发现都很难奏效,这时需要对线面进行一下分析。俯视图的线框1应该是面Ⅰ的水平投影,它在主视图也应该有对应的投影,在长对正的范围内,只有一条线1′与其对应,可以断定这是面Ⅰ的正面投影;因此运用面的投影知识我们知道这是一个正垂面,由此可以推知其侧面投影应是水平投影的类似形。同理,我们可以得知面Ⅱ是一个铅垂面,其侧面投影是线框2′的类似形。

绘图步骤如下:

(1) 运用面的投影作图从一个面入手依次求出它们的侧面投影,如图5-32(b)是从面Ⅱ入手求其侧面投影,面Ⅱ是一个梯形,标出各个角点,这样便于正确的求出其侧面投影。

(2) 然后再求其他面的投影,作图完毕仍然可以运用类似形的原理检查作图是否正确。

(3) 加粗加黑各轮廓线,检查可见性,该例不存在不可见结构。最后结果如图5-32(c)。

[例题5-4]　如图5-33(a)已知组合体的主视图和俯视图,补充左视图。

**分析**　本例的主视图有3个线框,上下两个半圆;俯视图有两个线框,最下面是一个开口的半圆。

通过主、俯视图对线框投影,可以看出线框1′与线框1是可以相对应的类似形,因为线框1′在俯视图中不是对应一条直线就是一个线框,若对应直线,则只能是俯视图后部的一条直线,可是根据线框1′为可见,以及试用凹凸法构想形体的尝试,可知不应该对应此直线。从线框1′与线框1类似,且线框的方向相同,可推知它应是一个侧垂面。

从线框2′与线框2,线框3′与线框3都是半圆似可以推知它们是球的一部分;由于线框3为开口,可以推断线框3应是切挖的部分,而线框2是凸起的部分;因此这时很容易想象成图5-33(b)的样子。

可是作出它的三视图后,却发现与原题并不相符,线框 2′、线框 3′和线框 3 均是半个椭圆。因此这个结论是不正确的。

将线框 2 与线框 3 想象为圆柱,见图 5-33(c),可知与原题能很好地相符。

那么有没有其他的可能性呢?比如线框 1 所对应的侧垂面不是如图 5-33(c)所示的那样倾斜,而如图 5-33(d)所示的那样倾斜会不会成立呢?从它的三视图可知,它的俯视图上的半圆应为不可见,所以应是虚线,与原题不符。

所以最后的答案应是图 5-33(c)。

补充左视图的作图步骤略。

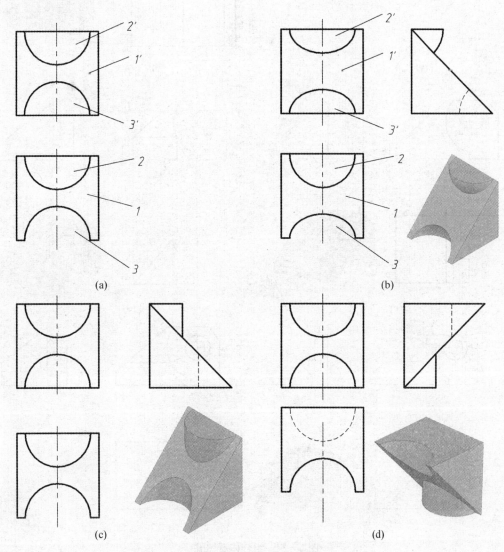

图 5-33 组合体看图四

[例题 5-5]　根据两个视图画出第三个视图(见图 5-34(a))。

**分析**　从主视图可见的部分可分析它由 4 个部分(线框)组成。通过对应左视图的投影关系,1′、2′、3′三个线框在左视图,均无类似形与其对应,因此它必定对应的是线;再根据高平齐,知它必定对应左视图中 1、2、3 三条直线。

3 这条直线的对应关系不太容易判断,可以通过找 4′与 4 的对应关系来加以印证。因为 4′是同心圆,一般来讲应该是阶梯形圆柱,这个结构在组合体上很常见,对照左视图的虚线后知其是阶梯孔,而且是从 3 这个面挖通的,这也说明 3 是与 3′对应无疑,是一个正平面。

再通过对应找其他一些小的结构对前面的结论再一次加以印证。

该组合体可以看出是以切割为主的,因此在绘制三视图时,可以先从大的结构入手。

绘图步骤如下:

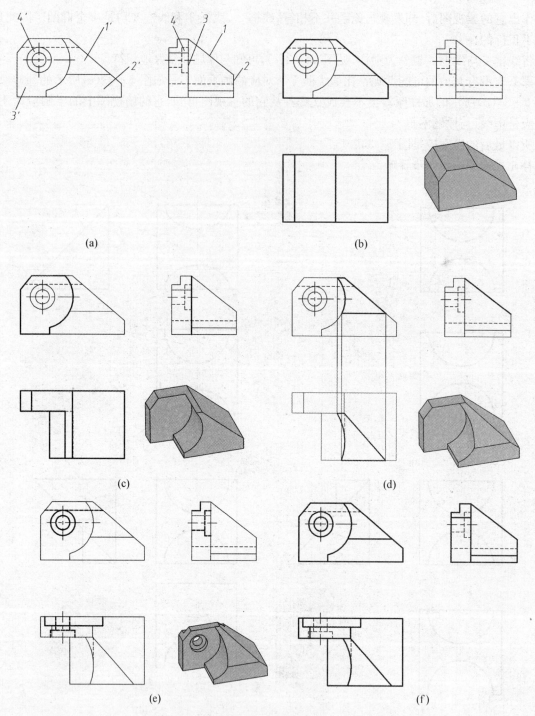

图 5-34　组合体看图五

(1) 如图 5-34(b)所示,从大的轮廓入手,绘出一个大的棱柱。

(2) 如图 5-34(c)所示,面 3 是从前朝后凹进去,也是一个柱,不必管其他结构,专心绘出切割后的水平投影。注意圆柱部分不可见的转向轮廓线的投影。

(3) 如图 5-34(d)所示,切割掉一个斜面后的投影。

(4) 如图 5-34(e)所示,绘挖去阶梯孔和后面台阶的投影。

(5) 如图 5-34(f)所示,加深线型,加粗可见线,完成。

[例题 5-6]　补画左视图(见图 5-35(a))。

分析　该组合体的主视图如果不考虑虚线,可见区域有一个最大的线框 1′,它对应的面应处在组合体的前面;对照俯视图可以看出无相应的类似形与其对应,因此必对应一条线,只有 1 所指的圆弧线能与其对应;由此可想象它应是一个圆柱面,如图 5-35(b)所示。

俯视图的线框 2 是实线,表示可见,它或者凸或者凹,对照主视图,有一半圆能与其对应,因此可想

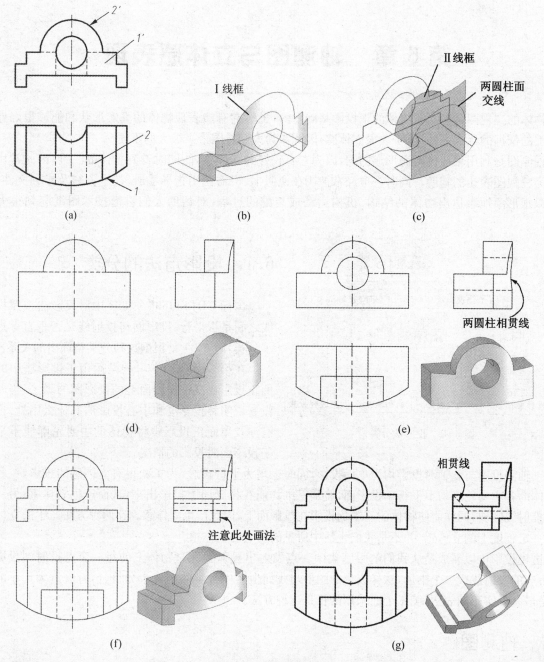

图 5 - 35　组合体看图六

象是凸,而且是半圆柱凸起。线框 2 所对应的是一个圆柱面,其正面投影对应 2′,在想象中空间的情况见图 5 - 35(c)。

　　想清楚这两个线框,就可想象出组合体基本上是由两大块组成的,如图 5 - 35(d)所示。此时再想象其他的结构,也就迎刃而解了。

　　作图步骤:

　　(1) 先画出只有两大块组成的组合体的左视图,见图 5 - 35(d),注意正确画出两圆柱面交线,也就是两圆柱的相贯线。

　　(2) 画出中间打一个通孔后的左视图,见图 5 - 35(e),此时应注意画正确圆孔与圆柱面的交线,即相贯线。

　　(3) 底部开通槽,左右挖台阶,上下重合,画出左视图,见图 5 - 35(f)。

　　(4) 后部打一个半圆柱通孔,孔的直径等于前后贯通的孔的直径,见图 5 - 35(g),此时应注意它们在左视图的相贯线投影是一条直线。

　　(5) 最后检查,加深加粗相关线型。

117

# 第 6 章   轴测图与立体感表现

物体的三视图是建立在物体的正投影基础上的,虽然它有能表现物体的真实形状和能够很好地作为加工的依据的优点之外,由于缺少立体感,因此常为人们看图带来极大的不便。

轴测图是利用轴测投影而形成的图,因为它有较好的立体感,能同时看到物体的三维,因此常用它来作为三视图表达的辅助。同时它也经常被用在说明书、机器使用指导手册、技术资料及专利文件中,它可以很形象地表达出物体的结构、机构运动或装配的过程,对帮助人们看懂技术图纸起到很大的作用。

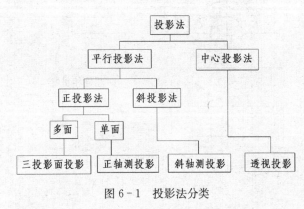

图 6-1   投影法分类

## 6.1   投影方法的分类

国标 GB/T14692—1993 中对投影法按照投射线之间是否平行、投影面与投射线是否垂直等进行了分类,图 6-1 是根据这种分类整理出的关系图。

在第 3 章我们学习的是运用正投影法中的多面正投影在三个投影面上的投影图的画法,当时并没有说明斜投影法和中心投影法有什么用处,也没有涉及单面正投影中将物体的主要轮廓线不平行于投影面时投影的情况。

正轴测投影与斜轴测投影均为单面投影,同时也均为平行投影,为了获得有立体感的投影,一种是将物体的各主要轮廓均不平行于投影面,使其三维均能在投影面上投影出来,从而产生立体感;另一种是将投射线倾斜,同样能使物体的三维均投影在投影面上,因此产生立体感。这两种方法产生的立体感只是一定程度上的立体感,并不是我们生活中所见的真实的立体感。

透视投影可以看成是从我们的眼睛集中一点发射出投射线穿过物体上的每一个点投射到投影面上,所有的投射线成一个锥形,这样成形的图形与我们生活中常见的图像十分符合,有着近大远小的特性,是最有真实感的表达,美术上面采用的正是这种方法。

## 6.2   轴测图

### 6.2.1   轴测图的形成

由正轴测投影形成的图称为正轴测图;斜轴测投影形成的图称为斜轴测图。如图 6-2 所示。

在物体上固结的坐标系的坐标轴,它们的轴测投影称为轴测投影轴(轴测轴);轴测轴之间的夹角称为轴间角。物体上沿直角坐标系的三个坐标轴方向的一个单位长,在轴测投影后,长度会发生变化。轴测轴上一个单位长与物体上的直角坐标轴上的一个单位长的比称为轴向伸缩系数。

沿 $X$ 轴的轴向伸缩系数用 $p$ 来表示;沿 $Y$ 轴的轴向伸缩系数用 $q$ 来表示;沿 $Z$ 轴的轴向伸缩系数用 $r$ 表示。

对于正轴测图,改变了物体上坐标轴与投影面之间的夹角可以使轴测轴之间的夹角发生改变,从而形成不同的正轴测图;对于斜轴测图,改变了平行投影与投影面的夹角,也可以改变轴间角的大小,从而形成不同的斜轴测图。

常用的轴测图有两种:

(1) 正等轴测图:此时 3 个轴向伸缩系数之间的关系是 $p = q = r$。

(2) 斜二等轴测图:此时 3 个轴向伸缩系数之间的关系是 $p = r = 2q$。

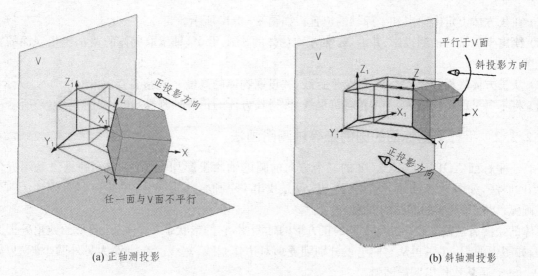

(a) 正轴测投影　　　　　　　　　　　　(b) 斜轴测投影

图 6-2　轴测图的形成

轴测图有如下的投影规律：

(1) 相互平行的两条直线的轴测投影仍相互平行。

(2) 物体上线段之间的相互比例,在其轴测投影中保持不变。

## 6.2.2　正等轴测图

可以证明正等轴测图的三个轴向伸缩系数 $p=q=r=0.82$,三个轴间角均为 $120°$,如图 6-3(a)所示。

为了作图方便,国家标准《机械制图　轴测图》规定,取 $p=q=r=1$ 为简化伸缩系数,用简化伸缩系数所绘制的轴测图,比实际的轴测图放大了 $1/0.82=1.22$ 倍,但除了大小有变化之外,对物体的形状无任何影响。

### 6.2.2.1　长方体的正等轴测图画法

图 6-3 演示了长方体的正等轴测图的绘制方法。其步骤如下：

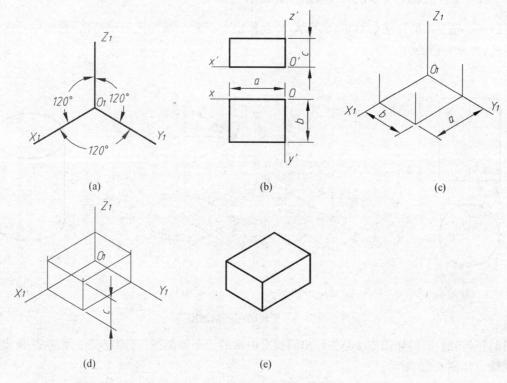

图 6-3　长方体的正等轴测图作图

(1) 在长方体上定出原点和坐标轴的位置。如图 6-3(b)所示。

(2) 绘出坐标轴的轴测投影,并沿 $X_1$ 轴量取物体的长 $a$,沿 $Y_1$ 轴量取物体的宽 $b$,绘出底面的轴测图。见图 6-3(c)。

(3) 从长方体底面各角点沿 $Z_1$ 轴绘平行线,并量取物体的高度 $c$,连接各点,如图 6-3(d)所示。

(4) 将不可见的棱线擦去,并加粗各可见线,即得长方体的正等轴测投影图,如图 6-3(e)所示。

### 6.2.2.2 平行于坐标面的圆的正等轴测图画法

平行于坐标面 $XOY$、$YOZ$、$XOZ$ 的三个方向的圆的轴测投影均是椭圆,它们的画法采用近似画法,称为四心法,如图 6-4 所示。所谓四心法,就是找出 4 个圆心,如图 6-4 中的 $O_1$、$O_2$、$O_3$、$O_4$,分别作四段圆弧,以代替真实的椭圆的方法。

具体的绘图方法是先绘出相切于圆的正方形的轴测图,它的形状是一个菱形,菱形的钝角处即为两个圆心,如图中的 $O_3$、$O_4$;再从它们出发分别朝菱形对边作垂线,垂线的交点即为另外两个圆心,如图中的 $O_1$、$O_2$。再依次作出四段圆弧。

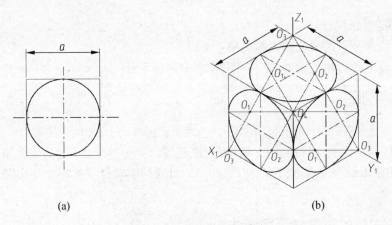

(a)　　　　　　　　　　(b)

图 6-4　圆的正等轴测图

### 6.2.2.3 圆柱、圆锥、球的正等轴测图画法

圆柱的正等轴测图的作法如图 6-5 所示,分别作出上下两个圆的正等轴测图,它们中心的距离等于圆柱的高;再作它们的公切线。

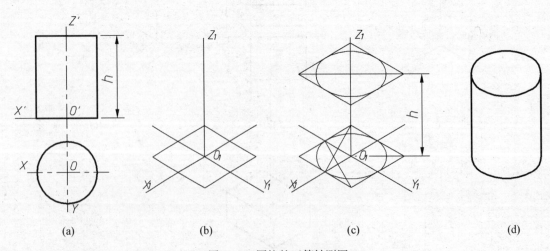

(a)　　　　　(b)　　　　　(c)　　　　　(d)

图 6-5　圆柱的正等轴测图

圆锥的正等轴测图的作图方法是先作出圆锥底面圆的正等轴测图,再确定圆锥顶点,从顶点作轴测圆的公切线。如图 6-6 所示。

球的正等轴测图仍然是圆,它的作图方法是分别作出三个方向圆的正等轴测图,如图 6-7(c)所示,菱形的边长等于球的直径。然后再作三个轴测圆的包络圆,见图 6-7(d)。

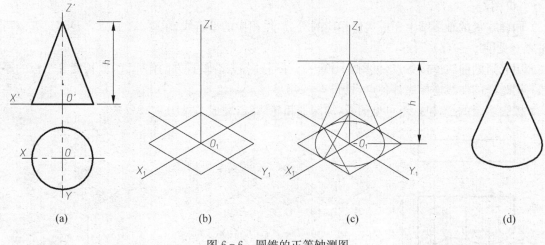

图 6-6　圆锥的正等轴测图

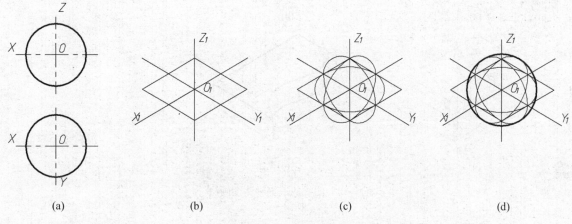

图 6-7　球的正等轴测图

#### 6.2.2.4　圆角的正等轴测图画法

作图步骤：

(1) 作出无圆角的矩形板的轴测图(见图 6-8(b))，并在需有圆角处按图示量取距离等于半径 $R$。

(2) 分别过边上量取点作边的垂线，垂线的交点即为圆心，见图 6-8(c)。

(3) 绘圆弧，并作公切线，见图 6-8(c)。

(4) 擦去多余的线，加粗轮廓线，完成。

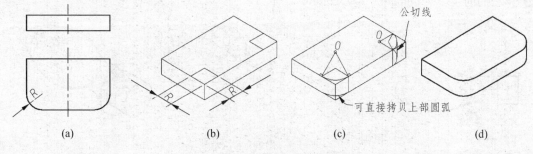

图 6-8　圆角的轴测投影画法

#### 6.2.2.5　曲线的正等轴测图画法

对于如图 6-9(a)所示的带有曲线的厚板的正等轴测图的画法，其步骤如下：

(1) 在板的俯视图上对着曲线的一边取若干等分点，并作板侧边的平行线与曲线边交得 $C$、$D$、$E$、

121

$F$、$G$ 点。见图 6-9(a)。

(2) 同样在板的轴测图上相应边作相应的等分,作相应的平行线,求得 $A$、$B$、$C$、$D$、$E$、$F$、$G$ 点的轴测投影。见图 6-9(b)。

(3) 用光滑的曲线连接各点(见图 6-9(c)),并通过各点沿垂直方向作垂线,取长度等于板的厚度。

(4) 用光滑的曲线连接底部各点,见图 6-9(d)。

(5) 擦去多余的线,包括不可见的线,加深加粗轮廓线,完成。见图 6-9(e)。

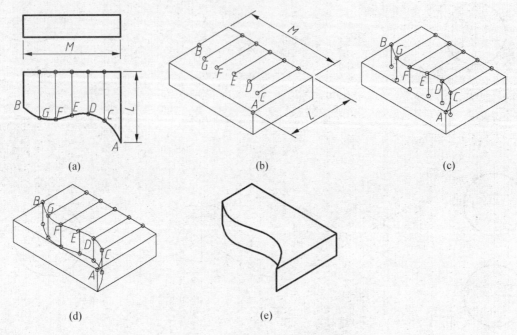

图 6-9　曲线的正等轴测图画法

### 6.2.2.6　曲面体的正等轴测图画法

如图 6-10(a)所示手柄,是由圆柱部分和曲面体部分组成的,曲面体部分可以看成是直径变化的球延着轴线运动形成的。所以它的正等轴测投影,除作出圆柱部分的正等轴测投影之外,曲面体部分需作出一系列大小不等球的正等轴测投影,然后作出它们的包络线。

作图步骤如下:

(1) 见图 6-10(a),沿轴线作一系列的圆与手柄的轮廓线相切,作圆处可选在关键位置或等距排放。

(2) 同样在轴测图中沿轴线也相应作出一系列圆,圆心间距与图 6-10(a)相同,同时圆的半径每一个都增大 1.22 倍。

(3) 作它们的包络线,如图 6-10(c)所示。

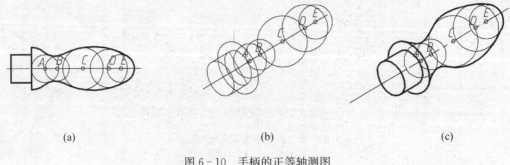

图 6-10　手柄的正等轴测图

### 6.2.2.7　相贯线的正等轴测图画法

图 6-11(a)是两个圆柱相贯的例子。作相贯线的正等轴测图,只需作出相贯线上若干个点的

轴测投影,然后再将它们光滑连接,与求相贯线类似,因此可以利用求相贯线时取的点来直接作轴测图。

作图步骤如下:

(1) 作出两个圆柱的正等轴测图,见图 6-11(b)。

(2) 作出点Ⅰ、Ⅱ、Ⅲ、Ⅳ、Ⅴ这五点在圆柱顶面圆上的相应点,并在圆轴测投影上找到它们的位置;再从它们出发作垂直方向线,使其长度等于这四点将所在的素线分割后的长度,即可求得点Ⅰ、Ⅱ、Ⅲ、Ⅳ、Ⅴ。见图 6-11(c)。

(3) 用光滑曲线将它们连接。如果感觉点还不够多,还可以再多取几个点。

(4) 擦去多余的线,加粗加深轮廓线。见图 6-11(d)。

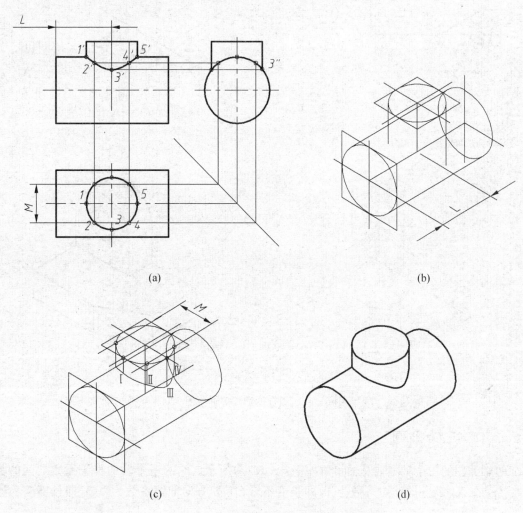

图 6-11　圆柱相贯的正等轴测图

### 6.2.2.8　组合体的正等轴测图画法

组合体在画轴测图前应先作形体分析,根据形体分析的结果,按照叠加或切割的方法一块块地绘制。下面以图 6-12(a)的组合体来介绍正等轴测图的画法:

该组合体有叠加也有切割,主要可分为 3 块:底板、底板切角、立板(连圆孔)。

(1) 绘制底板的正等轴测图,根据图 6-12(a)所标示的距离来确定切角在轴测图上的位置,绘出切角,见图 6-12(b)。

(2) 绘制立板的正等轴测图,可先不考虑圆孔和圆角。

(3) 绘制圆孔和圆角的正等轴测图,注意孔在板的前后面上的圆都应考虑,见图 6-12(c)。

(4) 擦去多余的线,加粗加深轮廓线。见图 6-12(d)。

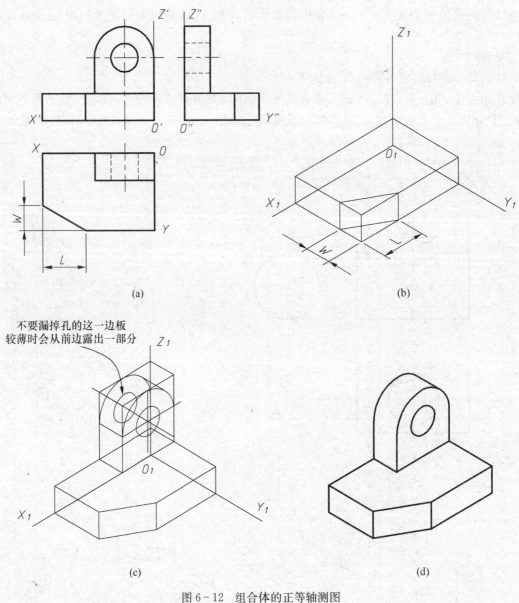

图 6 - 12  组合体的正等轴测图

## 6.2.3  斜二等轴测图

斜二等轴测图的三个轴测轴及轴间角如图 6 - 13(a)所示。它的三个轴向伸缩系数之间的关系是 $p = r = 2q$,在 $X$、$Z$ 方向伸缩系数为 1,即长度不变;在 $Y$ 方向伸缩系数为 0.5,即长度缩为原来的一半。

### 6.2.3.1  平行于坐标面 3 个方向圆的斜二等轴测图的画法

如图 6 - 13(b)所示,平行于 $XOZ$ 面的所有的圆,其斜二等轴测图依然是一个大小相同的圆;平行于 $YOZ$ 面和 $XOY$ 面的圆的斜二等轴测图是椭圆,其长轴分别对 $Z_1$ 轴和 $X_1$ 轴偏转大约 7°,长轴的长度约等于 $1.06d$,短轴长度约等于 $0.33d$。

两个椭圆在轴测图中采用近似画法,即四心法。其绘图步骤如图 6 - 14 所示。说明如下:

(1) 作出圆外切正方形的斜二等轴测

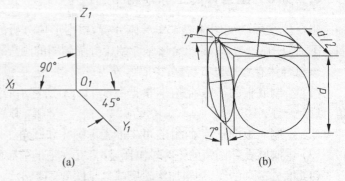

图 6 - 13  斜二等轴测图轴间角及三个方向圆的轴测图

图,现以平行于 $XOY$ 面的圆为例。标出各边的中点 1、2、3、4。作出长轴方向线 $AB$,与 12 线的夹角为 7°,见图 6 - 14(a)。并作垂直于 $AB$ 的短轴方向线 $CD$。

(2) 在 $CD$ 的延长线上,分别取 $O_1O$ 和 $O_2O$ 等于圆的直径 $d$,得到两个圆心 $O_1$、$O_2$。连接 $1O_1$,$2O_2$ 分别与 $AB$ 线交于两点,得到另两个圆心 $O_3$、$O_4$。见图 6 - 14(b)。

(3) 以 $O_1$ 为圆心,$1O_1$ 为半径画弧,与 $O_1O_4$ 的连线相交;以 $O_2$ 为圆心,$2O_2$ 为半径画弧,与 $O_2O_3$ 连线相交。见图 6 - 14(c)。

(4) 再分别以 $O_3$、$O_4$ 为圆心画另外两个弧,见图 6 - 14(d)。

由于圆的斜二等轴测图较为难画,所以当立体上这两个方向上圆较多时,应尽量避免用斜二等轴测图来表达。

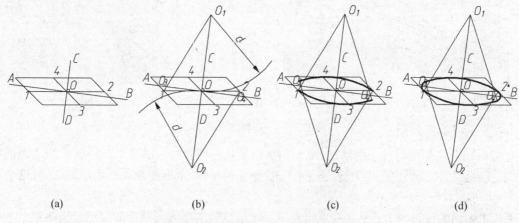

图 6 - 14　圆的斜二等轴测图的近似画法

### 6.2.3.2　组合体斜二等轴测图画法举例

图 6 - 15(a)的组合体上有圆的部分均是平行于 $XOZ$ 面的,所以很适合用斜二等轴测图来表现。作图步骤如下:

(1) 确定坐标系,见图 6 - 15(a)。

(2) 画出轴测轴,并绘出组合体上平行于 $XOZ$ 面的各面的轴测图,实际上与原图是一样的。Ⅰ、Ⅱ、Ⅲ面在轴测图上的距离应是投影图上距离的一半。见图 6 - 15(b)。

(3) 擦去多余的线,加粗加深轮廓线,完成。见图 6 - 15(c)。

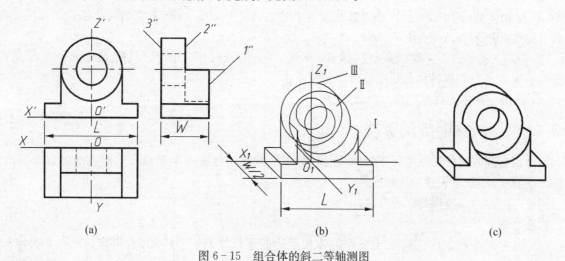

图 6 - 15　组合体的斜二等轴测图

## 6.3　透视图

透视图是用中心投影法将物体投影在单一投影面上所得到的图形。如图 6 - 16(a)所示,$S$ 为投影中心,在投影中心和物体之间放一个透明的投影面 $P$,投影中心 $S$ 发出的投影线与投影面 $P$ 的交点,即为该物体的透视图。

透视图也可以看成是在人的眼睛前面放一个透明的画面,透过这个画面去看物体,把看到的样子毫不错位地在该画面上描画出来,就得到了这个物体的透视图。因此,$S$ 称为视点;观察者所站立的平面 $H$ 称为基面;$S$ 在基面的投影 $s$ 称为驻点;基面与画面的交线 $x\text{-}x$ 称为基线;通过视点与画面垂直的视线 $Ss'$ 称为主视线;主视线与画面的交点 $s'$ 称为主点;视点距画面的距离 $Ss'$ 的长度称为视距;视点离地面的高度 $Ss$ 称为视高;通过视点的水平面称为视平面;视平面与画面的交线 $h\text{-}h$ 称为视平线。

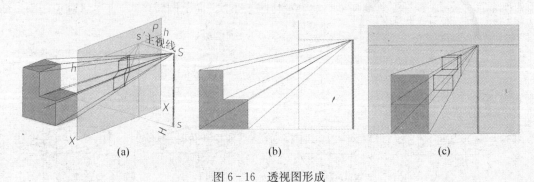

图 6-16 透视图形成

图 6-16(b)是从侧面看过来的情景;图 6-16(c)是从正面看过去的情景。从画面的透视图可以看出,平行于投影面的棱线仍然互相平行,不平行于投影面的棱线,都有汇聚于一个点的趋势,这个点称为灭点。

不平行于画面的直线的灭点是从视点出发平行于该直线的视线与画面的交点。从图 6-16 可以看出,物体上垂直于画面的棱的灭点正是主视线与画面的交点,即主点。

## 6.3.1　一点透视(平行透视)

物体的长、高两个方向平行于投影面,只有宽的方向有灭点,图 6-16 表现的即是这种透视。这种透视的正面没有变化,较容易绘制,但真实感还略差。

图 6-17 为一点透视的作图方法,已知物体的水平投影和侧面投影,物体底面在基面上。物体的前面与画面有一段距离,已知视点 $S$、画面 $p\text{-}p$ 和视平线 $h\text{-}h$ 的位置。

作图步骤:

(1) 确定灭点 $F$,方法是过 $s$ 作 $h\text{-}h$ 垂线,垂足即为灭点。

(2) 将物体前面朝画面延伸,确定其在画面上的点 $A_1$、$B_1$、$C_1$、$D_1$,其宽与高物体表面相同。再朝灭点引直线,得 $C_1F$、$A_1F$、$B_1F$、$D_1F$。

(3) 从 $a_x$、$c_x$、$b_x$、$e_x$ 朝上作垂线,得 $A$、$B$、$C$、$D$、$E$,连接相应的点。其中 $a_x$、$c_x$、$b_x$、$e_x$ 是在水平投影上视点 $S$ 与物体各顶点的连线与画面的交点。

(4) 再确定物体上其他的点,完成透视图。

## 6.3.2　二点透视(成角透视)

物体只有高方向的棱线平行于画面,在长、宽两个方向上各有一个灭点。这种透视可以兼顾两侧,有较强的真实感,所以表现力比较强。

图 6-18 是两点透视的作图方法。

作图步骤:

(1) 确定灭点 $F_1$、$F_2$。从 $S$ 出发作物体相应边的平行线与 $P\text{-}P$ 相交,再作 $x\text{-}x$ 垂线与 $h\text{-}h$ 相交。

(2) 由于棱 $AB$ 在画面上,所以其长度等于真实的高。从 $A$、$B$ 朝灭点 $F_1$ 和 $F_2$ 作连线。

(3) 由于垂直方向的棱都是垂直于直线 $x\text{-}x$,所以很容易确定物体下部的透视图。

(4) $N$、$M$ 分别是物体上部上、下两条棱延长后与画面的交点,$NM$ 的长等于该棱的实长,从 $N$、$M$ 朝 $F_1$ 连直线。有此两条连线便可确定物体上半部分的透视图。

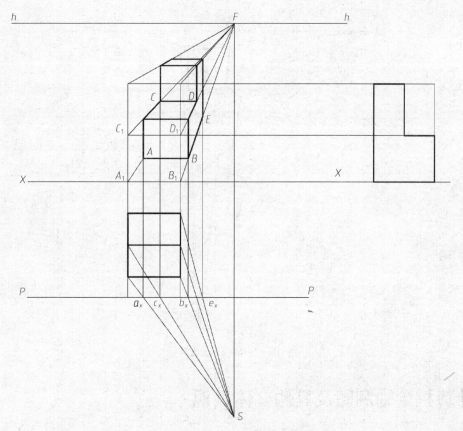

图 6-17 一点透视的作图

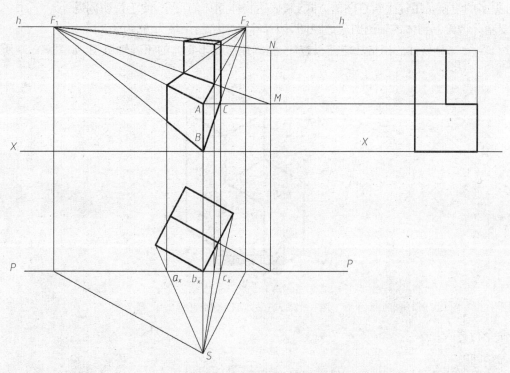

图 6-18 两点透视的作图方法

## 6.3.3 三点透视(倾斜透视)

物体的长、宽、高三个方向均不平行于画面,因此在长、宽、高三个方向各有一个灭点(见图 6-19)。这种透视变形较大,主要是用来表现高大的机器或建筑物等,而较少用来表现机械零件。作图方法略。

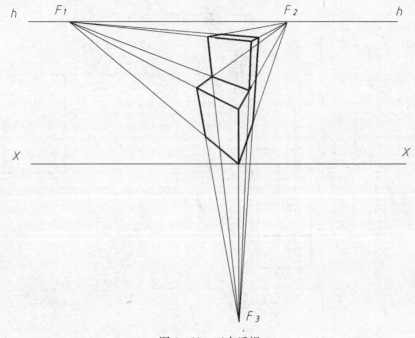

图 6-19 三点透视

## 6.4 计算机绘轴测图及其他立体表现

手工绘制物体的轴测图和透视图都是十分繁琐的,因此现在已经较少用手工绘制精确的轴测图或透视图,更多的时候是用徒手绘草图的方式,来表达物体立体的形象,便于说明问题。

若要精确地绘制物体的轴测图或透视图,用计算机来绘制是最为方便的了。

利用 AutoCAD 软件的栅格功能能很方便、精确地绘制出物体的正等轴测图,如图 6-20 所示。

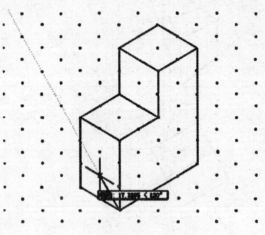

图 6-20 AutoCAD 绘轴测图

在命令行打入:

命令:snap

指定捕捉间距或[开(ON)/关(OFF)/纵横向间距(A)/旋转(R)/样式(S)/类型(T)]<10.0000>:s
(选择 S)

输入捕捉栅格类型[标准(S)/等轴测(I)]<S>:i(选择等轴测)

指定垂直间距 <10.0000>:(设置间距)

在绘制过程中,通过按 F5 功能键可以在三个方向进行切换,从而很方便快捷地绘制轴测图。

随着计算机绘图软件的进一步发展,不少的软件三维功能越来越强,因此对于物体的三维表现不是采用绘制三维图形的方式,而是直接进行三维造型,即直接构建出物体的三维模型,输出时可以选择用等轴测方式、透视的方式或者其他方式,也可以选择线框模式输出或着色模式输出。

图 6 - 21 所示是油处理装置的 AutoCAD 模型,是以线框模式输出的。

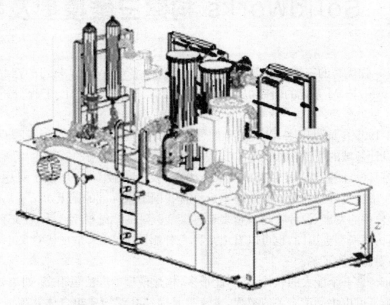

图 6 - 21  AutoCAD 样例文件

图 6 - 22 所示是 PRO/E 构建的三维模型,以斜轴测图并着色的方式输出。

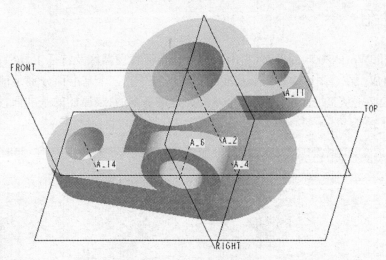

图 6 - 22  PRO/E 模型

用计算机三维软件构建三维模型有很多的好处,但是要想真正掌握它们的使用方法,并不是轻而易举的事情,还需要花费一定时间去学习。

# 第7章 SolidWorks 构建三维模型及平面图

SolidWorks 是一款优秀的三维机械设计软件,它是美国 SolidWorks 公司的产品。该公司主要致力于 CAD/CAE/CAM/PDM 系统的研究,从事开发大型的三维机械设计、工程分析和产品数据管理软件。

SolidWorks 自 1995 年问世以来,以其优异的性能和易用性极大地提高了工程设计人员的设计效率,已经成为机械设计领域的主流软件。随着其版本的不断更新,应用的领域也不断扩大,包括机械设计、消费品设计和模具设计等,特别是在 SolidWorks2003 及后续版本中,增强了对中国国家标准(GB)的支持力度,使广大中国工程师能更加高效地生成符合我国国家标准的图纸。

随着三维设计软件的发展,设计将越来越多地直接从直观的三维模型入手,在必要的时候再用它生成平面图。因此由构建模型到出图,也可以看成是另一种制图的方法,是现代意义上的制图,作为学习现代制图的人应该对此有所了解。

由于 SolidWorks 是一个庞大的软件,其功能很多,构建模型的方法也很多,如果要全部介绍将不是本书的任务,有兴趣者可以去阅读有关的教程,本章只是简要介绍构建组合体并生成平面图的过程,其中只涉及最常用的构建模型的方法:拉伸和旋转。

## 7.1 界面介绍

图 7-1 是 SolidWorks2005 的界面,它由绘图区和特征管理器区及特征工具栏、草绘工具栏、视图工具栏及状态栏组成。在绘图区中有三个基准面和坐标符号。三个基准面分别是前视、上视、右视,在 SolidWorks 中建模必须从基准面出发,这三个基准面是最基本的、最原始的基准面,第一个特征总是建在其中一个基准面上的。

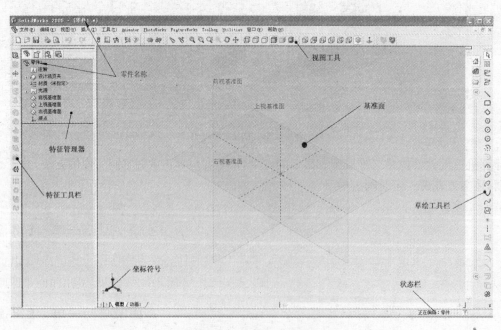

图 7-1 SolidWorks 界面

特征是 SolidWorks 建模中一个很重要的概念,它是构成物体的一些基本的体的要素。对组合体而言可以把特征理解为是形体分析中的一些基本体,通过这些特征(基本体)的叠加(加材料)或切割(减材料),最后形成组合体。

拉伸和旋转是两个基本的特征构建方法,这两个特征的构建都是从草图开始的。

## 7.2  草图

草图是绘制平面图形,并不是打草稿,它是三维设计的基础。由于一个复杂的形体都是由一个个特征组成的,对每一个特征而言,都相对简单,草图只是为构建特征服务的,因此草图并不需要绘制复杂的平面图形,一般是由直线、圆弧、点组成的封闭或不封闭的平面几何图形。

SolidWorks 提供了很方便的草图工具,在绘制的同时,图形的大小、尺寸可随时修改,因此很容易入手,也很方便绘制。

进行草图绘制,需在草图工具栏点击工具图标 ![icon] ,再选择一个基准面作为草图绘制平面,如选择上视基准面,则该基准面平铺在屏幕上,即可进行草绘。

在草绘区域右上角,有一个草绘确认区,可选择确认退出或放弃草绘。

### 7.2.1  草绘工具

图 7-2 所示为草图工具栏,其中标出了几个常用的工具的含义。这几种工具都很容易掌握,只要尝试几次便可以学会。

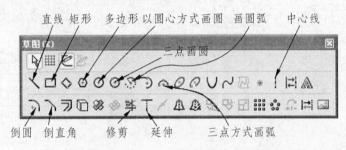

图 7-2  草图工具栏

### 7.2.2  点的捕捉

从 SolidWorks2005 开始新增了捕捉功能,它可以在草绘时,自动将鼠标放在图线上的一些特殊点上,如圆心、端点、中点、交点等,在缺省情况下,SolidWorks 已经将所有捕捉设置好,因此无需重新进行设置,在绘图时只要将鼠标放在这些特殊点的附近,便可以自动进行捕捉。

从图 7-3 对话框中可以看出草图捕捉所设置的内容。该对话框可以点击菜单[工具]—>[选项]—>[系统选项]打开。

图 7-3  "几何关系/捕捉"对话框

### 7.2.3 几何关系

一个几何图形的图线与图线之间存在着许多几何关系,如相等关系(线段与线段长度相等、圆与圆直径相等)、共线关系、平行关系、对称关系等。利用增加或减少几何关系,可以方便调整几何图形形状,快速实现草绘意图。

若想在绘图时增加几何关系,可在草绘区域点击鼠标右键,弹出菜单,如图 7-4(a)所示,选择"添加几何关系……",在屏幕左边出现对话框,此时选中欲加几何关系的图元,则会出现相应的几何关系供选择,如图 7-4(b)所示。

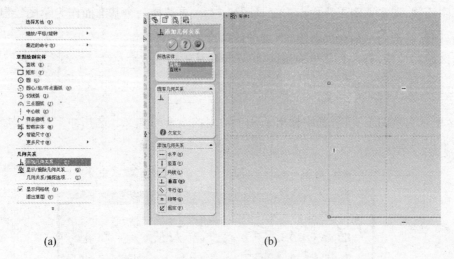

(a)                              (b)

图 7-4　添加几何关系方法

### 7.2.4 草绘示例

(1) 点击菜单[文件]->[新建],打开对话框,如图 7-5 所示。选择"零件",按"确定"。

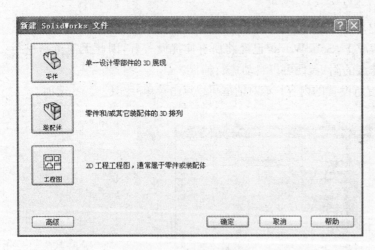

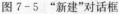

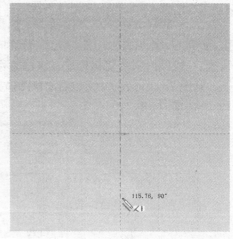

图 7-5　"新建"对话框　　　　　　　　　　图 7-6　绘中心线

(2) 点击草绘工具,选择"上视基准面",进入草绘。

(3) 点击中心线工具,在绘图区域,沿着中间那条暗线绘制一条中心线,长度不限,如图 7-6 所示。按 ESC 键结束。

(4) 再点击矩形工具,绘制一个矩形,大小先不必考虑。再点击矩形下部的边,在屏幕左边出现"线条属性"对话框,将长度尺寸改为 125。同样矩形的宽改为 60。如图 7-7 所示。

(5) 点击鼠标右键,选择添加几何关系,选择矩形的左边、右边及中心线,在几何关系中选择"对称"。

(6) 选择绘制圆角(倒圆)工具,在属性中设置圆角半径为 20,回车,点选矩形下部两边,可看见出现圆角,并标出尺寸。如图 7-8 所示。

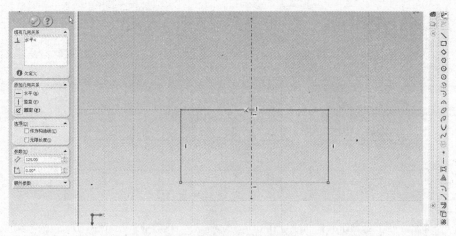

图 7-7　绘矩形并修改尺寸

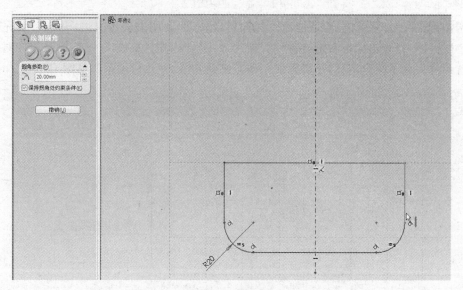

图 7-8　绘制圆角

（7）选择以圆心方式绘制圆工具，将鼠标靠近圆角圆心附近，可自动捕捉至圆心，先绘出任意大小的圆；然后在左边属性栏，将半径改为 10。同样绘制右边同样大小的圆。如图 7-9 所示。

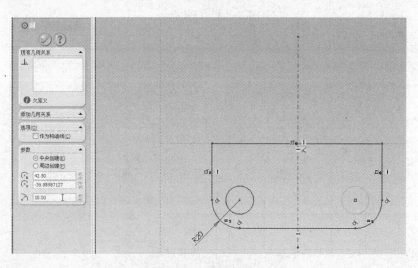

图 7-9　绘制圆

（8）在矩形的上部再绘制一个小矩形，使其长度等于 50，再点击修剪工具 ，选择"剪裁到最近端"，如图 7-10 所示，选择要剪切的图线，多次点击鼠标，即可完成修剪。

133

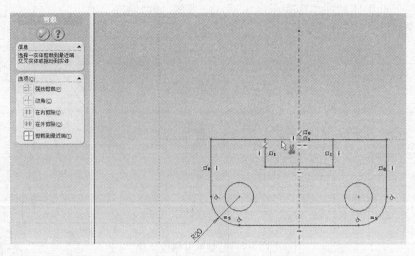

图 7-10　修剪图线

（9）绘出的图线目前呈蓝色，若是拖动图线还可以移动，表明是欠定义的图线，若要完全定义可标注尺寸。尺寸标注可以点击鼠标右键，选择"智能尺寸"进行标注。见图 7-11，标注尺寸时会弹出对话框，重新设置尺寸。为了完全定义，还需再加一条点画线，并设置几何关系。见图 7-12。

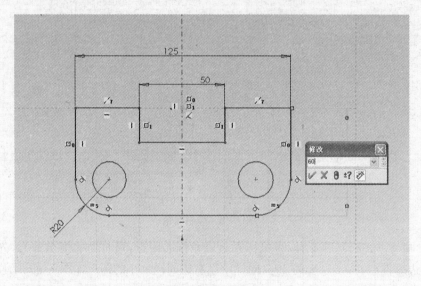

图 7-11　尺寸标注

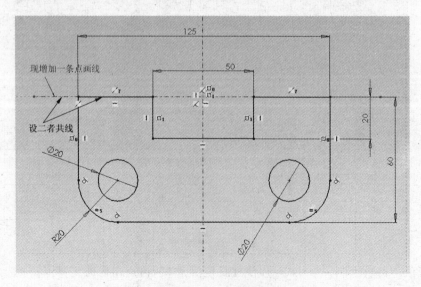

图 7-12　完成图

## 7.3　拉伸建模

拉伸建模包括拉伸凸台和拉伸切除两种,它们位于特征建模的前两项。如图 7-13 所示,图标变灰表示在当前不可用。

图 7-13　拉伸在"特征"工具条上的位置

选择上一节所绘的草图,点击任一边使其变成绿色,点击拉伸凸台工具,出现如图 7-14 所示拉伸设置对话框。在对话框中可以设置拉伸的方式,也可以设置拉伸的方向,可以单向拉伸,也可以双向拉伸,还可以设置拔模的角度等。对于以上设置,读者可以试着去操作,通过观察模型的变化可以很快学会如何设置参数。

拉伸切除与拉伸凸台方法完全一样,只不过是从物体上切除掉材料。下面接着做拉伸切除。

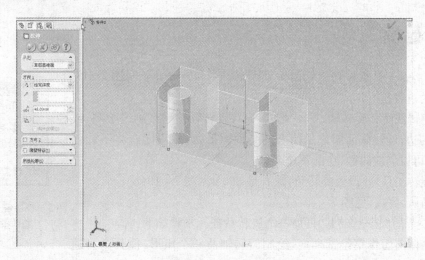

图 7-14　拉伸过程

步骤如下:

(1) 拉伸切除前必须先草绘截面,点击草绘工具,在绘图区点击"零件",如图 7-15 所示。再选择"右视基准面"为草绘平面。点击 ⬆ ,使我们正视于草绘平面。

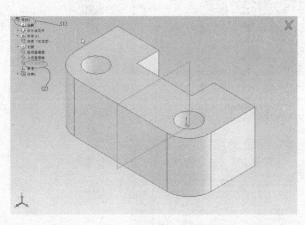

图 7-15　拉伸切除前先草绘截面

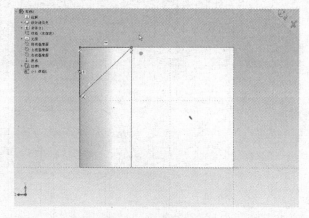

图 7-16　草绘三角形

(2) 绘制一个任意大小的三角形,如图 7-16 所示。绘直线时,当到物体边线时,物体边线会变红,表示绘在边线上或与边线齐平。注意三角形应首尾相接,不能有中断的地方。

(3) 再点击工具条上 ⬜ ,使模型转到三维视点下,点击"拉伸切除"工具,将"方向 2"前也打钩,方向 1 与方向 2 的深度均设为 20,点击确认,完成。如图 7-17。

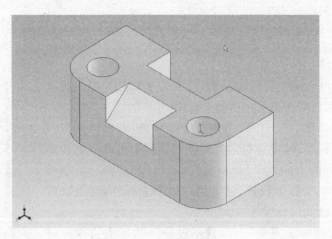

图7-17 切除后的样子

## 7.4 旋转建模

旋转工具在特征工具条的第三、第四项,即旋转凸台和旋转切除,见图7-18。旋转建模的过程是:

(1)草绘旋转截面和旋转轴,见图7-19(a),旋转轴须用点画线绘制,或直接选图形上的边;旋转截面应该是闭合的平面图形,如果不闭合将不能创建实体模型,但可以创建曲面,在此不作介绍。

(2)点击旋转工具,并设置旋转角,缺省是360°,见图7-19(b)。

(3)点击确认,完成,见图7-19(c)。

可以在上一节的例子基础上,再加一个旋转特征。步骤如下:

(1)选择立体前面作草绘基准面,绘制旋转轴及一个矩形,使其高为适当数值,见图7-20。

图7-18 旋转工具在"特征"
工具条上的位置

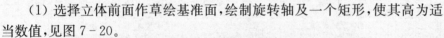

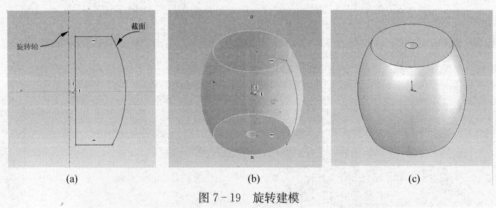

(a)                    (b)                    (c)

图7-19 旋转建模

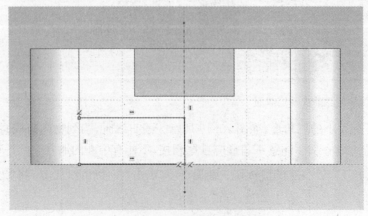

图7-20 草绘截面和旋转轴

136

（2）点击"旋转凸台"工具，选择旋转轴，设置旋转角为 180°，调整旋转方向，见图 7 - 21。

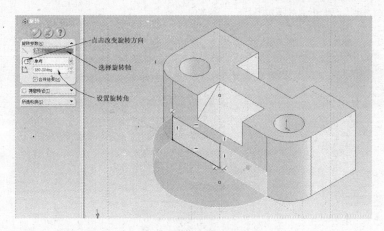

图 7 - 21　设置参数

（3）点击确认，完成，结果如图 7 - 22 所示。

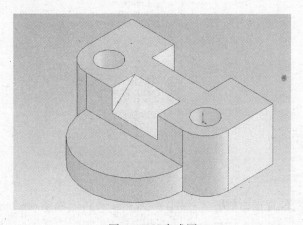

图 7 - 22　完成图

## 7.5　工程图

利用已经建好的模型可以直接生成三视图。步骤如下：

（1）首先将模型保存为一个文件，点击［文件］—>［保存］，输入文件名。

（2）点击［文件］—>［新建］，出现图 7 - 5 所示对话框，选择"工程图"，点击"确定"。

（3）出现图 7 - 23 对话框，选择图纸格式。可以选择"标准图纸大小"，也可"自定义图纸大小"。如果点选"显示图纸格式"，图纸上会有 SolidWorks 自带的图框，但与我国标准不符合。本例不选，点击"确定"。

图 7 - 23　选择图纸格式

　(4) 进入图 7-24(a)所示界面,在此可重新选择用于生成工程图的零件,在此不用,点击进入下一步,出现如图 7-24(b)所示界面,选择如图所示参数。

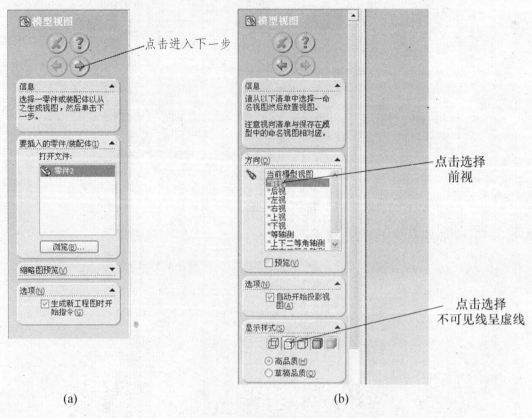

(a)              (b)

图 7-24 设置工程图

　(5) 在空白图纸上适当位置点击放置主视图,移到下方得到俯视图,移到右方得到左视图,见图 7-25。必须注意在安装软件时,应选择 GB 模式,或重新设置,否则将不是第一角投影。

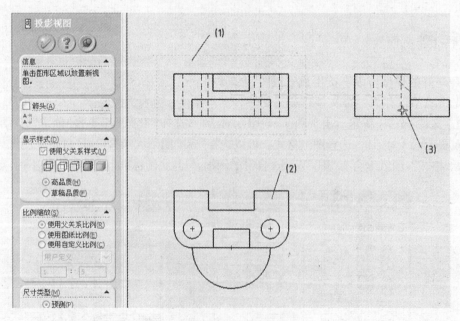

图 7-25 三视图

# 第 8 章　机件基本表示法

机械图样的表示法分基本表示法和特殊表示法,基本表示法是基于真实投影基础上的画法规定。

物体的三视图是基本表示法中的一种表示物体的方式,但是这种方式在表达复杂物体的时候,便会表现出它的不足,特别是当内部结构比较多的情况下更是如此。为此国家制图标准又规定了机件的其他基本表示法,统一在图样画法的标准中,它包括:视图、剖视图、断面图、局部放大图和简化画法。

## 8.1　视图

视图是根据有关标准和规定,用正投影法所绘制出的物体图形。这里所说的"有关标准和规定",指的是国家标准所规定的图样画法及标注的方法。

视图包括:基本视图、向视图、局部视图和斜视图。

### 8.1.1　基本视图

机件向基本投影面投射所得的视图称为基本视图。三视图是基本视图,它是向 3 个基本投影面投射所得的视图。在三视图的基础上,我们将视图增加为 6 个,它们分别是向 6 个基本投影面投射所得的视图。

如图 8-1 所示,6 个投影面在物体的周围围成一个盒子状,除了原来的 3 个视图之外,又增加了由物体的后面向前面投影的后视图;由物体的右面向左面投影的右视图;由物体的下面向上面投影的仰视图。6 个视图展开后它们的配置关系如图 8-2 所示。

从中可以看出,6 个基本视图仍然遵守三个投影规律,即"长对正、高平齐、宽相等",主视图、俯视图、仰视图长度方向对正;主视图、左视图、右视图、后视图高度方向齐平;左视图、仰视图、右视图、俯视图宽度方向相等。

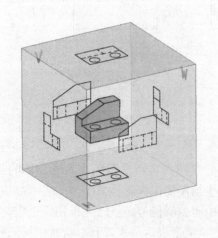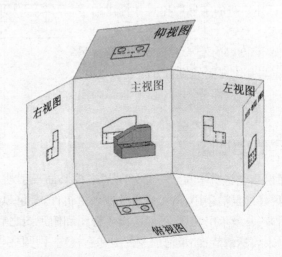

图 8-1　六个基本视图形成

它们的方位关系如图中所示,上下、左右、前后在新增加的三个视图上应特别地注意。

6 个基本视图在图面上不可随意放置,它们必须保持上面所述的关系不变,在视图上也不需标注视图的名称。

在视图的选用上,一般不需要将 6 个基本视图全部绘出来,只需选择其中几个来表示即可,表示的原则是表达清楚物体的结构,应避免重复。应优先选用主视图、左视图和俯视图。

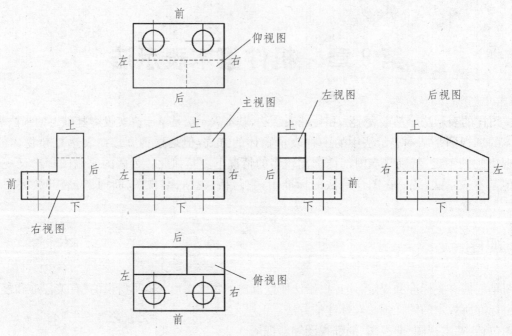

图 8-2 六个基本视图的配置

## 8.1.2 向视图

向视图是可以自由配置的基本视图。如果基本视图不能如图 8-2 那样配置,可以如图 8-3 那样来配置。比如仰视图不能放在主视图的上方,可以将其放在图纸的其他地方,但应标注箭头指明投射方向,并在箭头附近标出"*A*"(从字母 *A* 开始),同时也应在视图上标注相应的字母。这种位置可自由配置的视图称为向视图。

应注意以下几点:

(1) 标注字母的字号应比尺寸标注的字号大一号到二号。

(2) 表示投射的箭头方向不能倾斜,只能正射,应与基本视图的投射方向一一对应。

(3) 不能画出部分图形,必须全部画出投射后的完整图形。

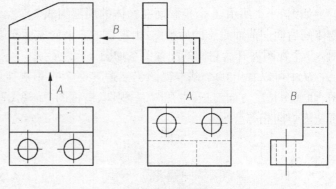

图 8-3 向视图

## 8.1.3 局部视图

局部视图是将物体的某一部分向基本投影面投射所得的视图。它经常被用来表达物体的部分外形,如能很好地灵活运用,既可以有效地表达机件,又可以减少绘图的工作量。

如图 8-4 所示组合体,已经绘出主视图和俯视图之后,中间的圆柱与底板已经得到完全表达,只有左右两侧未表达清楚;如果增加左视图和右视图,则圆柱与底板又要表达一次,因此,这时用局部视图来表达非常适合。

局部视图有两种配置方法:

(1) 按基本视图的配置形式配置,如 *A* 向局部视图,它实际是左视图的一部分,与主视图之间无其他图形隔开,所以不必标注。

(2) 按向视图的配置形式配置,如 *B* 向局部视图。

局部视图是从完整的图形中分离出来的,因此必须与相邻的其他部分假想地断裂开来,假想的断裂边界一般用波浪线(如 *A* 向局部视图),或双折线绘制。

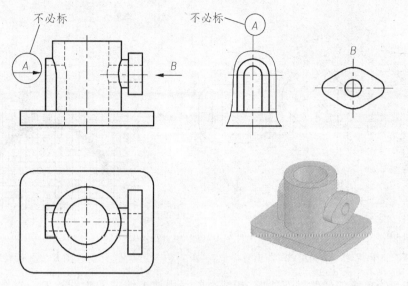

图8-4 局部视图

当局部视图的外轮廓成封闭时,则不必画出其断裂边界,如 B 向局部视图。

表示断裂边界的波浪线绘制的范围,不应大到超出物体实际边界之外。

图8-5所示,局部视图还可以按第三角配置,局部视图放在结构附近,并用细点画线将二图联系起来。此种情况不必标注。

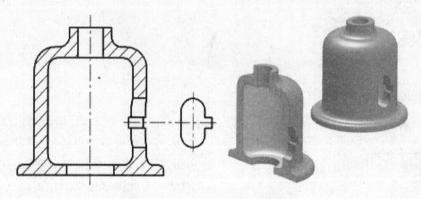

图8-5 局部视图按第三角配置

## 8.1.4 斜视图

将物体上倾斜的部分向不平行于基本投影面的平面投射所得的图形称为斜视图。斜视图一般只用于表达物体上有倾斜部分的局部,通过向新的投影面投射,可以反映倾斜部分的实形,从而更有效地表达机件。

如图8-6所示,在倾斜部分附近增设一个与倾斜表面平行的辅助投影面 P,将倾斜部分朝 P 平面投射得到的图形即为斜视图,它能反映出倾斜表面的实形。将 P 平面旋转展至 V 面,即可将斜视图与其他视图放在同一张图纸中,如图8-7(a)所示。

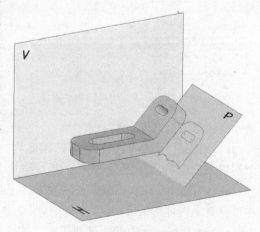

图8-6 斜视图形成

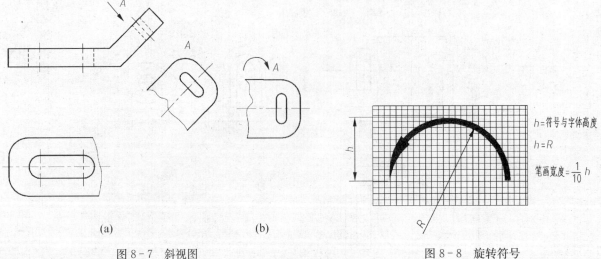

(a)　　　　　　　　(b)

图 8-7　斜视图　　　　　　　　　　图 8-8　旋转符号

斜视图一般只绘出倾斜处的局部外形,断裂边界可用波浪线或双折线绘制。在图上应标出投射方向,并标注字母,如"A",在斜视图上也应标出相同的字母。

斜视图如果要旋转配置,如图 8-7(b)所示,则需要标出旋转符号。GB 国家标准规定了旋转符号的画法,见图 8-8。

旋转符号的方向应与旋转的方向相同;字母应写在旋转符号的箭头端;若要同时给出旋转的角度值,则角度应写在字母之后。

## 8.2　剖视图

### 8.2.1　剖视图的基本知识

在用视图表示物体时,不可见的结构要用虚线来表示,如图 8-9 所示。但是当内部结构比较复杂,势必要绘制很多的虚线,这时就会出现前后重叠,层次不清,影响图形的清晰的表达,增加了看图的困难。为此国家标准制定了剖视的表达方法。

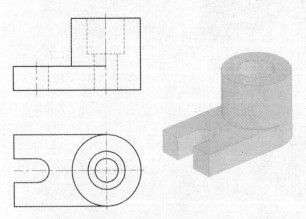

图 8-9　用虚线表示内部

如图 8-10 所示,为了能很好地表达图 8-9零件的内部结构,使其在主视图上能"看见"内部的结构,此时用一个平行于正面的假想剖切面,将物体沿中间切开,去掉前面的一半,将后面一半沿主视方向投射,得到的图形即为剖视图。为了分清切口平面和切口后面的部分,在切口平面部分(即剖切到的地方)应绘上剖面符号,剖面符号因机件的材料不同而不同,图中所绘的 45°斜线表示金属材料。

应注意下面几点:

(1)剖视只是假想将物体切开,因此将一个视图画成剖视后,并不影响其他视图,其他视图不受这个剖切面的影响,仍应该完整地绘出。

(2)剖切面应该根据表达的需要平行于某个投影面或垂直于投影面,并应正对于投射的方向,这样才可以看见内部的结构。

(3)剖切平面后面的经过剖切看得见的结构,必须全部画出,如图 8-10 主视图孔的台阶面。

(4)剖切面后面经过剖切仍然看不见的结构,尽量不用虚线表示,如果通过其他视图已经表达清楚,则可以省略;如果未表达清楚,可考虑增加视图来表达。除非是考虑减少绘图工作量,同时虚线也不足以影响图面的清晰,才可绘出。如图 8-10 主视图上省略掉虚线。

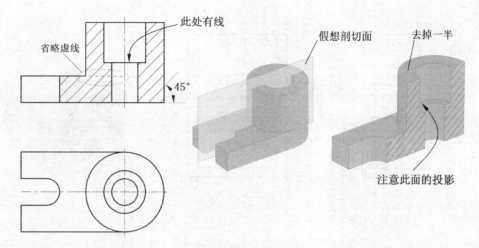

图 8-10  剖视的形成

## 8.2.2  剖面区域画法

在剖视图上剖面区域应画剖面符号,剖面符号根据表示的材料不同,在国家标准 GB/T4457.5—1984《机械制图  剖面符号》中有比较具体的规定,但由于材料多种多样,不可能对所有的材料都有明确的规定。

金属材料的剖面符号是如图 8-10 中所绘的 45°平行细实线,间隔大约 2~4 mm,倾斜的方向可以向左,也可以向右。同一个物体的各个剖面区域,其剖面线的画法应一致。

当不需要明确表示物体的材料类别时,在国家技术制图标准 GB/T17453 中规定,可采用通用剖面符号来表示。通用剖面符号与金属材料的剖面符号是一样的。

金属材料剖面符号的 45°夹角,是指与物体主要轮廓线或剖面区域的对称线的夹角(见图 8-11),并不一定是与水平方向的夹角。如果画出的剖面线与主要轮廓或剖面区域的对称线平行时,可将剖面线画成与它们成 30°或 60°的平行线。此时,剖面线的倾斜方向仍应与同一物体上其他剖面区域剖面线的方向相同。

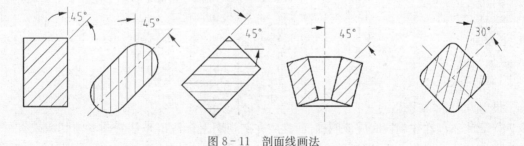

图 8-11  剖面线画法

## 8.2.3  剖视图的标注

剖视图为了看图的方便一般需要标注,应将剖切的位置、投射方向、剖视图的名称标注在相应视图上。剖视标注有下列三项主要内容:

(1) 剖切线:表示剖切位置的线,用细点画线表示。

(2) 剖切符号:表示剖切起、讫和转折位置的粗实线,及表示投射方向的符号:箭头。

(3) 字母:表示剖视图的名称,应注写在剖视图的上方及投射箭头的附近。

图 8-12(a)是剖视标注的例子,剖切线可以理解为是假想剖切面在水平面上的迹线,是正平面的迹线表示法;剖切的起讫位置处用粗短画表示,应画在明显的位置,不要与轮廓线相交;箭头表示投射的方向,应画在粗线的外端;字母应大写,从"A"开始,同时标注在箭头旁边和剖视图上方,在剖视图上方应写成"X—X"的形式。

画在剖切符号之间的剖切线也可省略不画,见图 8-12(b)。

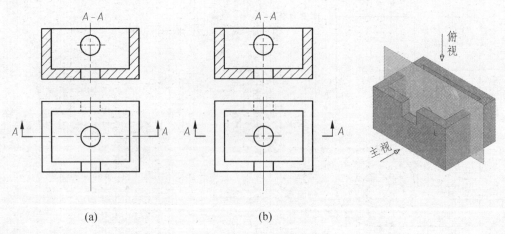

图 8-12 剖视图的标注

在以下情况下标注可以简化或省略：

(1) 当剖视图按投影关系配置，中间又没有其他图形隔开时，可以省略箭头。如图 8-12 的例子，可以不画箭头。

(2) 如果在满足条件(1)的情况下，剖切面又通过机件的对称或基本对称平面时，则不必标注，见图 8-10。图 8-12 也可以不标注。

在满足省略或简化标注的条件下而没有省略或简化，不按错论，但应提倡省略或简化。

## 8.2.4 剖视四要素

作物体的剖视应明确四个要素：

(1) 剖切面(应选用什么样的剖切面)。剖切面根据国家标准分为：

① 单一剖切面：包括单一剖切平面和单一剖切柱面。

② 几个平行的剖切面。

③ 几个相交的剖切面(交线垂直于某一投影面)。

(2) 剖切方法：

① 全剖视。

② 半剖视。

③ 局部剖视。

(3) 剖切位置。

(4) 投射方向。

这四个要素不但在作剖视时应该明确，而且应在剖视图上标注出来让看图者清楚或缺省可知。选择剖切面与剖切方法并不矛盾，即用单一剖切面或几个平行或相交的剖切面，既可以作全剖视图，也可以作半剖视图或局部剖视图。

## 8.2.5 全剖视图

用剖切面完全地剖开机件所得到的剖视图称为全剖视图。如图 8-10、图 8-12 所作的即为全剖视图。

全剖视图由于全部将机件剖开后，外部的形状将在同一视图上无法表示，因此它主要用于外部形状比较简单，或内部形状比较复杂需要全部表达，而图形又不对称的机件，对于作了全剖视外形未表达清楚的机件，还必须再增加视图来表达。

## 8.2.6 半剖视图

当机件具有对称平面，可以将机件向垂直于对称面的投影面投射，以对称中心线作为分界，一半画成外形，一半画成剖视，这样的图形称为半剖视图。

图 8-13 的示意图直观地表示了半剖视的形成。

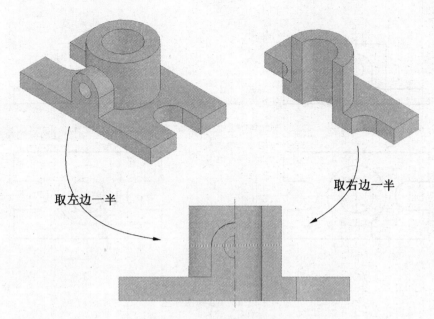

图 8-13　半剖视形成示意

在具体作图时,如图 8-14 所示,以中心线为分界,将主视图的一半按照未剖的外形来画,另一半按全剖来画,各取一半组成一个视图。

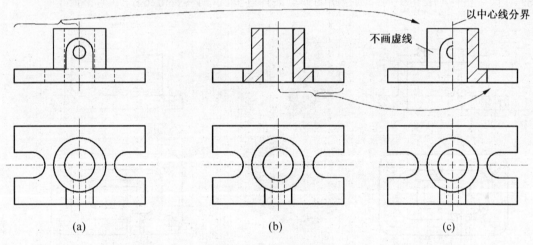

图 8-14　半剖视作图

外形部分上不画虚线,因为其内部形状已由剖视的一半表达清楚。

半剖视图的标注原则与全剖视相同,见图 8-15(a),其实本例标注可以省略。像图 8-15(b)这样的标注是初学者比较容易犯的错误。

半剖视只能应用于机件形状对称的情况,对于形状接近于对称,且不对称部分已经另有视图表达的情况下,也可以用半剖视来表达。

## 8.2.7　局部剖视图

局部剖视图是用剖切面将物体上的某一部分剖开,所得的剖视图。它主要用于机件外部形状与内部结构都需要在同一视图内表达,而机件形状又不对称的情况;或者只有机件上几个细小的结构需要表达,不必要做大的剖切时。

因为局部剖视的剖视范围和位置都比较自由,因此它是一种比较灵活的表达方法。图 8-16 的机件,内部结构和外部形状的表达均要兼顾,所以在主视图和俯视图上各作一个局部剖,就可把内外形状表达清楚;机件上的底板孔也可同时在主视图通过局部剖来表达,这样可以使表达显得比较紧凑、简洁。

作局部剖视图应注意几下几点:

(1) 表示剖切范围的波浪线,不能画到视图范围外面;当遇到孔、槽时必须断开,见图 8-16。不能

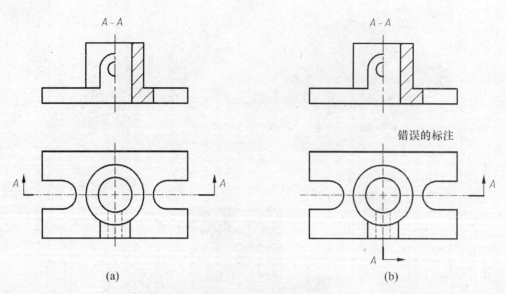

图 8-15  半剖视标注

与轮廓线及其他图线重合。

（2）局部剖视在剖切位置比较明显的情况下不需要标注，见图 8-16(a)；图 8-16(b)是标注时的情况。

（3）在同一机件的表达中局部剖视图的数量不宜过多，否则会显得比较琐碎，不便于看图。

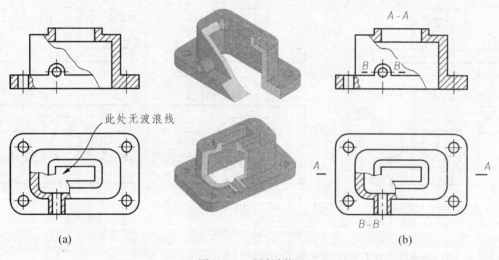

图 8-16  局部剖视

## 8.2.8  单一剖切面的剖切

### 8.2.8.1  单一剖切平面

前面几节所论述的剖视均是一个剖视图只用一个剖切面进行的剖切，且剖切面平行于投影面，即称为单一剖切平面的剖切，见图 8-10、图 8-12、图 8-16。

### 8.2.8.2  单一斜剖切面

剖切面也可以是倾斜于投影面，但垂直于某一投影面的平面，即单一斜剖切平面，如图 8-17 所示，是由单一斜剖切平面形成的全剖视图。

此种剖法最适合表达机件上倾斜的部分，与斜视图有类似之处。采用这种剖视必须完整的标注，即标出剖切符号和剖视图名称。单一斜剖切得到的视图最好按投影关系配置，也可以将其配置在图纸的其他地方，如图 8-17(c)；如果要将其旋转成水平，应加注旋转符号，同斜视图。

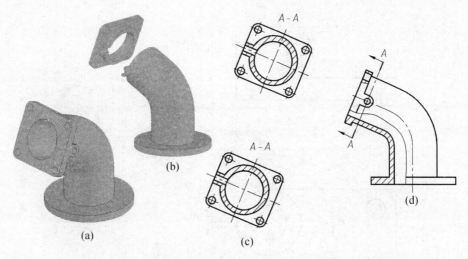

图 8-17　倾斜的单一剖切面

### 8.2.8.3　单一剖切柱面

图 8-18 为用一个圆柱面作剖切面作的全剖视图,一般采用展开画法,必须在剖视图的名称后面加注"展开"两字。用单一剖切柱面也可以作半剖视图和局部剖视图。本例也可以作成半剖视图。

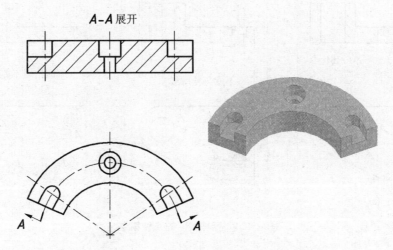

图 8-18　单一剖切柱面得到的全剖视图

## 8.2.9　几个平行的剖切面的剖切

用几个平行的剖切面进行剖切一般用来获得全剖视图(见图 8-19),在必要的情况下也可以用来获得半剖视图和局部剖视图。

采用几个平行剖切面进行剖切时,必须完整标注,在剖切面的转折处,剖切符号应画粗实线,并标出字母,同时应避免出现如图 8-20 的几种错误。

## 8.2.10　几个相交的剖切面的剖切

可以用两个或两个以上的相交的剖切面来进行剖切,相交的剖切面的交线必须垂直于某个投影面。图 8-21 是用了两个相交的剖切面得到的全剖视图,倾斜的剖切面在剖切后应将其旋转至与投影面平行后再投射。

位于剖切面后的结构仍应按原来位置绘制,不受旋转影响;如果剖到的结构出现不完整的要素,应按未剖到来画。

相交剖切面的交线一般选在与圆柱孔轴线相重合的位置。相交剖切面的剖视图应该完整标注,倾斜剖切面处的剖切符号的标注应注意,投射箭头应与粗线段垂直,但字母无论在何处都应该水平书写,如图 8-22 所示。

147

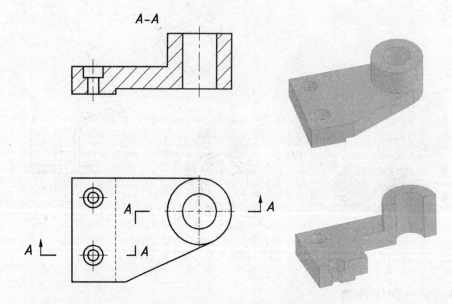

图 8-19　几个平行剖切面剖切得到的全剖视图

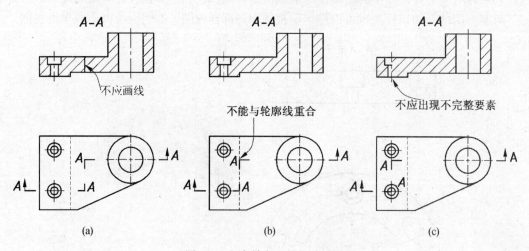

图 8-20　容易发生的几种错误

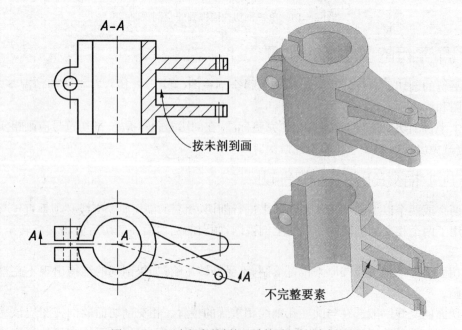

图 8-21　两个相交的剖切面剖切得到的全剖视图

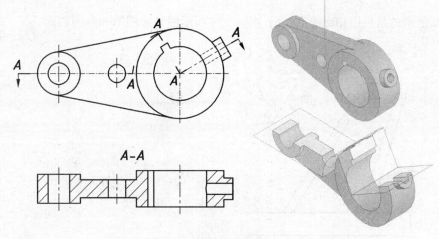

图 8-22　三个相交的剖切面剖切得到的全剖视

　　图 8-23 是用多个相交的剖切面剖切的全剖视图,剖切面展开成同一与侧面平行的平面后再投射,此时在剖视图名称后面须加注"展开"两字。

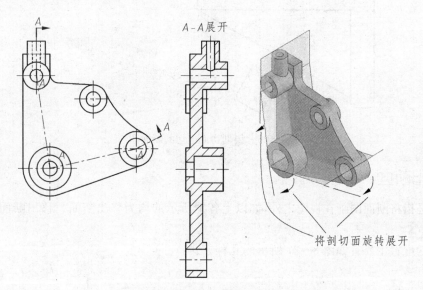

图 8-23　多个相交的剖切面的剖切得到的全剖视图

## 8.3　断面图

　　断面图,顾名思义是只绘出物体的断面。用假想的剖切面,将机件某处切断,仅画出切断处的断面,这样的图即为断面图。如图 8-24 所示。

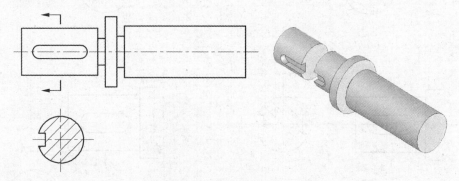

图 8-24　单一剖切平面剖切的断面图

　　断面图同样可以采用剖视图所采用的三种剖切面,但以单一剖切面为主,以单一剖切平面和单一斜剖切面较为常见。

如图 8-25 所示的是采用相交的剖切面,图 8-26 所示的是采用单一斜剖切面。

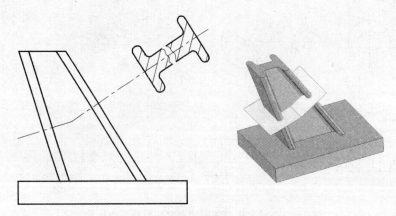

图 8-25  相交的剖切面剖切的断面图

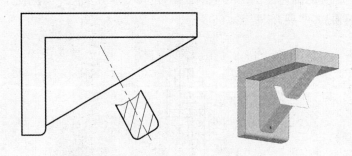

图 8-26  斜剖切面剖切的断面图

### 8.3.1  移出断面

移出断面是指将断面图画在视图之外,如以上各图所示的均为移出断面。移出断面的轮廓线应绘成粗实线。

移出断面的配置主要有如图 8-27 所示的几种方式:

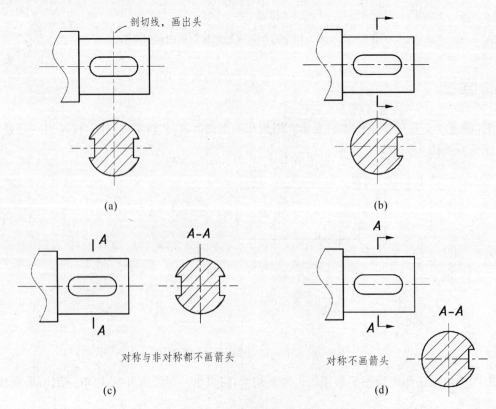

图 8-27  移出断面的配置和标注

移出断面配置在剖切线延长线上,如图 8-27(a)和图 8-27(b)所示,如果截面是对称的图形,则不需要标剖切符号和字母;如果是非对称的截面,则需标注剖切符号,但不需要标字母。

移出断面按投影关系配置,如图 8-27(c)所示,需要标出剖切符号及字母,但不需要标投射箭头。

移出断面配置在图纸的其他地方,如图 8-27(d)所示,对于非对称截面需要完整地进行标注;对于对称截面,则不需要标投射箭头。

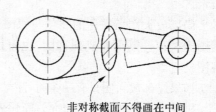

非对称截面不得画在中间

图 8-28 移出断面可画在中断处

移出断面还可以配置在图形的中断处,如图 8-28 所示,但若是非对称截面,不可如此画。

当剖切面通过孔、凹坑或者剖切后断面会出现分离的情况时,应按断面的特殊情况来处理,见图 8-29。对这些结构处的局部按剖视来画,见图 8-29(a),不可以片面理解断面图只画出截面的样子,见图 8-29(b)。

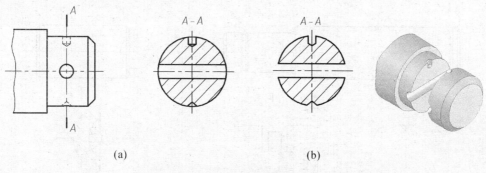

(a)　　　　　　　　(b)

图 8-29 断面画法的特殊情况

当剖切面通过非圆孔等其他情况时,如果会导致出现完全分离的剖面区域时,则这些结构也应按剖视图要求绘制。

### 8.3.2 重合断面

重合断面是指将断面图直接画在视图内部的断面图。重合断面的轮廓线用细实线绘制。当重合断面与视图的轮廓线重叠时,视图的轮廓线应按重合断面不存在时的样子绘出。

对称的重合断面,不需要标注;不对称的重合断面,在不致引起误解的情况下,可以省略不标,否则应标注剖切符号,字母不需要标注。

图 8-30(a)为非对称的重合断面,可省略标注;图 8-30(b)为对称重合断面,不必标注。

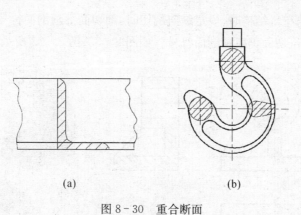

(a)　　　　　　　　(b)

图 8-30 重合断面

## 8.4 局部放大图

当机件上细小的结构在同一视图中不能清晰表达时,可以将其局部放大,采用不同于当前视图的放大比例重新画出,这样的图称为局部放大图。

画局部放大图时要求在放大的部位用细实线圆圈出,当有多个地方需要画局部放大图,应在被圈出的地方用罗马数字依次标明,同时在局部放大图上方也标出相同的数字和放大的比例。如图 8 - 31 所示。

局部放大图所采用的比例与原图形所采用比例无关。所绘制的范围可以用波浪线圈出,也可以用圆圈圈出。既可画成剖视图,也可以画成视图、断面图。如图 8 - 31(a)中Ⅰ是个剖视图,Ⅱ是个视图。

如果局部放大图只有一个时,序号可以不标注,直接在局部放大图上标出比例,见图 8 - 31(b)。

机件上需要放大的部位允许简化表达或不绘出,因为细小的结构将会在局部放大图中得到清晰表达,即便在原图上表达,也会因尺寸太小而表达不清楚。见图 8 - 31(b)。

在局部放大图上可以标注尺寸。

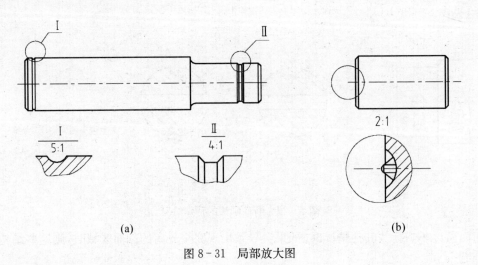

(a)                    (b)

图 8 - 31    局部放大图

## 8.5    简化画法

在我国国家标准中还规定了一些简化的画法,在有些情况下,看起来不符合投影规律了,但却方便了绘图,同时也更有效地表达了机件。

### 8.5.1    剖视中的简化画法

当剖切到肋、轮辐及薄壁等结构时,规定纵向剖切时,剖切面不画剖面符号,只用粗实线将其与邻接部分分开;如果是横剖,则剖切面仍应画剖面符号。如图 8 - 32、图 8 - 33 所示。

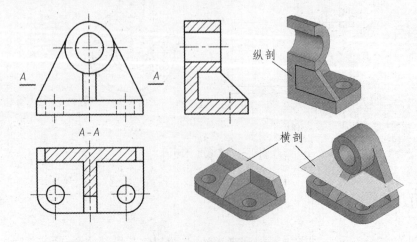

图 8 - 32    肋的剖视画法

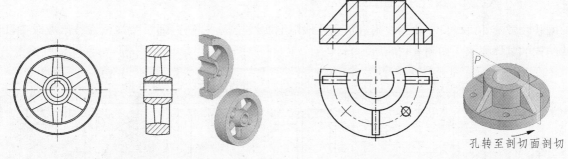

图 8-33　轮辐剖视画法　　　　　　　　　图 8-34　均匀分布结构的剖视

孔转至剖切面剖切

回转体的机件上如果分布着一些均匀的肋板、孔、轮辐时,在作剖视图时,可以将这些结构假想地旋转至剖切面进行剖切后得到剖视图。如图 8-34 所示,将孔假想地转至剖切面在主视图上作出剖视图,但俯视图仍按原样绘制,不能将孔画在剖切处。

在不致引起误解的情况下,剖面符号可省略,无论是移出断面图,还是剖视图等均可以省略。如图 8-35 所示。

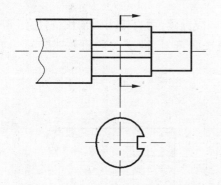

图 8-35　移出断面不画剖面线的情况

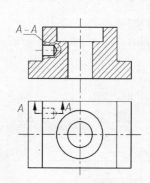

图 8-36　剖视图当中的剖视

为了使表达更集中,允许在剖视图中再另画有局部剖视图(见图 8-36),要求两者的剖面线的方向应相同,间隔也应一样,但要互相错开,并用引出线标注局部剖视图的名称。

## 8.5.2　重复性结构的画法

机件上若干相同的结构,如齿、槽等,并按一定规律分布时,只要完整地画出几个,其余的用细实线相连,但必须注明该结构的总数,如图 8-37(a)、(c)所示。

若干直径相同且成规律分布的孔,只需画出几个,其余用细点画线,或十字线加黑点的方式标出孔的位置,见图 8-37(b)。

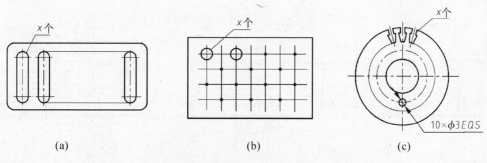

(a)　　　　　　　　　　(b)　　　　　　　　　　(c)

$10×\phi3EQS$

图 8-37　重复结构的画法

当孔的数量较多,如能确切地标明孔的数量和规律,则标明孔中心的十字线或点画线也可以省略,如图 8-37(c)中的孔 $\Phi3$,符号"EQS"表示均布。

153

### 8.5.3  网状物及滚花表面的画法

网状物或滚花可以只在轮廓线附近示意性地用细实线绘出一部分,通过旁注或在技术要求中注明这些结构的具体要求。如图 8-38 所示。

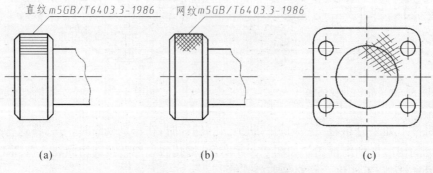

图 8-38  网状物的画法

### 8.5.4  细小结构的画法

(1) 与投影面倾斜角度小于 30°的圆的投影可以不画成椭圆,而直接用圆来代替,如图 8-39 所示。

(2) 机件上的小平面,为了更充分的表达,可以用平面符号,即交叉的直线来表示。如图 8-40 所示。

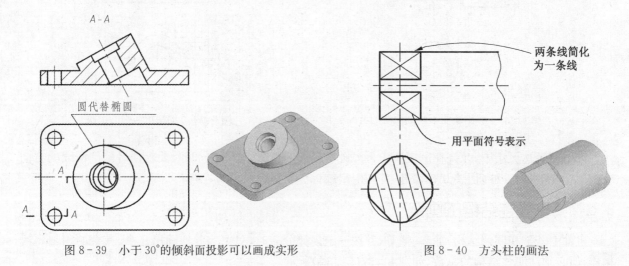

图 8-39  小于 30°的倾斜面投影可以画成实形                图 8-40  方头柱的画法

(3) 机件上的小孔处的相贯线,可忽略只画出轮廓线;在不会引起误解的情况下,圆柱的相贯线可用圆弧代替,见图 8-41。

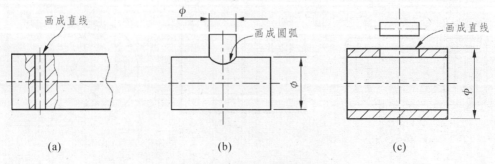

图 8-41  小结构相贯线的简化画法

(4) 机件上斜度不大的结构,在一个视图已经表达清楚的情况下,其他视图按小端面绘制,见图 8-42(a)。机件上小的圆角,在绘图时可以忽略,但必须标注,见图 8-42(b)。

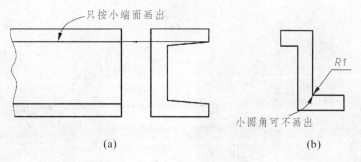

只按小端面画出

小圆角可不画出

R1

(a)　　　　　　　　　　　(b)

图 8-42　小斜面、小圆角的画法

### 8.5.5　对称结构的画法

对称结构(见图 8-43(a))在不致引起误解的情况下,可以只画出一半或四分之一,见图 8-43(b)、(c),在对称线的两端应画出两条互相平行并与中心线垂直的细实线,表示"对称"。

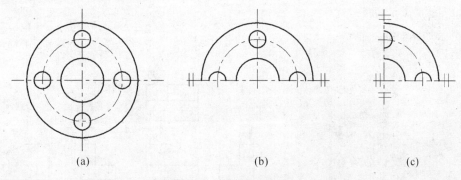

(a)　　　　　　　　　　(b)　　　　　　　　(c)

图 8-43　对称结构的画法

### 8.5.6　断裂画法

较长的机件,如轴或连杆等,如果其沿长度方向截面一样,或按一定规律变化,可断开后缩短绘制,但其长度尺寸仍应按实际长度标出,见图 8-44。

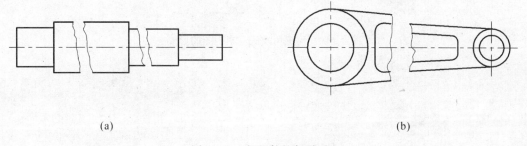

(a)　　　　　　　　　　　　　　(b)

图 8-44　长机件的断裂画法

## 8.6　第三角画法介绍

第三角画法是以第三角投影法形成投影图为基础的画法规定。第一角投影法与第三角投影法对比见图 8-45。它们的区别在于第一角投影是将投影面置于物体的后面,第三角投影是将投影面置于物体的前面,因此第三角投影法绘投影图可以形象的看成是将物体放置在玻璃盒子里,然后在玻璃上描画物体的形象。

第三角画法 6 个基本视图的形成与展开,见图 8-46。其 6 个基本视图的位置与图 8-1、图 8-2 相对比,可以发现第三角画法的 6 个基本视图与第一角画法的关系是:主视图与后视图位置不变;左视图与右视图位置对调;俯视图与仰视图上下颠倒。

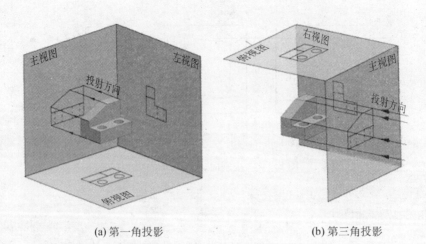

(a) 第一角投影                  (b) 第三角投影

图 8 - 45 二种投影法对比

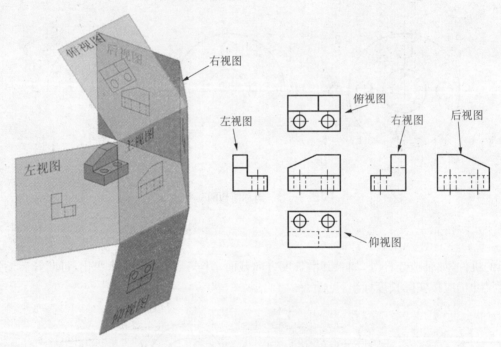

图 8 - 46 第三角画法基本视图的形成

# 第 9 章　螺纹及螺纹紧固件

螺纹广泛应用于生产和生活当中，在机械、化工、航空、航天、船舶等领域都有它们的应用场合。螺纹紧固件是指通过螺纹的旋合将物体紧固、连接在一起的零件。这些零件大量、频繁地使用于各种机器，因此它们被称为常用件。为了提高制造的经济性和在使用中增强互换性，螺纹紧固件从结构形状、尺寸、画法等都已经标准化，因此它们又被称为标准件，由专门的标准件厂生产。

## 9.1　螺纹的基本知识

### 9.1.1　螺纹的形成

螺纹按照内、外螺纹及尺寸大小的不同，在加工形成上有一些差别。加工在圆柱外表面的螺纹称为外螺纹；加工在零件孔腔内表面的螺纹称为内螺纹。

对于零件尺寸较大的外、内螺纹，主要是以车制的方式进行加工，如图 9-1 是在车床上车制外螺纹的情形。工件作旋转运动，车刀作直线运动，刀尖切入工件一定的深度时，在工件的表面就加工出螺纹。

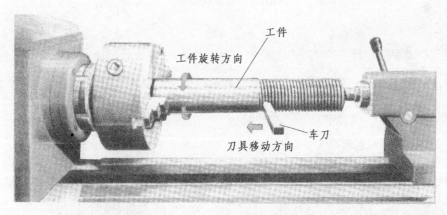

图 9-1　车外螺纹

刀尖的运动轨迹是一条螺旋线，因此螺纹可以看成是截面如车刀刀尖形状的图形沿着缠绕在圆柱表面的螺旋线扫描后，切出的沟槽。

外螺纹的加工方法还有滚制、搓制等机加工方法和手工加工方法，手工加工是用板牙扳制外螺纹，主要用于修配上。内螺纹除车制外，还有机攻和手攻加工方法。

### 9.1.2　螺纹的结构

为了便于螺纹的旋进和防止端部螺纹的损坏，在螺纹的起始处通常加工有锥形的倒角或球面的倒圆。如图 9-2 所示，在内、外螺纹的起始处有 45°的倒角。

在螺纹的结束处，车削螺纹的刀具要逐渐退出，因此形成螺纹沟槽逐渐变浅的形状，这段螺纹称为螺尾，它已经不起螺纹的作用。在螺尾前部具有完整深度的螺纹，能起到螺纹的作用，称为有效螺纹。

为了避免出现螺尾，可以事先在工件上加工出一个槽，如图中所示，这样可以保证在槽前部的螺纹完整地切出；车刀走到槽部的时候可以安全退出，因此这种槽被称为退刀槽。退刀槽完全是为了加工而产生的，并不是为了完成机件的功能，因此又被称为是工艺槽。

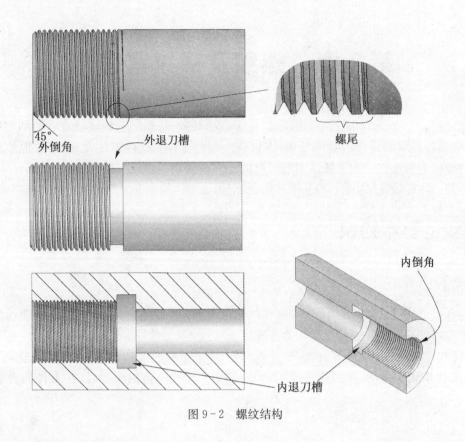

图 9-2　螺纹结构

## 9.1.3　螺纹要素

（1）牙型：将螺纹柱沿轴线剖开，螺纹部分截面的形状称为牙型。常见的牙型有三角形和梯形。见图 9-3。

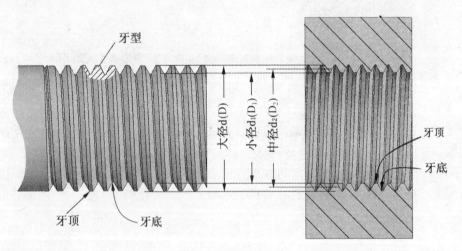

图 9-3　螺纹要素

（2）直径：螺纹的直径分为大径、小径和中径。大径是指外螺纹牙顶或内螺纹牙底的假想圆柱的直径，内、外螺纹的大径的符号分别是 $D$、$d$。普通螺纹大径又称为公称直径。

小径是指外螺纹牙底或内螺纹牙顶的假想圆柱的直径，内、外螺纹的小径分别是 $D_1$、$d_1$。

中径是指通过牙型上沟槽和凸起部位宽度相等处的假想圆柱的直径，内、外螺纹的中径符号分别是 $D_2$、$d_2$。

（3）线数：螺纹的线数实际上就是形成螺纹的螺旋线的线数，有单线和多线之分。只有一条的称为单线；有两条或 3 条的称为双线或三线，以此类推。如图 9-4 所示。线数符号为 $n$。

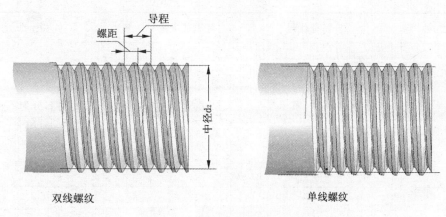

图 9-4 螺纹的线数、螺距、导程

（4）螺距、导程：螺距是指相邻两牙在中径线上的对应点之间的轴向距离，用符号 $P$ 表示。导程是指同一条螺旋线上相邻两牙在中径线上的对应点之间的距离，用符号 $P_h$ 表示。如图 9-4，螺距与导程的关系为：螺距＝导程/线数。单线螺纹的螺距等于导程。

（5）螺纹的旋向：螺纹有左旋和右旋之分。判断左旋或右旋螺纹，可以将螺纹轴线竖直放置，伸出手，使四指方向与螺旋旋转方向一致，大拇指与螺旋上升方向一致，符合右手的即为右旋，符合左手的即为左旋，如图 9-5 所示。

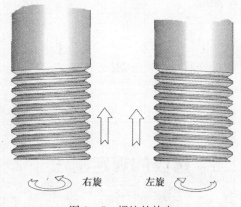

图 9-5 螺纹的旋向

右旋螺纹顺时针旋转时旋合，逆时针旋转时退出；左旋螺纹与之相反。

以上螺纹五要素，在都相同的情况下，内外螺纹才可旋合在一起。牙型、直径、螺距都符合标准的螺纹称为标准螺纹；牙型符合标准，其他不符合的称为特殊螺纹；若牙型不符合标准，称为非标准螺纹。

## 9.1.4 螺纹的分类

螺纹按不同的特征可以有多种分类方法。按用途分，可以分为连接螺纹、传动螺纹、管螺纹和专用螺纹。连接螺纹指起连接作用的螺纹，牙型都为三角形，主要是普通螺纹和管螺纹。普通螺纹又分为粗牙普通螺纹和细牙普通螺纹。同一种螺纹直径一般会对应不同的螺距，其中对应最大的螺距的称为粗牙普通螺纹，其余为细牙普通螺纹。

传动螺纹主要是用来传递动力和运动的，其牙型主要是梯形、锯齿形。

管螺纹是一类用途比较专一的螺纹，主要用于水管、油管、煤气管等。

专用螺纹是一类专门用途的螺纹，如自攻螺钉螺纹、木螺钉螺纹等。

螺纹按牙型分，可以分为三角形螺纹、梯形螺纹、锯齿形螺纹等。以上内容总结于表 9-1。

表 9-1 常用标准螺纹

| 螺 纹 种 类 | | 特征代号 | 牙型放大图 | 主 要 功 能 |
|---|---|---|---|---|
| 连接螺纹 | 粗牙普通螺纹 | M | 60° | 主要用于连接，是最常见的螺纹。细牙螺纹主要用于精密的零件或薄壁零件 |
| | 细牙普通螺纹 | | | |

159

(续表)

| 螺 纹 种 类 | | 特征代号 | 牙型放大图 | 主 要 功 能 |
|---|---|---|---|---|
| 连接螺纹 | 圆柱管螺纹 | G 或 Rp | 55° | 用于管路,分为需要密封和不需要密封的管螺纹 |
| 传动螺纹 | 梯形螺纹 | Tr | 30° | 作传动用,可以传递双向动力,可用于各种机床上的丝杠 |
| | 锯齿形螺纹 | B | 30° 3° | 只能传递单向动力,螺旋压力机上有应用 |

## 9.2 螺纹的规定画法

### 9.2.1 圆柱内、外螺纹的画法

螺纹的画法采用的是国家标准规定的画法,而不是严格按照投影所得的投影图。

圆柱外螺纹的画法如图 9-6 所示,表示螺纹牙顶的线用粗实线,表示牙底的线用细实线,在反映圆的视图中牙底画成约 3/4 圈的圆周。圆柱的小径画成大径的 0.85 倍,而不是真实的小径;大径按真实尺寸绘制。

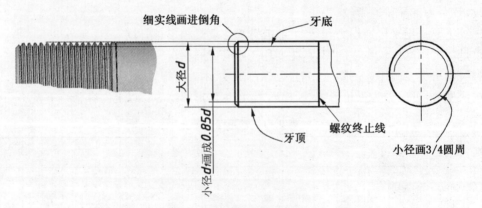

细实线画进倒角　　牙底

大径 $d$

小径 $d$ 画成 $0.85d$

牙顶

螺纹终止线

小径画 3/4 圆周

图 9-6　圆柱外螺纹的画法

螺纹终止线画在螺纹有效长度结束处,用粗实线绘制。

圆柱内螺纹的画法见图 9-7,牙顶用粗实线,牙底用细实线,小径仍画成大径的 0.85 倍。内螺纹一般应绘成剖视图,剖面线一直要画到粗实线才可结束。在反映圆的视图中,牙底画成约 3/4 圈的圆周。

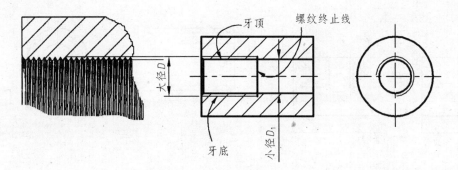

图 9-7　圆柱内螺纹的画法

螺纹尾部一般不需要画,如果要画,该部分用与轴线成 30° 的细实线画出,见图 9-8。当内螺纹不剖时,所有的线均应画成虚线,如图 9-8(b)所示。

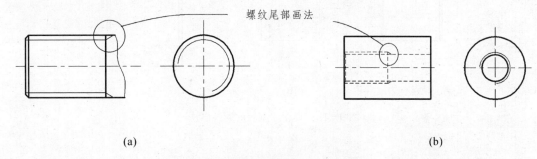

(a)                              (b)

图 9-8　螺纹尾部及不可见时画法

## 9.2.2　螺纹盲孔画法

螺纹不通孔,俗称螺纹盲孔,它的画法与加工方法类似,如图 9-9 所示。螺纹盲孔的加工方法是先钻孔,然后再攻丝,绘图时先绘出不通孔,孔的直径画成 $0.85D$($D$ 为螺纹大径)。孔的长度画成螺纹长度加 $0.5D$,孔的底部由于钻头的头部的锥顶角为 118°,可简化画成 120°。

然后再按照内螺纹的画法,在上面画出螺纹。

最后画上剖面线,注意在螺纹大径的细实线与孔的粗实线间也应该画剖面线。

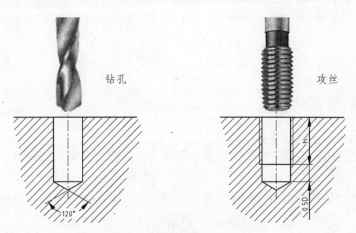

图 9-9　螺纹盲孔的画法

## 9.2.3　螺纹孔相交、局部剖视、表示牙型时的画法

螺纹孔相交时的画法见图 9-10。

外螺纹终止线在剖面处只画一小段短粗实线,画到细实线为止。如图 9-11。当需要表现牙型时,如非标准螺纹,梯形、锯齿形螺纹习惯上也画出牙型,画法如图 9-12 所示。

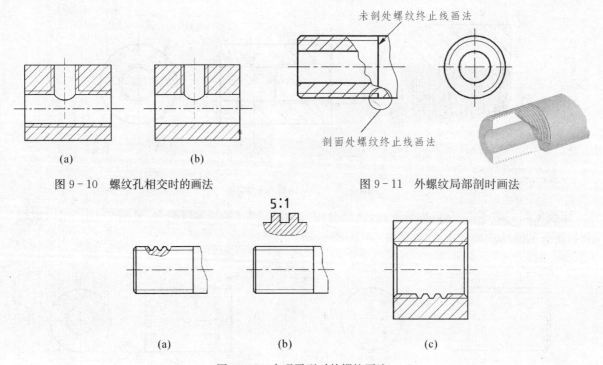

| (a) | (b) |
| --- | --- |

图 9-10　螺纹孔相交时的画法　　　　图 9-11　外螺纹局部剖时画法

| (a) | (b) | (c) |
| --- | --- | --- |

图 9-12　表现牙型时的螺纹画法

## 9.2.4　锥螺纹及锥管螺纹画法

在图 9-13 锥螺纹画法中,左视图看不见的小端的轮廓线省略不画,螺纹牙底圆按大端画;右视图大端小端轮廓线均可见,都应该画出,牙底圆按小端画。

锥管螺纹画法类似,左视图上倒角圆不画,见图 9-14。

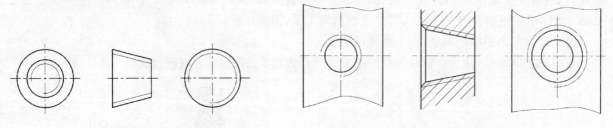

图 9-13　锥螺纹主、左、右视图画法　　　　图 9-14　锥管螺纹画法

## 9.2.5　螺纹连接画法

内、外螺纹连接在画法上应注意以下几点:

(1) 一般应画成剖视图,实心的外螺纹柱按不剖画;内、外螺纹重叠处按外螺纹画,其余部分按各自要求画。

(2) 图 9-15 左视图的横截面的剖视图,两个物体均应该画剖面线,而且剖面线方向应相反;同一

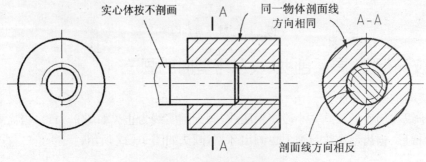

图 9-15　通孔的情况

个物体的剖面线方向,不论在哪个视图均应相同,且间隔相等。

（3）图 9-15 的右视图为外形图,因为未看见外螺纹柱,所以应按内螺纹来画。

（4）图 9-16 因为外螺纹柱中间有孔,成为螺纹管,所以应该做剖视,注意剖面线的画法。

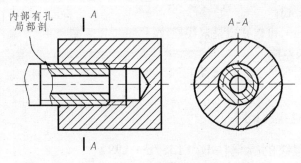

图 9-16　不通孔的情况

## 9.3　螺纹的标注

### 9.3.1　螺纹标记

在螺纹的规定画法中不能体现螺纹本身的牙型、螺距、尺寸和精度等技术要求,它们的这些技术要求是通过螺纹标记来实现的。国家标准制定了专门针对螺纹的标准,在其中给出了相应的螺纹标记的规定,1995 年以后国家对部分螺纹标准进行了修订,在螺纹的标记上不同的螺纹略有差异,下面分述之。

#### 9.3.1.1　普通螺纹的标记(GB/T197—2003)

普通螺纹的标记由螺纹特征代号、尺寸代号、公差带代号、旋合长度代号和旋向代号组成。

标记示例:

$$\text{M16} \times \text{Ph3 P1. 5—5g6g—L—LH}$$

含义如下:

"M":螺纹特征代号,表示普通螺纹。

"16×Ph3 P1. 5":尺寸代号,其中"16"表示公称直径 16 mm;"Ph3"表示导程为 3 mm;"P1. 5"表示螺距 1.5 mm,由此可知其线数为 2。

"5g6g":公差带代号,大写字母为内螺纹,小写字母为外螺纹。"5g"为中径公差带代号;"6g"顶径公差带代号。

"L":旋合长度代号,"L"表示长,"N"表示中等,"S"表示短。

"LH":旋向代号。"LH"表示左旋。

此标记为完整标记,在一定条件下标记可以简化:

（1）单线螺纹,只需标螺距,此时不必写"Ph"、"P"字样,如"M16×1.5"。

（2）粗牙普通螺纹,不需要标注螺距,因其螺距只有一种,如"M16"。

（3）一般常用的中等精度螺纹,不需要标注公差带代号;如果中径与顶径公差带代号相同时只标注一个。

（4）右旋螺纹不注写旋向代号。

（5）中等旋合长度不注写旋合长度代号。

#### 9.3.1.2　梯形螺纹的标记(GB/T3796.4—1986)

梯形螺纹的标记由螺纹特征代号、公称直径、导程、螺距、旋向代号、公差带代号、旋合长度代号组成,与普通螺纹类似,但在标记的书写上略有差异。

标记示例:

$$\text{Tr40} \times 14(\text{P7})\text{LH}-7\text{e}-\text{L}$$

含义如下：

"Tr"：螺纹特征代号，表示梯形螺纹；

"14"：表示导程为 14 mm；

"P7"：表示螺距为 7 mm，可以知道是双线螺纹；

"LH"：旋向代号，表示左旋；

"7e"：公差带代号；

"L"：旋合长度代号。

标记的省略规则与普通螺纹相同。

### 9.3.1.3 锯齿形螺纹的标记(GB/T13576—1992)

锯齿形螺纹的标记与梯形螺纹的标记相同。

标记示例：

$$\text{B40} \times 14(\text{P7})\text{LH}-8\text{c}-\text{L}$$

含义的解释略。

### 9.3.1.4 管螺纹

管螺纹的标记来源于英制，我国在制定标准时已经将其米制化，它的标记由特征代号、尺寸代号组成。尺寸代号中的数字并不是螺纹的大径，它没有单位，只是定性地表征螺纹的大小。见表 9-2。

表 9-2 管螺纹标记[8]

| 螺纹类别 | 管 螺 纹 | | | | | |
|---|---|---|---|---|---|---|
| | 60°密封管螺纹 | | 55°非密封管螺纹 | 55°密封管螺纹 | | |
| | 圆锥管螺纹(内、外) | 圆柱内螺纹 | | 圆锥外螺纹 | 圆锥内螺纹 | 圆柱内螺纹 |
| 标准编号 | GB/T12716—2002 | | GB/T7307—2001 | GB/T7306.1~7306.2—2000 | | |
| 特征代号 | NPT | NPSC | G | $R_1$(与圆柱内螺纹相配合)、$R_2$(与圆锥内螺纹相配合) | Rc | Rp |
| 标记示例 | NPT6 | NPSC3/4 | G1/2 | $R_1 3$、$R_2 3/4$ | Rc1/2 | Rp1/2 |

## 9.3.2 螺纹标注方法

标准螺纹的标注方法是直接将螺纹标记标注在螺纹的大径上，管螺纹除外，管螺纹采用引出式标注，如图 9-17(c)所示。

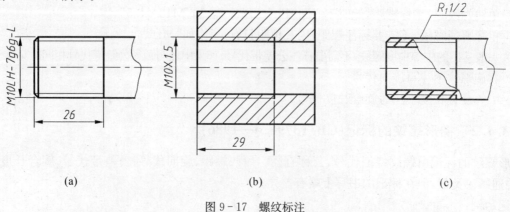

(a)            (b)            (c)

图 9-17 螺纹标注

标注的螺纹长度是螺纹的有效长度,不包括螺尾在内。

特殊螺纹的标注方法与标准螺纹相同,但需在螺纹标记前加注"特"字样。

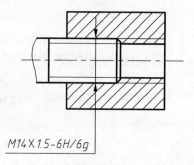

非标准螺纹需将牙型画出,并标注出各部位所有尺寸及要求。

内、外螺纹连接在一起称为螺纹副,其标注如图 9-18 所示,若需要标注公差带代号,则外螺纹公差带代号与内螺纹公差带代号需同时标注出来,内螺纹用大写,外螺纹用小写,如图中"6H"为内螺纹的中径与顶径公差带,"6g"为外螺纹的中径和顶径公差带。

$M14 \times 1.5$-6H/6g

图 9-18　螺纹副的标注

## 9.4　螺纹紧固件画法及标记

常用的螺纹紧固件有螺栓、螺母、垫圈、螺钉、双头螺柱等。它们均是标准件,它们的真实结构、尺寸均由相应的国家标准规定,因此在图纸上不需标注出它们的完整尺寸,只需写明它们的标记即可。

它们的画法也不是按照真实尺寸画出完整的结构,而是按照国家标准中的规定,采取"比例"画法绘制。比例画法是指螺纹紧固件绘制时所需的各部位的尺寸,均采取将公称直径乘以一个系数进行折算出来,然后再将其当成真实尺寸进行绘图的方法。

### 9.4.1　紧固件标记方法(GB/T1237—2000)

紧固件的标记方法有完整标记和简化标记两种,完整标记一般由名称、标准代号、尺寸规格、性能等级、表面处理方法等组成。简化标记主要由名称、标准代号、尺寸规格组成,简化标记使用较为普遍。

标注示例:

**螺栓　GB/T5782—2000 M12×80**

表示:六角头螺栓公称直径 $d=12$ mm,普通螺纹,公称长度 $l=80$ mm。具体的尺寸和性能要求,可查阅标准 GB/T5782—2000。

**螺母　GB/T6170—2000 M12**

表示:六角头螺母公称直径 $d=12$ mm,普通螺纹,具体的尺寸和性能要求,可查阅标准 GB/T6170—2000。

**垫圈　GB/T97.1　8—140HV**

表示:垫圈,公称尺寸 $d=8$ mm,性能等级为 140HV 级。注意垫圈的公称尺寸并非指垫圈的大小直径,而只是表明它能与多大的螺纹尺寸相配用,具体的直径尺寸需查表。

**螺钉　GB/T67 M5×20**

表示:螺钉公称直径 $d=5$ mm,公称长度 $l=20$ mm。

以上只列出了部分紧固件的示例,其余的可以在需要时查阅相关标准。

在标记中标准的年份代号可以省略,如果无年份代号,以当前实行的最新标准为准。

### 9.4.2　六角头螺栓连接比例画法

六角头螺栓的连接由螺栓、螺母、垫圈组成。螺母各部分尺寸与螺纹公称直径 $d$ 的比例关系,见图9-19。螺栓和垫圈的各部分与公称直径 $d$ 的比例关系见图9-20。

螺栓连接起来的样子,见图 9-21,从剖开的部分可以看出,工件上的孔应该比螺栓的杆部略粗;螺栓的螺纹部分应该超出螺母,这样才得以可靠地连接。

图 9-22 为螺栓连接的画法,注意以下几点:

(1)一般主视图画成剖视图,螺母、螺栓、垫圈按不剖绘制。左视图可画成剖视,也可画成外形。

(2)螺栓的有效长度按下式估算:

$$L = \delta_1 + \delta_2 + 0.15d(垫圈厚) + 0.8d(螺母厚) + 0.3d(螺栓尾端伸出长度)$$

根据计算出来的数值查螺栓标准表中的有效长度 $L$ 的系列值,选取一个相近的标准数值。

（3）工件孔的直径按 1.1$d$ 来绘制。

（4）剖视图中螺栓与孔壁之间的间隙能看见工件分界线，所以应有一段粗实线。

（5）在俯视图中，螺母中间部分是螺栓尾部的投影，因此应画成外螺纹。

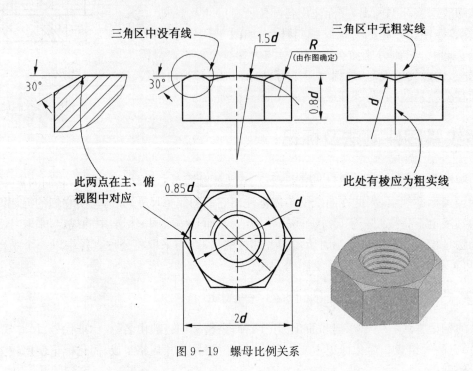

图 9-19　螺母比例关系

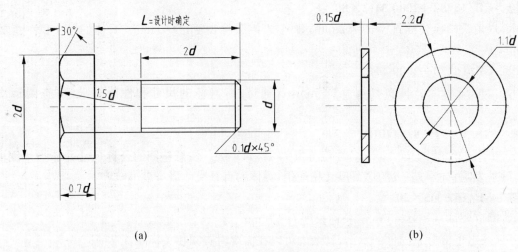

(a)        (b)

图 9-20　螺栓、垫圈比例关系

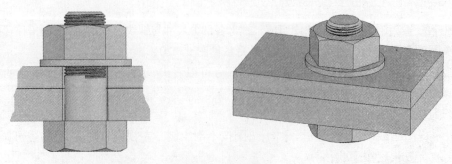

图 9-21　螺栓连接

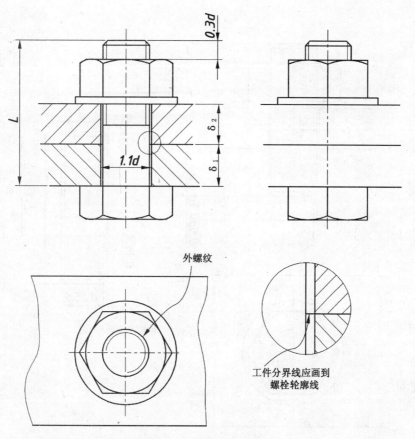

图 9 - 22　螺栓连接画法

## 9.4.3　双头螺柱连接的比例画法

双头螺柱的连接由螺柱、垫圈、螺母组成。双头螺柱是在圆柱两端均加工螺纹的连接件,它连接两个工件时,不需要像螺栓连接那样将两个工件都打通孔,只需一个工件打通孔即可,因此它可用于其中一个工件较厚不适于钻通孔或不能钻通孔时。

双头螺柱连接的比例画法见图 9 - 23 所示。应注意以下几点:

(1) 双头螺柱的有效长度 $L$ = 上工件厚度 + 0.15$d$(垫圈厚) + 0.8$d$(螺母厚) + 0.3$d$(伸出端长)。

(2) 螺柱旋入端的长度 $b_m$,当工件的材料是铸铁时,$b_m$ = 1.5$d$;当工件的材料是钢和青铜时,$b_m$ = $d$;当是铅时,$b_m$ = 2$d$。旋入端的螺纹终止线,应画成与下工件的表面齐平。

(3) 在螺柱旋入端的工件上应加工螺纹盲孔,孔上的螺纹深度应大于螺柱旋入端的螺纹长,应画成 $b_m$ + 0.5$d$ 长。孔的深度应比螺纹的长度还要长,应画成 $b_m$ + 0.5$d$ + 0.5$d$ 长。

垫圈、螺母的画法与螺栓连接相同。

## 9.4.4　螺钉连接比例画法

螺钉的种类较多,图 9 - 24 给出了开槽沉头螺钉连接的比例画法,及内六角圆柱头螺钉和开槽圆柱头螺钉的比例画法。其余螺钉各部分比例及它们连接的画法可参照开槽沉头螺钉来绘制。在绘制螺钉连接时应注意以下几点:

(1) 槽的画法在主视图和俯视图的画法不是按照投影关系来绘制的,俯视图画成与中心线倾斜 45°。十字槽也将十字倾斜画。

(2) 螺钉有效长度按 $b_m$ + 工件厚度来估算。

(3) 上部工件孔没有螺纹,所以应将其孔径画成 1.1$d$。

螺栓、螺柱、螺钉在装配图中可以采用简化画法,螺栓头部的曲线可省略,一些小的结构,如倒角也可以省略不画。小螺钉的槽可以用粗实线代替。

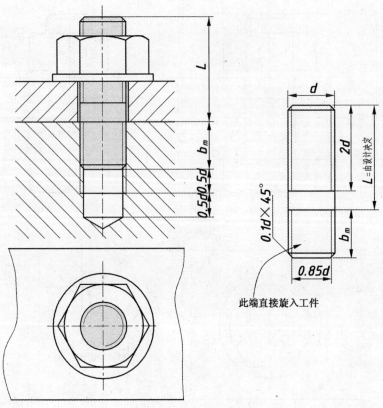

图 9-23　双头螺柱连接

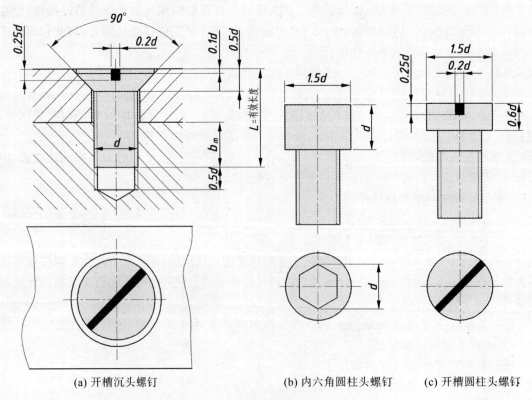

(a) 开槽沉头螺钉　　　　　　　　(b) 内六角圆柱头螺钉　　　(c) 开槽圆柱头螺钉

图 9-24　螺钉连接

# 第 10 章　键、花键、销、滚动轴承和弹簧

## 10.1　键

键主要用以连接轴与轮（如齿轮、皮带轮等），并向轮传递动力。键可以分为平键、半圆键和楔键三类。

键是标准件，键的形状和各部位尺寸在相应的标准中都有详细的规定。键的种类如果细分，则在三大类之内还有若干小类，如平键中还有 A 型、B 型、C 型；它们在装配图上的画法可以简化，具体的形式主要依靠标记区分。

键的标记主要由名称、规格和标准代号组成，如图 10-1 所示，不同的键，规格中的尺寸含义不一样，图中列出了其含义，其余的尺寸可以查代号所指示的标准。

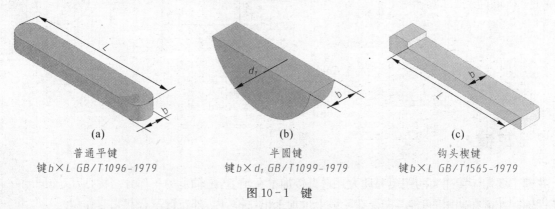

| (a) | (b) | (c) |
| --- | --- | --- |
| 普通平键 | 半圆键 | 钩头楔键 |
| 键 b×L GB/T1096-1979 | 键 b×$d_1$ GB/T1099-1979 | 键 b×L GB/T1565-1979 |

图 10-1　键

键在使用的时候需要在轴和轮毂上加工有键槽以放置键，它的画法主要是指与轴、轮装配在一起时的画法，以及轴、轮上键槽的画法。

图 10-2 是平键连接的分解示意图，平键放在轴上的键槽内，周边紧密接触；为了能放入轮内，所以轮毂内的键槽是通槽，而且键的上表面与槽有一个很小的间隙。

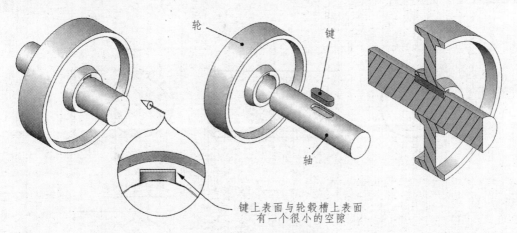

键上表面与轮毂槽上表面
有一个很小的空隙

图 10-2　平键连接分解图

图 10-3(a) 为键连接时的画法，注意几点：

(1) 键在纵剖时不画剖面线，由于键上部的间隙非常小，画时可以略加夸大。轴应该作局部剖以将键表现出来。

(2) 键在横剖时应该画剖面线，由于周围有轴、轮的剖面区域，键的剖面线方向必与其中一个相同，所以只有调整剖面线的间距以与周围其他零件相区别。

图 10-3(b)、(c) 为键槽的画法，键槽单独绘制和尺寸标注的方法已基本程式化，除非有特殊要求，

否则不必改变其表达的方法,其中 $t$、$t_1$ 根据键的标记查表获得。

对于半圆键、钩头楔键的表达基本与此相同,可参见有关标准。

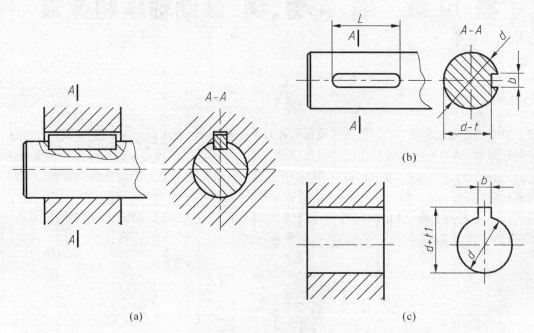

图 10-3  平键连接画法

## 10.2  花键

花键主要用于传递大的扭矩和动力。它直接加工在轴上,是轴上的一部分结构,所以连同轴一起称为花键轴。花键在使用的时候,需要在轮毂上也加工出花键,内、外花键配合起来起作用。

花键是标准件,分为矩形花键和渐开线花键,它们的画法和标注方法在专门的国家标准中加以规定。这里只重点介绍矩形花键的画法和标注方法。

图 10-4 为矩形花键轴(也称外花键)的画法,它与螺纹的画法很相似,但应注意花键以下几个特点,不要与螺纹画法混淆:

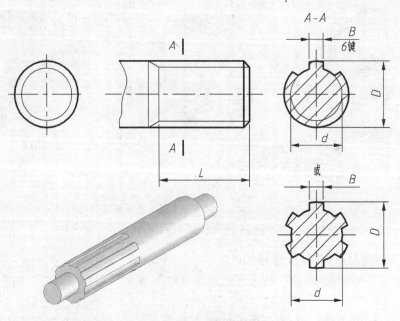

图 10-4  外花键的画法

(1) 花键尾部必须画出,画成 30°斜线。花键终止处应画两条终止线,一条是有效长度的终止线,一条是键尾的终止线,全部是细实线。

(2)花键轴可以用断面图表示,可以只画出一个键,其余用细实线相连,并标出键数;也可以全部键都画出。尺寸的标注方法也基本固定。如果画外形,键底部的圆用细实线表示,是一个完整的圆,如图 10-4 中的右视图。

图 10-5 是花键孔(也称内花键)的画法。

图 10-6 是花键连接的画法,重合处按照外花键来画。

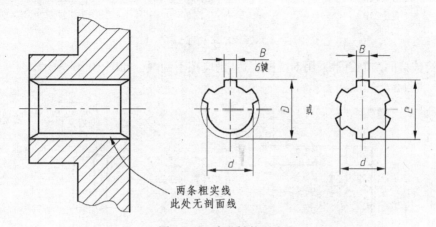

图 10-5   内花键的画法

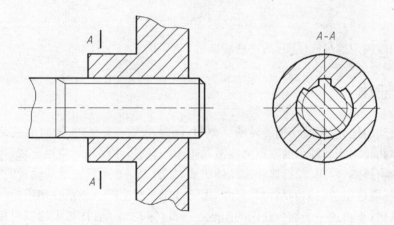

图 10-6   花键连接画法

矩形花键的标记(GB/T1144—2001)主要由花键类型、键数、小径、大径和键宽组成。如:

$$\sqcap 6 \times 23f\ 7 \times 26a11 \times 6d10 \quad GB/T1144—2001$$

含义:

$\sqcap$:表示花键类型为矩形花键;

"6"表示键数为 6;

"23f7"表示小径为 23 mm,公差带是 f7;

"26a11"表示大径为 26 mm,公差带是 a11;

"6d10"表示键宽为 6 mm,公差带是 d10。

花键副标记,各要素的含义与顺序与此相同,不同的是尺寸后的公差带的代号应同时将内、外花键的公差带代号全部注出。

## 10.3   销

销的作用主要用以连接或定位零件。它主要有圆柱销、圆锥销和开口销三种,如图 10-7 所示。

销在使用的时候需要在两个工件上同时钻出孔,为了使销能顺利地插入,两个工件上的销孔是在装

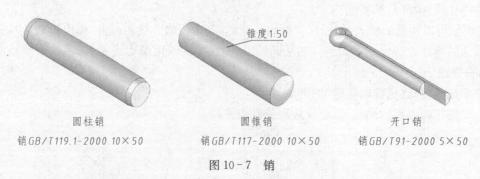

| 圆柱销 | 圆锥销 | 开口销 |
|---|---|---|
| 销GB/T119.1-2000 10×50 | 销GB/T117-2000 10×50 | 销GB/T91-2000 5×50 |

图 10-7　销

配时加工的。销连接的绘制通常采用剖视图表达,销应按不剖画。如图 10-8 所示。

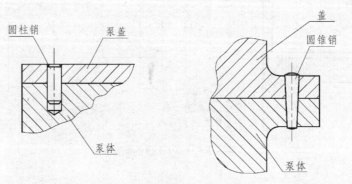

图 10-8　销连接画法

开口销主要用以锁定螺母或垫圈,防止松脱。

## 10.4　滚动轴承

　　轴承用于有转动的地方,可减小轴旋转的摩擦力,同时承受来自径向、轴向的载荷。轴承主要有滑动轴承和滚动轴承两种。滚动轴承的摩擦力比滑动轴承小,所以滚动轴承应用比较广泛。

　　滚动轴承通常由外圈、内圈、保持器和滚动体组成,如图 10-9 所示。滚动轴承的种类很多,它们均为标准件,由国家标准规定了它们的结构和尺寸,由专业轴承厂生产。轴承在使用的时候把它当成一个标准部件来进行选用,不再进一步细分它们的组成。因此,滚动轴承在图纸上绘制时也不需要严格按照投影绘制,只要按照标准规定的绘制方法绘制即可。它们的具体结构尺寸也不需要在图纸上详细标注,只需标注出它们的代号即可。

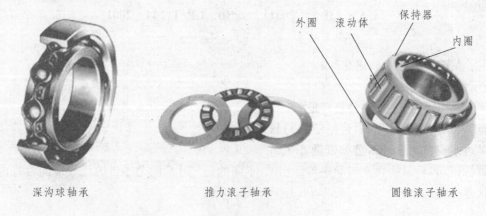

| 深沟球轴承 | 推力滚子轴承 | 圆锥滚子轴承 |
|---|---|---|

图 10-9　轴承

　　滚动轴承的代号用字母和数字组成。完整的代号包括前置代号、基本代号和后置代号三部分。基本代号由轴承类型代号、尺寸系列代号和内径代号三部分组成。见表 10-1。

表 10 - 1 滚动轴承类型代号

| 代号 | 轴承类型 | 代号 | 轴承类型 |
|---|---|---|---|
| 0 | 双列角接触球轴承 | 5 | 推力球轴承 |
| 1 | 调心球轴承 | 6 | 深沟球轴承 |
| 2 | 调心滚子轴承和推力调心滚子轴承 | 7 | 角接触球轴承 |
| 3 | 圆锥滚子轴承 | 8 | 推力圆柱滚子轴承 |
| 4 | 双列深沟球轴承 | | |

如型号:23208 的轴承:

"2"表示轴承类型:调心滚子轴承;"32"表示尺寸系列代号;"08"表示公称内径为 40 mm。

滚动轴承的画法主要有两大类:简化画法和规定画法。用简化画法绘制轴承时可采用通用画法或特征画法,但在同一图样中一般只采用其中一种画法。

表 10 - 2 为画法示例及尺寸比例,应注意以下几点:

(1) 图形线框应该用粗实线绘制。外形的线框大小应该与滚动轴承实际外形大小一样,并用与所属图样相同的比例绘制。

(2) 剖视图,"简化画法"不画剖面线,"规定画法"中剖面线方向内外圈相同,在不至于引起误解时可以省略不画。轴承邻接零件的剖面线方向应与轴承相反或间隔不同。

(3) 规定画法中,一端作剖视,另一端用通用画法来画,如图 10 - 10 所示。

(4) 在轴承与其他零件的装配图中,轴承的倒角和保持器均省略不画。

表 10 - 2 常用的滚动轴承画法尺寸比例示例

| 轴承类型 | 简化画法 | | 规定画法 |
|---|---|---|---|
| | 通用画法 | 特征画法 | |
| 深沟球轴承 | | 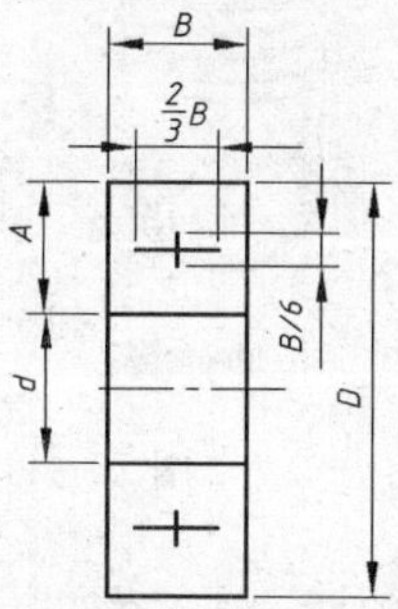 | 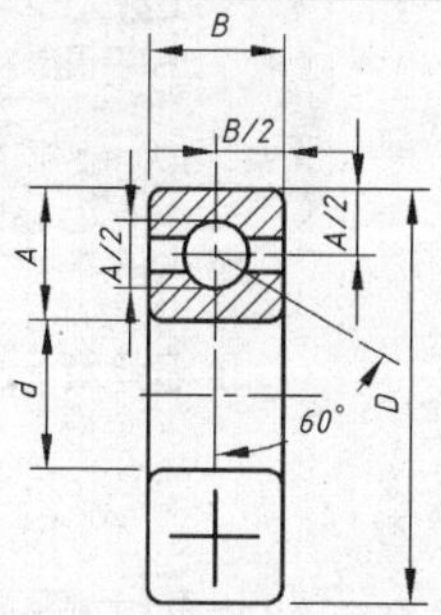 |
| 圆柱滚子轴承 | 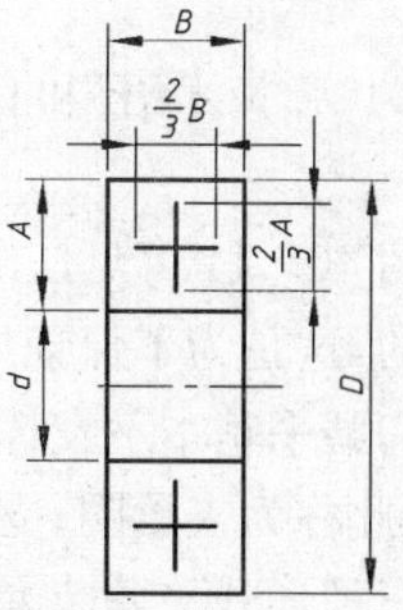 | 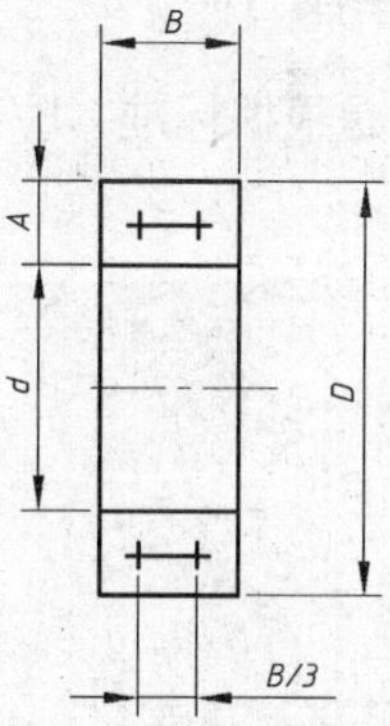 | 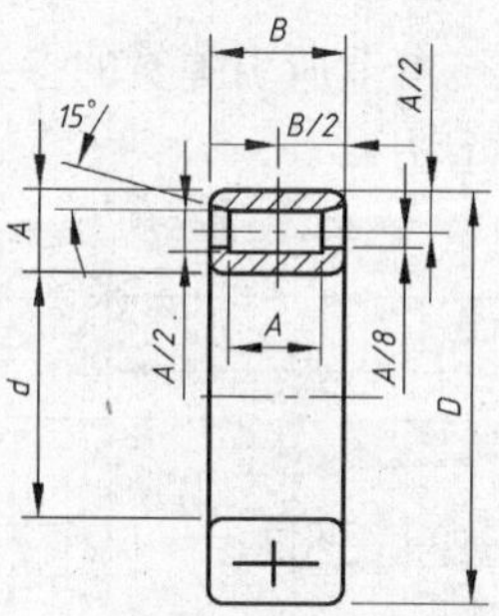 |
| 圆锥滚子轴承 | | 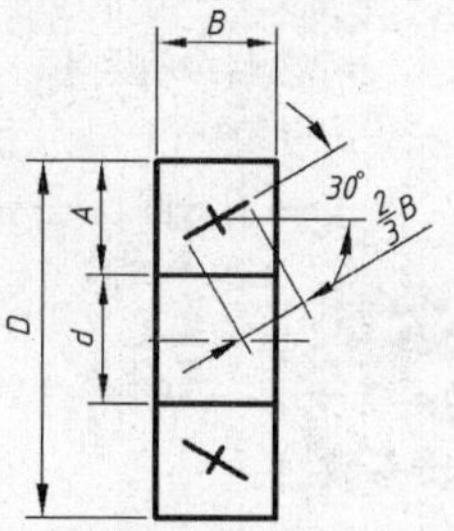 | 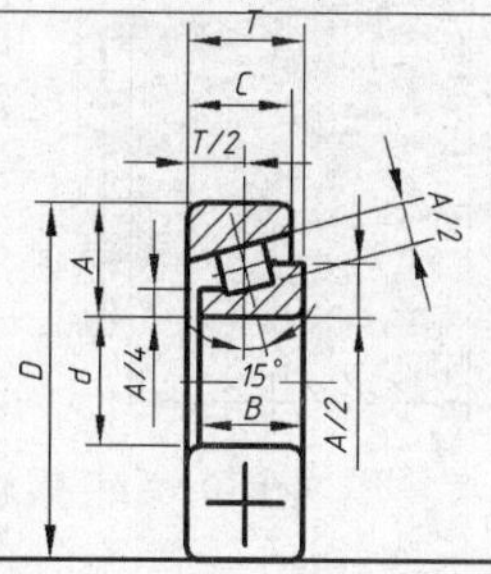 |

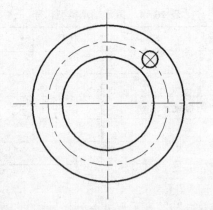

图 10-10　滚动轴承轴线垂直于投影面时的特征画法

## 10.5　弹簧

弹簧是一种标准件,国家标准中有专门的标准规定了它们的结构和尺寸,它们通常由专业生产厂来生产。它的作用主要是减振、储能、夹紧、测力等。

弹簧的种类很多,常见的有螺旋弹簧和涡卷弹簧,螺旋弹簧又分为压缩弹簧、拉伸弹簧和扭转弹簧三种,如图 10-11 所示。本节主要介绍圆柱螺旋压缩弹簧。

压缩弹簧　　　　拉伸弹簧　　　　扭转弹簧　　　　涡卷弹簧

图 10-11　常见的弹簧

### 10.5.1　圆柱螺旋压缩弹簧的参数

本节所引弹簧的参数及代号是根据标准 GB/T1805—2001《弹簧术语》和 GB/T4459.4—2003《弹簧表示法》。

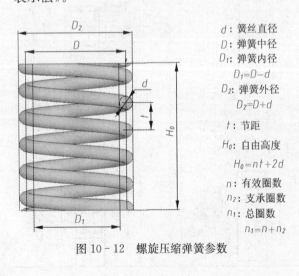

$d$：簧丝直径
$D$：弹簧中径
$D_1$：弹簧内径
$D_1=D-d$
$D_2$：弹簧外径
$D_2=D+d$
$t$：节距
$H_0$：自由高度
$H_0=nt+2d$
$n$：有效圈数
$n_2$：支承圈数
$n_1$：总圈数
$n_1=n+n_2$

图 10-12　螺旋压缩弹簧参数

端从图 10-11 可见压缩弹簧在两端有几圈是并紧并磨平的,这是为了保证压缩弹簧在工作时轴线垂直。并紧和磨平基本不发挥有效作用,仅起支承或固定作用,因此称为支承圈;支承圈一般是 1.5 圈、2 圈和 2.5 圈三种形式。除支承圈外其余部分都是发挥有效作用的圈(称为有效圈)。

图 10-12 中列出了螺旋压缩弹簧与画图有关的几个参数:

$d$:簧丝直径,指制造弹簧的钢丝直径,有标准规定;

$D$:弹簧中径,弹簧的平均直径,有标准规定;

$D_1$:弹簧内径,弹簧假想圆柱的最小直径,由计算获得;

$D_2$：弹簧外径，弹簧假想圆柱的最大直径，由计算获得；

$n$：有效圈数，由标准规定；$n_1$：总圈数；$n_2$：支承圈数；

$H_0$：弹簧无负荷时的高度，可通过计算后取标准中的近似值。

弹簧的标记由名称、形式、尺寸、标准编号、材料等组成，如：

$$\text{YA } 1.2 \times 8 \times 40 \text{ 左 GB/T2089—1994 B 级}$$

含义：

"Y"表示圆柱螺旋压旋弹簧；

"A"表示 A 型；

"1.2"表示簧丝直径 1.2 mm；

"8"表示弹簧中径 8 mm；

"40"自由高度 40 mm；

"左"表示左旋的弹簧。如果是右旋则不标注"左"字样。

## 10.5.2　圆柱螺旋压缩弹簧的画法

螺旋压缩弹簧一般画成剖视图，也有画成视图的。图 10 - 13 是画成剖视的例子。画图时注意以下几点：

（1）不论是右旋还是左旋都可以按右旋来画，弹簧的旋向并不影响使用，对必须保证的旋向要求应在技术要求中注明。

（2）弹簧在投影为非圆的视图上，簧丝轮廓线画成直线。

（3）有效圈数大于 4 圈的弹簧，中间部分不画，只画两端两三圈。可将真实高度缩短来画。

（4）不论真实弹簧两端并紧和磨平的情况，在画图中一律按图 10 - 13 来画。

画图步骤：

（1）根据已知弹簧的型号提供的参数，计算自由高，绘制矩形，见图 10 - 13(a)。

（2）画并紧端簧丝截面圆，见图 10 - 13(b)。

（3）上边量取节距画圆，另一边在对齐节距的中间绘圆，表示部分支承圈，见图 10 - 13(c)。

（4）作圆与圆的公切线，注意是剖视图，看到的是后面一半，注意直线的倾斜方向。加粗轮廓线，画剖面线，完成，见图 10 - 13(d)。

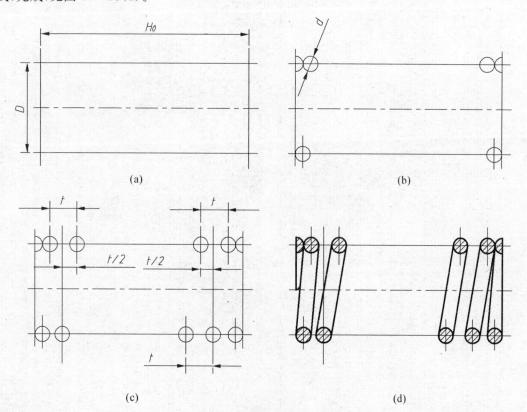

(a)　　　　(b)

(c)　　　　(d)

图 10 - 13　螺旋弹簧画法步骤

若要画出弹簧投影为圆的视图,或如果不画剖视按视图来画,其画法见图 10-14。图 10-14(b)为视图的画法。

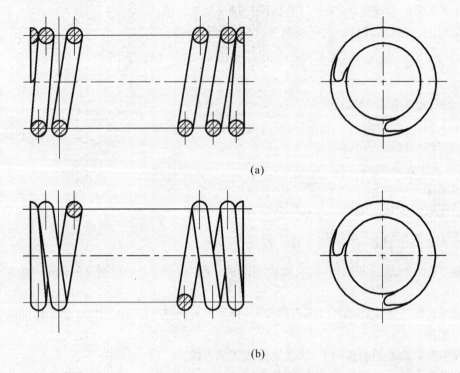

(a)

(b)

图 10-14  弹簧视图与剖视画法

螺旋拉伸弹簧、螺旋扭转弹簧的画法:各圈都并在一起,画法以此类推。

其他种弹簧的画法,可参阅国家标准 GB/T4459.4—2003 《机械制图  弹簧表示法》,或有关手册。

# 第 11 章　齿　轮

齿轮在机械传动中应用非常广泛,一般用来改变转速及转动方向。齿轮根据其传动情况可以分为3大类:圆柱齿轮、锥齿轮和蜗轮蜗杆,如图 11-1 所示。

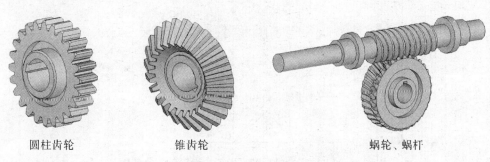

| 圆柱齿轮 | 锥齿轮 | 蜗轮、蜗杆 |

图 11-1　3 类齿轮

在圆柱齿轮中又可以分为 3 种:直齿圆柱齿轮、斜齿圆柱齿轮和人字齿圆柱齿轮,如图 11-2所示。

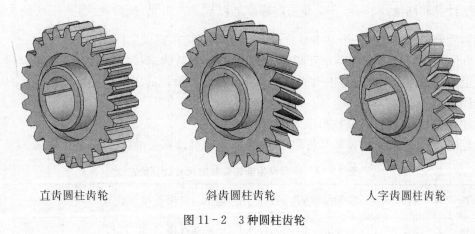

| 直齿圆柱齿轮 | 斜齿圆柱齿轮 | 人字齿圆柱齿轮 |

图 11-2　3 种圆柱齿轮

## 11.1　圆柱齿轮

在圆柱齿轮中我们主要介绍直齿圆柱齿轮和斜齿圆柱齿轮。

### 11.1.1　圆柱齿轮各部分名称和尺寸关系

下面以标准直齿圆柱齿轮(图 11-3)为例来介绍:

(1) 齿顶圆:通过轮齿顶部的圆,其直径用 $d_a$ 表示;如果有两个齿轮,分别是 $d_{a1}$、$d_{a2}$,以下类同。

(2) 齿根圆:通过轮齿根部的圆,其直径用 $d_f$ 表示。

(3) 分度圆:分度圆是与齿顶圆、齿根圆同心的圆,其通过处轮齿的齿厚与齿间的距离正好相等。其直径用 $d$ 来表示。两个啮合的标准齿轮其分度圆是相切的。

(4) 齿距:两相邻齿在分度圆周上对应点之间的弧长。用 $p$ 表示。

(5) 齿厚:单个齿在分度圆周上所占有的弧长。用 $s$ 表示。对于标准齿轮 $s = p/2$。

(6) 齿高:轮齿上齿顶到齿根之间的距离,用 $h$ 表示。分度圆将齿高分为两个部分,分度圆与齿顶圆之间的部分称为齿顶高,用 $h_a$ 表示;分度圆与齿根圆之间的部分称为齿根高,用 $h_f$ 表示。所以 $h = h_a + h_f$。

(7) 齿数:轮齿的数量,用 $z$ 表示。

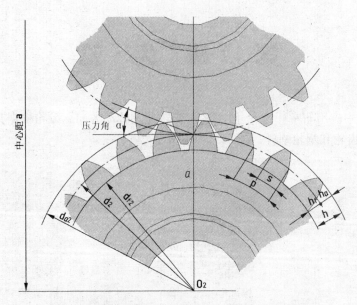

图 11-3　两啮合的标准直齿圆柱齿轮各部分名称

(8) 模数：用 $m$ 表示。因为分度圆周的周长 $= \pi d = zp$，所以 $d = \dfrac{p}{\pi} z$。

为了便于计算和测量，取 $m = \dfrac{p}{\pi}$，并通过标准加以规定。可见，模数越大，齿距就越大，齿厚也越大。模数是齿轮制造和设计的一个基本参数，在设计齿轮时应根据国家标准来选用。

(9) 压力角：用 $\alpha$ 表示。是指两个互相啮合的齿轮，在轮齿齿廓接触点处，受力方向与运动方向的夹角。轮齿上不同的地方压力角是不同的，对标准齿轮，设计齿轮的压力角是指分度圆上的压力角，其大小是一个固定值，为 $20°$。

两个齿轮要能相互啮合，其模数与压力角必须相等。

绘制齿轮时，首先已知它的模数和齿数，其余尺寸可通过计算获得，其计算公式如表 11-1 所示。

表 11-1　标准直齿圆柱齿轮的尺寸计算公式

| 各部分名称 | 代号 | 公　式 | 各部分名称 | 代号 | 公　式 |
|---|---|---|---|---|---|
| 分度圆直径 | $d$ | $d = mz$ | 齿根圆直径 | $d_f$ | $d_f = m(z - 2.5)$ |
| 齿顶高 | $h_a$ | $h_a = m$ | 齿距 | $p$ | $p = \pi m$ |
| 齿根高 | $h_f$ | $h_f = 1.25m$ | 齿厚 | $s$ | $s = \pi m / 2$ |
| 齿顶圆直径 | $d_a$ | $d_a = m(z + 2)$ | 中心距 | $a$ | $a = m(z_1 + z_2)/2$ |

斜齿圆柱齿轮是具有螺旋齿的圆柱齿轮，如图 11-4 所示，它的轮齿可以看成是将直齿圆柱齿轮的齿形沿着圆柱表面螺旋线路径扫描形成的。轮齿在分度圆柱面上与分度圆柱轴线的倾角称螺旋角，以 $\beta$ 表示。

斜齿轮在法向面和端面齿距各不相同，法向齿距以 $p_n$ 表示，端面齿距以 $p_s$ 表示，因此模数同样也有法向模数(以 $m_n$ 表示)和端面模数(以 $m_s$ 表示)。

它们的关系是：

$$p_n = p_s \cos\beta; \quad m_n = m_s \cos\beta$$

斜齿轮的加工是沿着齿的法向进行的，所以法向模数被取为标准模数，齿高也由法向模数确定。但斜齿轮的啮合的运动是以平行于端面的平面进行的，所以分度圆直径以端面模数确定。

标准斜齿轮各基本尺寸的计算公式，见表 11-2。

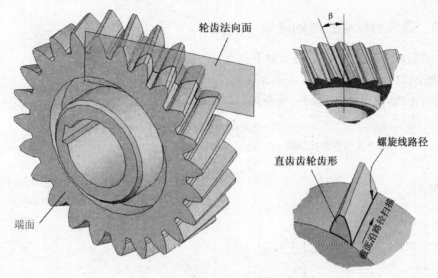

图 11-4　斜齿轮

表 11-2　标准斜齿圆柱齿轮的尺寸计算公式

| 各部分名称 | 代号 | 公　　式 | 各部分名称 | 代号 | 公　　式 |
|---|---|---|---|---|---|
| 法向齿距 | $p_n$ | $p_n = m_n \pi$ | 分度圆直径 | $d$ | $d = m_s z = m_n z / \cos \beta$ |
| 齿顶高 | $h_a$ | $h_a = m_n$ | 齿顶圆直径 | $d_a$ | $d_a = d + 2m_n$ |
| 齿根高 | $h_f$ | $h_f = 1.25 m_n$ | 齿根圆直径 | $d_f$ | $d_f = d - 2.5 m_n$ |
| 齿高 | $h$ | $h = 2.25 m_n$ | 中心距 | $a$ | $a = (d_1 + d_2)/2$ |

## 11.1.2　圆柱齿轮的画法

### 11.1.2.1　单个圆柱齿轮的画法

圆柱齿轮的轮齿部分是标准结构要素,它的画法采用标准所规定的画法,不需要按照真实投影画出每一个齿;圆柱齿轮上的其他部分则应该按照投影规律或按照其他结构要素的规定画法来画。

图 11-5 为单个齿轮的画法,轮齿部分只需画出三个圆和三条线,即齿顶圆、分度圆和齿根圆;齿顶线、分度线和齿根线。齿顶圆、齿顶线用粗实线;分度圆、分度线用细点画线;齿根圆、齿根线用细实线。齿轮反映非圆的视图可以画成视图也可以画成剖视,画成剖视时,齿根线画成粗实线,并且轮齿部分不画剖面线。画外形时,齿根线与齿根圆可以省略不画。

对于斜齿轮,可在反映非圆的视图上用三根与轮齿倾斜方向相同的平行细实线表示轮齿的方向,如图 11-5 中的半剖视图。

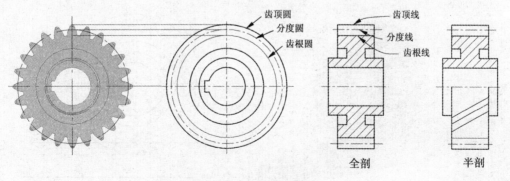

图 11-5　单个齿轮画法

### 11.1.2.2　圆柱齿轮啮合时的画法

图 11 - 6 为圆柱齿轮啮合画法。注意以下几点：

（1）在垂直于圆柱轴线的视图上，两啮合齿轮的分度圆应相切。啮合区齿顶圆可以正常画出，见图 11 - 6(a)；也可以不画，见图 11 - 6(b)。齿根圆可以不画。

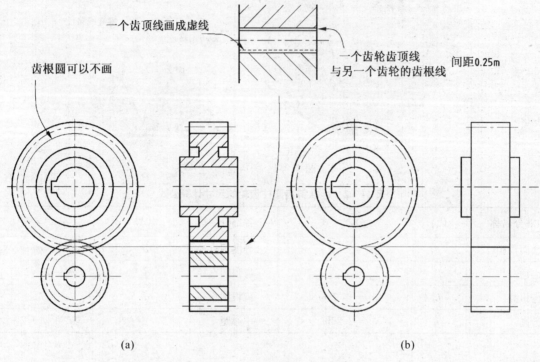

一个齿顶线画成虚线

一个齿轮齿顶线与另一个齿轮的齿根线

间距0.25m

齿根圆可以不画

(a)　　　　　　　　　　　　(b)

图 11 - 6　圆柱齿轮啮合画法

（2）在反映非圆的视图上，啮合区应注意画出五条线：第一个齿轮的齿顶线、齿根线；第二个齿轮的齿顶线、齿根线；分度线。一个齿轮的齿顶线与另一个齿轮的齿根线之间有 0.25 m 的间隙，m 为模数。一个齿顶线画成粗实线，另一个应画成虚线，如图 11 - 6(a)中放大图所示。画外形时也可以如图 11 - 6(b)来画，只在分度圆相切的位置画一条粗实线，其余的不画。

### 11.1.2.3　齿轮齿条啮合时的画法

齿条可以看成是当齿轮的直径变成无穷大时的齿轮，此时它的齿廓是一条与垂直方向夹角等于压力角的斜线，它的齿顶圆、分度圆、齿根圆都成为直线。

齿轮与齿条的啮合可以将转动变成为直线运动，它们啮合时的画法见图 11 - 7，齿轮的分度圆与齿条的分度线相切，齿条齿高的计算方法，依然与标准直齿圆柱齿轮相同，啮合时齿轮的齿顶线与齿条的齿根线同样应该有 0.25 m 的间隙。

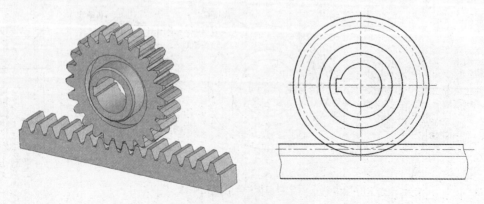

图 11 - 7　齿轮齿条啮合画法

## 11.1.3 轮齿轮廓的画法

虽然绘制标准圆柱齿轮时不需要画出齿廓,但由于某些特殊的原因,如计算机三维建模,则常常需要绘制齿廓。

标准圆柱齿轮的齿廓是渐开线的。渐开线的画法在几何作图一章已经有所介绍,但那是一种近似的画法,在计算机三维建模中可以直接利用渐开线的准确定义来绘图。

渐开线是缠绕在基圆上的发生线逐渐打开,线头端的轨迹。如图 11-8 所示,渐开线有以下几个性质:

(1) 发生线在基圆上展开的长度等于在基圆上滚过的弧长。如 $22'$ 直线距离$|22'|=$弧长$\overset{\frown}{20}$。

(2) 渐开线上每一点的法线都与基圆相切。

(3) 基圆内没有渐开线。

(4) 基圆的大小决定渐开线的形状。

下面以 $z=24$,$m=2.5$ 的齿轮为例介绍齿廓的求法。

(1) 绘制齿廓前先将齿顶圆、分度圆、齿根圆按照公式计算并绘出来。$d=mz=2.5\times24=60\,\text{mm}$。

(2) 根据齿数和模数,计算出齿距,它是发生在分度圆周上的一段弧长。由弧长可以计算出齿距所对应的圆心角。齿距 $p=m\pi=7.85\,\text{mm}$;它所对应的圆心角 $=\dfrac{7.85}{\pi d}\times180°\times2=15°$;单个齿厚对应的圆心角则为 $7.5°$;从垂直中心线向右偏转该角度,可以作出 $O1'$ 线。$1'$ 为分度圆上的一点。见图 11-8(a)。

(3) 求出基圆。标准直齿圆柱齿轮压力角是发生在分度圆上的,所以过 $1'$ 作直线垂直于 $O1'$,再作一直线与它夹 $20°$ 角并延长。再作齿顶圆的同心圆,使与该直线相切。此圆即为齿轮的基圆。

从图中可以看出,基圆直径 $d_b=d\cos20°=56.4\,\text{mm}$。

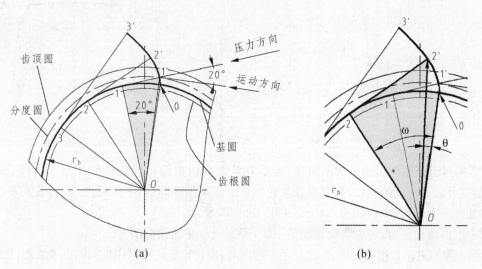

图 11-8　齿廓渐开线的绘制

齿根圆直径 $d_f=m(z-2.5)=53.8\,\text{mm}$,可见基圆略大于齿根圆。

(4) 推导出可用于计算机三维建模的计算公式。

从图 11-8(b)中可知如下关系式:

因为 $|22'|=$弧长 20,所以,$|22'|=r_b\times\omega$

$$\angle 2O2'=\omega-\theta=ac\tan\frac{|22'|}{|O2|}=ac\tan\omega$$

所以有 $\omega-ac\tan\omega=\theta$　　　　　　　　　　　　　(11-1)

$\theta$ 的变化是由 $0°$ 到某一适当的值,这个适当的值由齿廓曲线所对应的圆心角来确定。对应的每一个 $\theta$ 值,可解出一个 $\omega$ 值。

$O2'$ 的长度,$|O2'|=\sqrt{(|22'|^2+|O2|^2)}=\sqrt{(r_b\omega)^2+r_b^2}=r_b\sqrt{1+\omega^2}$

若将 $O2'$ 的长度设为变量 $r_{bx}$,则有:

181

$$r_{bx} = r_b \sqrt{1 + \omega^2} \tag{11-2}$$

将 $\theta$ 值从 0 变到一个数值,将会有 $r_{bx}$ 从基圆半径 $r_b$ 变到一个数值, $r_{bx}$ 端点的运动的轨迹就形成一条渐开线。

在式 11-1 中, $\omega$ 要从弧度变成角度,因此在代入此公式前应先乘以 $180/\pi$。

(5) 在生成渐开线前,先要确定渐开线在基圆上起始点的准确位置。

如图 11-9 所示,因为 $1'$ 点(此点由前 $p/2$ 所对应的圆心角来确定)与 1 点之间的距离等于 1 点与 0 点之间的基圆的弧长,且 $\angle 1O1' = 20°$, $|11'| = r_b \times \tan 20° = $ 弧长 $\overset{\frown}{10} = r_b \times \angle 1O0 \times \dfrac{\pi}{180°}$,所以

$$\angle 1O0 = \tan 20° \times \frac{180°}{\pi} = 20.86°$$

由此角便可确定 0 点在基圆上的位置,它与 $1'$ 点非常接近。

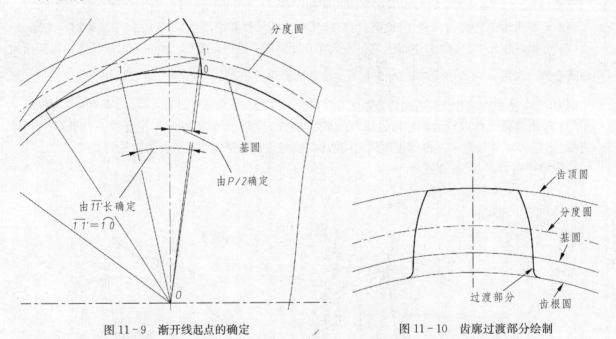

图 11-9　渐开线起点的确定　　　　　　　图 11-10　齿廓过渡部分绘制

(6) 基圆与齿根圆之间的齿廓的确定:齿廓在基圆与齿根圆之间的曲线不是渐开线,而是过渡曲线,过渡曲线可以是任意的曲线,只要保证与它啮合的齿不干涉即可,一般可用直线、圆弧来过渡。在与齿根相交处有一个圆角,半径约为 $0.2\, m$。如图 11-10 所示。

齿廓一半曲线绘好后,再将其镜像至另一半,即完成齿轮的轮廓图。

在对齿形要求并不是很高的场合,比如手工绘图时,齿轮轮廓还可以用近似的方法绘制,见图 11-11。

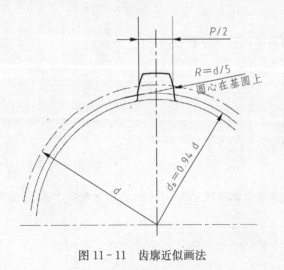

图 11-11　齿廓近似画法　　　　　　　图 11-12　生成渐开线的实例

182

应该说明的是,公式(11-1)和(11-2)并不是渐开线的直角坐标方程或极坐标方程,而是与具体三维软件的生成方法紧密联系的,它也不适合用手工去解。如图 11-12 所示,在常见的三维软件中,如 PRO/E,都有变截面扫描这一功能,让 $ac$ 线沿弧线 $ab$ 进行扫描的同时,$ac$ 与基圆柱中心线的距离 $r_{bx}$ 按公式(11-1)、(11-2)进行变化的结果就扫描出一个曲面,曲面的边就是一段渐开线。

## 11.2 锥齿轮

锥齿轮的轮齿是在锥面上制出的,为了制造的方便,规定以大端面模数为标准模数,以此来计算和决定其他各基本尺寸。

其各部分名称及单个锥齿轮的画法见图 11-13。

锥齿轮通常用剖视图表达,在反映圆的视图上,轮齿部分只需画出小端的齿顶圆、大端的齿顶圆、分度圆。

渐开线直齿且轴线相交成 90°的锥齿轮各部分参数的名称及计算公式,见表 11-3。

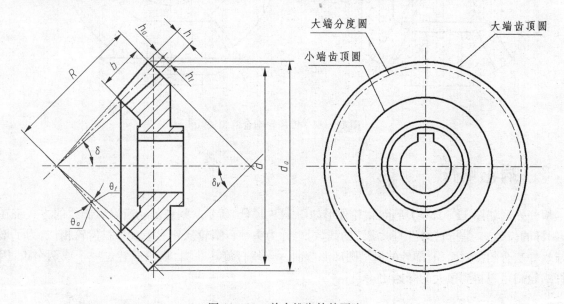

图 11-13 单个锥齿轮的画法

表 11-3 直齿渐开线锥齿轮的参数及计算公式

| 各部分名称 | 代号 | 公 式 |
| --- | --- | --- |
| 分锥角 | $\delta$ | $\tan\delta_1 = z_1/z_2$, $\tan\delta_2 = z_2/z_1$ |
| 分度圆直径 | $d$ | $d = mz$ |
| 齿顶高 | $h_a$ | $h_a = m$ |
| 齿根高 | $h_f$ | $h_f = 1.2m$ |
| 齿顶圆直径 | $d_a$ | $d_a = m(z + 2\cos\delta)$ |
| 齿根圆直径 | $d_f$ | $d_f = m(z - 2.4\cos\delta)$ |
| 齿顶角 | $\theta_a$ | $\tan\theta_a = 2\sin\delta/z$ |
| 齿根角 | $\theta_f$ | $\tan\theta_f = 2.4\sin\delta/z$ |
| 顶锥角 | $\delta_a$ | $\delta_a = \delta + \theta_a$ |
| 根锥角 | $\delta_f$ | $\delta_f = \delta - \theta_f$ |
| 齿宽 | $b$ | $b = (0.2 \sim 0.35)R$ |

锥齿轮啮合的画法如图 11-14 所示,画图时,首先根据模数和两个齿轮的齿数 $z_1$、$z_2$,计算分锥角 $\delta$ 及其他参数,然后画出轮齿部分,再绘其他部分。应注意:锥齿轮啮合时,两分度圆锥相切,它们的锥顶交于一点;轮齿的啮合区其中一个齿轮的齿顶线应画成虚线;在不画成剖视图的视图中,被遮挡的齿轮不可见的轮廓线不画,只需画出分度圆。

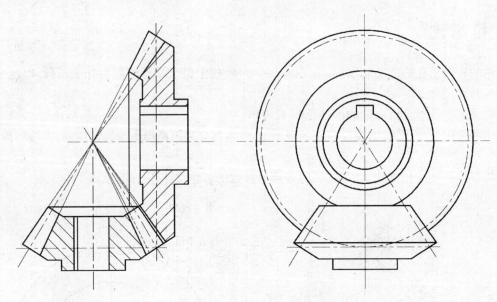

图 11-14  锥齿轮啮合的画法

## 11.3  蜗轮蜗杆

蜗杆外形如图 11-15(a)所示,蜗轮外形如图 11-15(b)所示。蜗杆的轮齿以螺旋线的方式绕在杆上,蜗杆的齿数 $z_1$ 是指它的齿的螺旋线的线数,也称为头数。蜗轮从外形上看与斜齿轮相似,为了增加它与蜗杆啮合的接触面积,蜗轮的齿呈圆环形弯曲。当蜗杆旋转一圈,蜗轮只转过一个或两个齿,因此蜗杆蜗轮副可以得到很大的降速比。

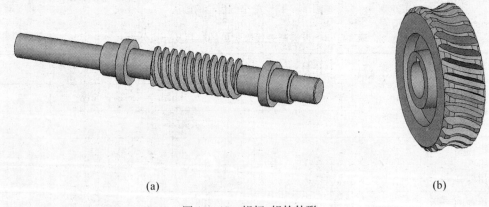

(a)                                    (b)

图 11-15  蜗杆、蜗轮外形

在一对相互啮合的蜗杆蜗轮中,规定以通过蜗杆轴线并垂直于蜗轮轴线的主截面内所确定的齿形的模数,即蜗杆的轴向模数为标准模数,它也等于蜗轮的端面模数,同时蜗杆的分度圆直径也已经标准化。蜗轮的螺旋角相当于斜齿轮的螺旋角,它与蜗杆的导程角大小相等,方向相同,蜗杆的导程角即蜗杆齿形的螺旋线升角。

蜗杆蜗轮的各部分的名称及各部分参数的计算公式见图 11-16、图 11-17 及表 11-4、表 11-5。

蜗杆、蜗轮的画法见图 11-16 和图 11-17。

表 11-4 蜗杆各部分参数的计算公式

| 各部分参数 | 代号 | 公 式 |
|---|---|---|
| 模数 | $m$ | 查 GB/T10088—1988 |
| 蜗杆轴向模数 | $m_x$ | $m_x = m$ |
| 齿形角 | $a$ | $20°$ |
| 蜗杆导程角 | $\gamma$ | $\tan\gamma = mz_1/d_1$ |
| 蜗杆直径系数 | $q$ | $q = z_1/\tan\gamma = d_1/m$ |
| 蜗杆分度圆直径 | $d_1$ | $d_1 = mp$ |
| 蜗杆齿顶高 | $ha_1$ | $ha_1 = m$ |
| 蜗杆齿根高 | $hf_1$ | $hf_1 = 1.2m$ |
| 蜗杆齿顶圆直径 | $da_1$ | $da_1 = d_1 + 2ha_1$ |
| 蜗杆齿根圆直径 | $df_1$ | $df_1 = d_1 - 2hf_1$ |
| 顶隙 | $c$ | $c = 0.2m$ |
| 蜗杆导程 | $P_z$ | $P_z = \pi mz_1$ |
| 蜗杆轴向齿距 | $P_x$ | $P_x = \pi m$ |
| 蜗杆齿宽 | $b_1$ | 当 $z_1 = 1 \sim 2$, $b_1 \geqslant (11+0.06z_2)m$;<br>当 $z_1 = 3 \sim 4$, $b_1 \geqslant (12.5+0.09z_2)m$ |

表 11-5 蜗轮各部分参数的计算公式

| 各部分参数 | 代号 | 公 式 |
|---|---|---|
| 蜗轮齿数 | $z_2$ | |
| 蜗轮变位系数 | $x_2$ | |
| 分度圆直径 | $d_2$ | $d_2 = mz_2$ |
| 齿顶高 | $h_{a2}$ | $h_{a2} = m$ |
| 齿根高 | $h_{f2}$ | $h_{f2} = 1.2m$ |
| 齿顶圆直径(喉径) | $d_{a2}$ | $d_{a2} = d_2 + 2h_{a2}$ |
| 齿根圆直径 | $d_{f2}$ | $d_{f2} = d_2 - 2h_{f2}$ |
| 齿顶圆弧半径 | $R_{a2}$ | $R_{a2} = d_1/2 - m$ |
| 齿根圆弧半径 | $R_{f2}$ | $R_{f2} = d_1/2 + 1.2m$ |
| 外径 | $D_2$ | $D_2 \leqslant d_{a2} + 2m$, 当 $z_1 = 1$ 时<br>$D_2 \leqslant d_{a2} + 1.5m$, 当 $z_1 = 2 \sim 3$ 时<br>$D_2 \leqslant d_{a2} + m$, 当 $z_1 = 4$ 时 |
| 蜗轮宽度 | $b_2$ | $b_2 \leqslant 0.75d_{a1}$, 当 $z_1 \leqslant 3$ 时<br>$b_2 \leqslant 0.67d_{a1}$, 当 $z_1 = 4$ 时 |
| 齿宽角 | $\theta$ | $\theta = 2\arcsin(b_2/d_2)$ |
| 中心距 | $a$ | $a = (d_1 + d_2)/2$ |

　　如图 11-16 所示,为了表示蜗杆牙型一般要用局部剖视的方法画出几个牙型,也可以画成放大图。轮齿部分画出三条线:齿顶线、分度线和齿根线。

　　如图 11-17 所示,蜗轮轮齿的画法与圆柱齿轮相同,在投影为圆的视图中,轮齿部分只画出外圆和分度圆,其余结构按照正常的投影画出。图中螺杆的节圆尺寸与螺杆的分度圆直径相等。

　　图 11-18 为蜗杆蜗轮啮合画法,图中的主视图蜗杆蜗轮的啮合区只画蜗杆,不画蜗轮;左视图蜗轮的分度圆与蜗杆的分度线相切,啮合区中蜗杆蜗轮的齿顶线仍正常绘出,齿根圆和齿根线均不画。

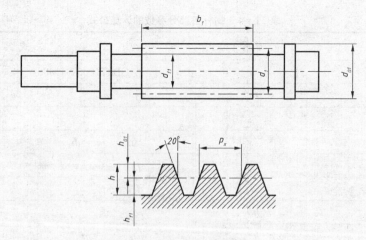

图 11-16  蜗杆的画法

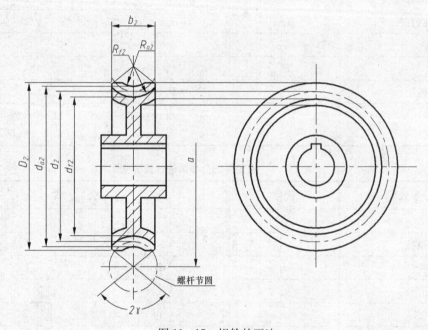

图 11-17  蜗轮的画法

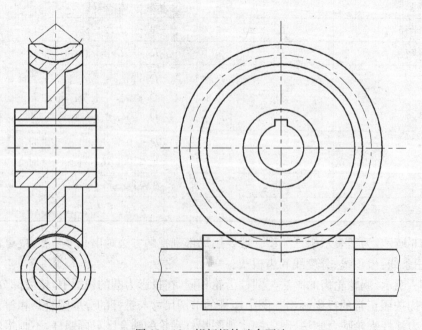

图 11-18  蜗杆蜗轮啮合画法

# 第 12 章　表面粗糙度

如果我们仔细观察加工后的零件表面,可以看出零件的表面并不是完全光滑的,有的用肉眼都可以看出加工的痕迹,如图 12-1 所示零件的表面。即使是加工很精细,在放大镜下也可以看出零件的表面是凹凸不平的,凸起的称为峰,凹下的称为谷。

图 12-1　实际加工零件的表面

零件的表面质量对零件的配合、耐磨程度、抗疲劳强度、搞腐蚀性及外观质量都有很大的影响,所以它是零件整体质量中的一个重要的指标。衡量表面质量有多个指标,其中表面粗糙度指标是对零件表面凹凸及光滑程度的衡量。

表面粗糙度的定义是:加工表面上具有的较小间距和峰谷所组成的微观几何形状特性。

## 12.1　基本概念

国家标准对评定表面粗糙度的各项指标,自 2006 年之后做了较大的调整,原 GB/T131—1993《机械制图、表面粗糙度符号、代号及其标注》被修订为 GB/T131—2006《产品几何技术规范(GPS)、技术产品文件中表面结构的表示法》。评定粗糙度的指标也被调整为两个:

(1) $R_a$(轮廓算术平均偏差):在取样长度 $l$ 内,轮廓偏距绝对值的算术平均值。见图 12-2。

$$R_a \approx \frac{1}{n} \sum_{i=1}^{n} |y_i| \qquad R_z = \frac{\sum_{i=1}^{5} y_{p_i} + \sum_{i=1}^{5} y_{v_i}}{5}$$

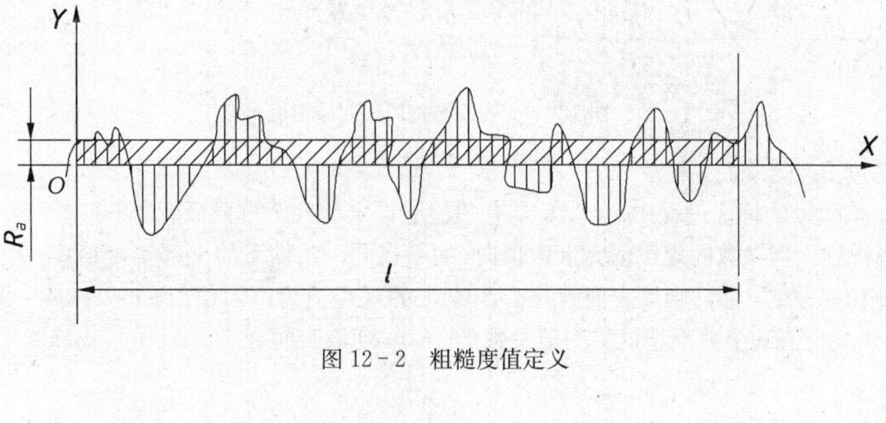

图 12-2　粗糙度值定义

187

(2) $R_z$(轮廓最大高度):在取样长度 $l$ 内,5 个最大轮廓峰高的平均值和 5 个最大轮廓谷深的平均值之和。

在实际应用中,以 $R_a$ 用得最多,因为它能充分反映表面微观形状的几何高度特性,所用的测量仪器(电动轮廓仪)也比较简单。其数值已经标准化,常取的粗糙度值有:12.5、6.3、3.2、1.6、0.8 等,单位均为微米($\mu$m)。数值越大意味着表面越粗糙。

## 12.2  表面结构符号、代号

表面结构图形符号根据 GB/T131—2006 的规定分为基本图形符号、扩展图形符号和完整图形符号,其含义如表 12-1 所示。在表面结构符号上注有表面粗糙度参数及加工要求等有关规定的称为表面粗糙度符代号,在图纸上是通过标注表面粗糙度的代号来标明对零件表面的粗糙度要求。

表 12-1  表面结构图形符号的含义

| 符  号 | 意 义 及 说 明 |
|---|---|
| √ | 基本符号,仅用于简化代号标注,当不加注粗糙度参数值或有关说明(例如:表面处理、局部热处理状况等)时,不能单独使用。 |
| √ | 扩展符号,基本符号加一短划,表示表面是用去除材料的方法获得。例如:车、铣、钻、磨、剪切、抛光、腐蚀、电火花加工、气割等。 |
| √ | 扩展符号,基本符号加一小圈,表示表面是用不去除材料的方法获得。例如:铸、锻、冲压变形、热轧、冷轧、粉末冶金等。或者是保持原供应状况的表面。 |
| √ √ √ | 完整符号,在上述三个符号的长边均可加一横线,用于标注有关参数和说明。在文字中从左至右分别可用 APA、MRR、NMR 来表示。 |
| √ √ √ | 在上述三个符号上均可加一小圈,表示所在某个视图上构成封闭轮廓的各表面具有相同的表面结构要求。 |

图 12-3 为表面结构图形代号的组成,各部分名称其含义如图中所示。

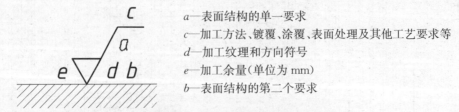

a—表面结构的单一要求
c—加工方法、镀覆、涂覆、表面处理及其他工艺要求等
d—加工纹理和方向符号
e—加工余量(单位为 mm)
b—表面结构的第二个要求

图 12-3  表面结构图形代号组成

表面粗糙度 $R_a$ 值的标注见表 12-2。

在表面结构代号的标注过程中,会涉及到有关检验评定的几个重要概念:

(1) 16%规则。当参数的规定值为上限值时,如果在同一条件下的全部实测值中,大于规定值的个数不超过实测值总数的 16%,则该表面合格。当参数的规定值为下限值时,如果在同一条件下的全部实测值中,小于规定值的个数不超过实测值总数的 16%,则该表面合格。

表 12 - 2　表面粗糙度 $R_a$ 值的标注

| 代号 | 意　义 | 代号 | 意　义 |
|---|---|---|---|
| $\sqrt{}$ Ra3.2 | 用去除材料的方法获得的表面粗糙度，$R_a$ 的单向上限值为 3.2 $\mu m$，"16％规则" | $\sqrt{}$ Ramax3.2 | 用去除材料的方法获得的表面粗糙度，$R_a$ 的最大值为 3.2 $\mu m$，"最大规则" |
| $\sqrt{}$ Ra3.2 | 用不去除材料的方法获得的表面粗糙度，$R_a$ 的上限值为 3.2 $\mu m$，"16％规则" | $\sqrt{}$ Ramax3.2 | 用不去除材料的方法获得的表面粗糙度，$R_a$ 的最大值为 3.2 $\mu m$，"最大规则" |
| $\sqrt{}$ U Ra3.2 L Ra1.6 | 用去除材料的方法获得的表面粗糙度，$R_a$ 的上限值为 3.2 $\mu m$，$R_a$ 的下限值为 1.6 $\mu m$，"16％规则" | $\sqrt{}$ U Ramax3.2 L Ra1.6 | 用去除材料的方法获得的表面粗糙度，$R_a$ 的最大值为 3.2 $\mu m$，"最大规则"；$R_a$ 的下限值为 1.6 $\mu m$，"16％规则" |

（2）最大规则。在被检表面的全部区域内测得的参数值一个也不应超过规定值时，该表面合格。若规定参数的最大值，应在参数符号后面增加一个"max"标记。

（3）取样长度（$l_r$）。在 $X$ 轴方向判别被评定轮廓不规则特征的长度。

（4）评定长度（$l_n$）。用于评定被评定轮廓的 $X$ 轴方向上的长度。评定长度包含一个或几个取样长度。

粗糙度的值如果不是 $R_a$ 值，标注时需要在数值前写上相应的参数代号，如 $R_z3.2$、$R_y3.2$。

图 12 - 4 所示为粗糙度代号各参数在代号中的标注方法：

图 12 - 4(a)表示加工余量为 5 mm，粗糙度 $R_a$ 值单向上限值为 6.3 $\mu m$。

图 12 - 4(b)表示加工方法为"铣"，加工纹理方向为垂直于视图的投影面，粗糙度 $R_a$ 值单向上限值为 6.3 $\mu m$。

图 12 - 4(c)表示评定长度为 3 个取样长度，粗糙度 $R_a$ 值单向上限值为 3.2 $\mu m$。缺省的评定长度为 5 个取样长度。

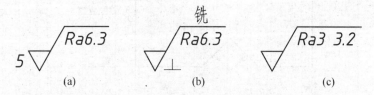

(a)　　　　　　　(b)　　　　　　　(c)

图 12 - 4　粗糙度代号各参数标注的方法

表 12 - 3 中列出了常见的加工纹理方向符号及其含义。

表 12 - 3　加工纹理方向符号的含义

| 符号 | 含　义 | 符号 | 含　义 |
|---|---|---|---|
| = | 纹理平行于标注代号的视图的投影面 | C | 纹理呈近似同心圆 |
| ⊥ | 纹理垂直于标注代号的视图的投影面 | R | 纹理呈近似放射形 |
| × | 纹理呈两相交的方向 | P | 纹理无方向或呈凸起的细粒状 |
| M | 纹理呈多方向 | | |

表面结构符号的画法在国家标准中也作了规定，如图 12 - 5 所示。符号各部分所对应的数值见表 12 - 4。符号的大小与绘图时绘制轮廓线的粗实线的宽度有对应关系，一般的 A3 号图纸，粗实线线宽取 0.5 mm，所以此时的粗糙度符号按这一系列尺寸来绘制。

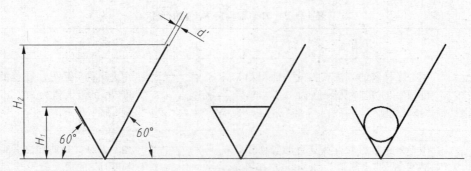

图 12-5　表面结构符号的画法

表 12-4　粗糙度符号各部分尺寸

| 名　　称 | 尺寸/mm | | | | | | |
|---|---|---|---|---|---|---|---|
| 轮廓线的线宽 $b$ | 0.35 | 0.5 | 0.7 | 1 | 1.4 | 2 | 2.8 |
| 数字与字母的高度 $h$ | 2.5 | 3.5 | 5 | 7 | 10 | 14 | 20 |
| 符号的线宽 $d'$ | 0.25 | 0.35 | 0.5 | 0.7 | 1 | 1.4 | 2 |
| 高度 $H_1$ | 3.5 | 5 | 7 | 10 | 14 | 20 | 28 |
| 高度 $H_2$ | 8 | 11 | 15 | 21 | 30 | 42 | 60 |

## 12.3　表面结构代号的标注方法

（1）表面结构代号一般注在可见轮廓线、尺寸界线、引出线或它们的延长线上,符号的尖端必须从材料外指向表面,如图 12-6 所示。

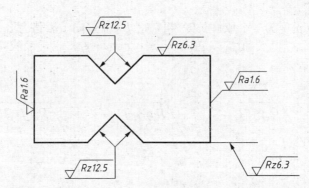

图 12-6　数字及符号的方向

表面结构代号中数字及符号的方向必须按图中所示进行标注。

（2）当零件上与视图垂直的周边表面有相同表面结构要求时,可按图 12-7 所示进行标注,该图表示周边这六个面要求相同。

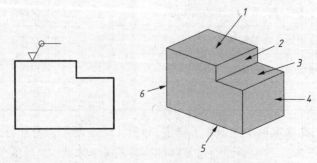

图 12-7　对周边各面有相同的表面结构要求的注法

（3）当零件所有表面具有同样的表面结构要求时，可以在图样的标题栏附近进行统一标注；如果多数表面结构要求一样，可以将少数不一样的表面结构要求在图样进行标注，多数的表面结构要求可以在图样标题栏附近统一标注，如图 12-8 所示。

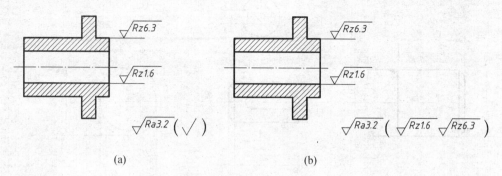

(a)　　　　　　　　　　(b)

图 12-8　表面结构代号标注一

在进行这样标注时应在符号后面加上圆括号，括号内可以如图 12-8(a)所示给出无任何其他标注的基本符号；或图12-8(b)所示给出不同的表面结构要求。

（4）对螺纹牙处这样的重复结构要素，它的表面结构代号只标注一次，标在螺纹的尺寸线上即可，如图 12-9 所示。

（5）表面结构代号的标注还可以采取简化或省略的方法进行标注，如图 12-10 所示，但应在标题栏附近说明这些简化符号、代号的意义。该图表示未指定加工方法的多个表面结构要求的注法。

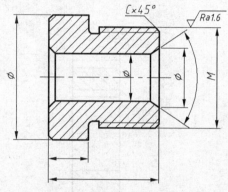

图 12-9　表面结构代号标注二

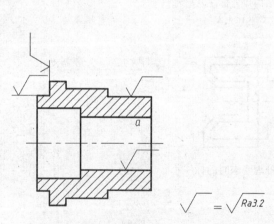

图 12-10　表面结构代号标注三

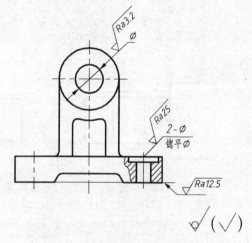

图 12-11　表面结构代号标注四

（6）对于不连续的同一表面，可以用细实线连接后标一次表面结构代号，如图 12-11 所示。对于像锪平孔这样的结构可以采用如图所示的标注方法进行标注。

（7）零件上键槽、花键等的表面结构代号的标注见图12-12。

（8）零件上如齿轮、蜗轮蜗杆等重复要素的表面结构要求只标注一次，标注方法如图 12-13 所示。

（9）需要将零件局部热处理或局部镀（涂）覆时，应用粗点画线画出其范围并标注相应的尺寸，也可将其要求注写在表面粗糙度符号长边的横线上，如图 12-14 所示。

（10）表面结构要求可标注在几何公差框格的上方，如图 12-15。有关形位公差的内容请参阅后续有关章节。

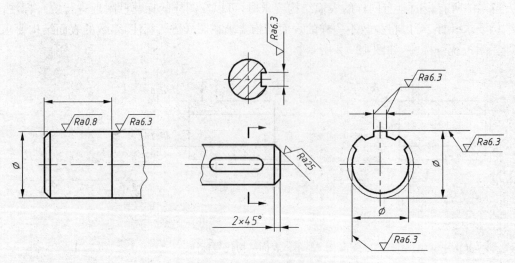

图 12-12　表面结构代号标注五

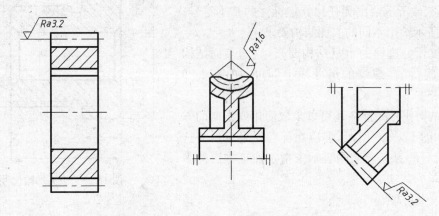

图 12-13　表面结构代号标注六

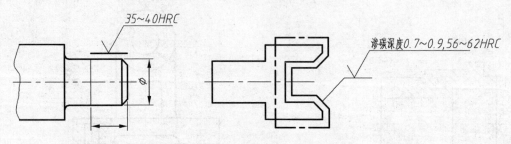

图 12-14　有表面处理要求时的标注

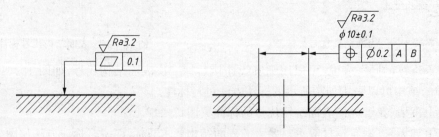

图 12-15　有几何公差框格情况下的标注

# 第 13 章　极限、配合与几何公差

在实际生产过程中,由于存在各种加工误差,完工的零件不可能一丝不差地完全达到设计的尺寸,衡量完工尺寸对设计尺寸的符合程度,通常用加工精度来表达,加工精度越高意味着完工后的尺寸越接近设计尺寸;但并不是在任何情况下,加工精度越高越好,因为要考虑到加工的经济性,通常的做法是将尺寸控制在一个范围内,只要完工后的尺寸不超过最大极限值和最小极限值即可。对尺寸精度的控制要求是零件图上一个重要的技术要求。

在一批相同的零件中的任一个零件不经任何挑选都能够装配到机器中完成它的功能,这样的特性称为互换性。互换性可以提高生产的水平,也为我们的生活带来了极大的方便。当机器中某个零件坏了,换一个同样规格的就可以工作,而不必非要找原厂家的配件;同时这样的零件,可以由专门的生产厂家来生产,由于生产批量大,可以降低成本提高生产效率,同时还可以提高技术水平。

互换性的实现是通过标准化来完成的,在国家标准 GB/T1800.1—2009(原 GB/T1800.1—1997、GB/T1800.2—1998、GB/T1800.3—1998)和 GB/T1800.2—2009(原 GB/T1800.4—1999 中对尺寸极限与配合作了基本规定,GB/T1182—2008(原 GB/T1182—1996)对几何公差作了基本规定,等等。本章内容即依据这些标准。

## 13.1　极限与配合的基本概念

(1) 公称尺寸:由图样规范确定的理想形状要素的尺寸。

(2) 极限尺寸:尺寸要素允许的尺寸的两个极端。尺寸要素允许的最大尺寸称为上极限尺寸;尺寸要素允许的最小尺寸称为下极限尺寸。

(3) 尺寸偏差:某一尺寸减其公称尺寸所得的代数差。极限尺寸减公称尺寸所得的代数差称为极限偏差;最大极限尺寸减公称尺寸所得的代数差称为上极限偏差;最小极限尺寸减公称尺寸所得的代数差称为下极限偏差。

孔的上极限偏差、下极限偏差代号分别为 ES、EI;轴的上极限偏差、下极限偏差代号分别为 es、ei。

(4) 尺寸公差:允许尺寸的变动量,等于上极限尺寸减下极限尺寸之差;也等于上极限偏差减下极限偏差。

(5) 公差带:由代表上极限偏差和下极限偏差或上极限尺寸和下极限尺寸的两条直线所限定的一个区域。它是由公差大小和其相对零钱的位置如基本偏差来确定,如图 13-1(b)所示。

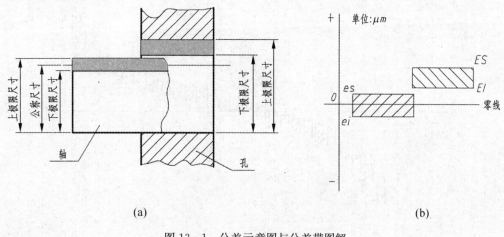

(a)　　　　　　　　　　　　　　　(b)

图 13-1　公差示意图与公差带图解

公差带图中代表基本尺寸位置的线称为零线。画公差带图时,如果需要准确作图时,可以采用一定的比例将上、下偏差的值折算后画出;一般情况下,只要根据上、下偏差数值的大小示意性画出就可以了。

从公差带轴的示例中可以看出,公差带的位置可能跨在零线上,也可能全部在零线的上方或下方;公差带的宽度即代表公差的大小。

(6) 标准公差(IT):在国家标准 GB/T1800.1—2009 极限配合制中所规定的任一公差。标准公差一共分为 20 级,即规定了 20 种允许的尺寸变动量,代表了不同的加工精度,分别用 IT01,IT0,IT1…IT18 来表示,公差的大小依次增大,意味着加工的精度依次降低。对于同一等级,不同大小尺寸段的孔或轴所允许的尺寸变动量是不同的,但都被认为是具有同样的精确程度。标准公差数值见附录。

(7) 一般公差(GB/T1804—2000):一般公差又称未注公差,是指在车间通常加工条件下可保证的公差。这类公差不需要在图纸尺寸上标注。因此图纸上没有标注公差的尺寸并不意味着就是绝对精确的尺寸。一般公差的精度分为四级:f(精密级)、m(中等级)、c(粗糙级)、v(最粗级),大约对应标准公差的 IT12~IT18,但并无完全的对应关系。

如果一般公差有心要在图纸标注,可以在图纸中的技术要求中统一说明,例如:"线性和角度尺寸的未注公差按 GB/T1804—m"。

(8) 基本偏差:国家标准所定的,用以确定公差带相对零线位置的那个极限偏差称为基本偏差,可以是上极限偏差或下极限偏差,一般为靠近零线的那个偏差。

在国家标准中对孔和轴各规定了 28 种不同状态的基本偏差,每一种基本偏差用一个基本偏差代号表示。对孔用大写字母表示,从 A,B…ZC;对轴用小写字母表示,从 a,b…zc。它们形成一个系列,表示在图中,如图 13-2 所示。

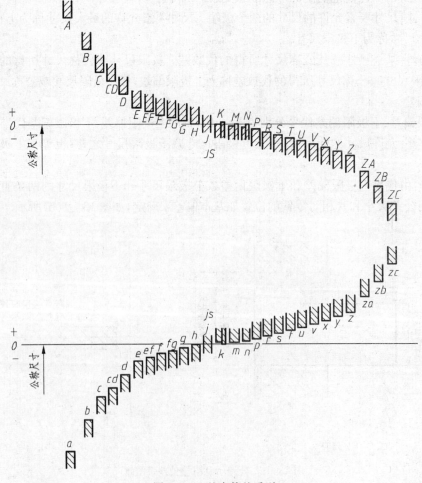

图 13-2 基本偏差系列

通过在标准中规定了基本偏差系列和标准公差的等级,无数种公差带变化的可能性变成了有限的几种,设计的时候选择一种基本偏差,再配一种公差等级,就得到一种唯一的公差带。例如,对于尺寸是 Φ60 的孔,若取基本偏差为 F,标准公差为 IT8,则得到其下偏差为+0.030,其上偏差为+0.076 的公差带;公差带的代号可记为 F8。

(9) 配合:公称尺寸相同的,相互结合的孔与轴公差带之间的关系。表现为孔、轴结合的松紧程度。

(10) 间隙配合:具有间隙(包括间隙等于零的情况)的配合。即当孔处在最小极限尺寸,轴处在最大极限尺寸的时候,它们仍然有间隙,或间隙为零。此时孔的公差带位于轴的公差带的上方如图 13-3(a)所示。采用间隙配合的两个零件,可以互相作相对运动并拆卸容易。

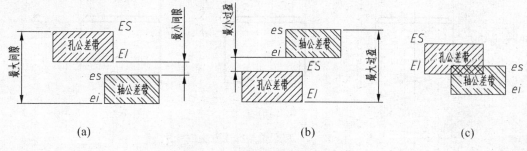

(a)　　　　　　　　　(b)　　　　　　　　　(c)

图 13-3　三种配合的公差带位置

(11) 过盈配合:具有过盈的配合,包括最小过盈为零。即当孔的尺寸处于最大极限尺寸,轴处在最小极限尺寸时,轴的尺寸依然比孔大,这种现象称为过盈。此时孔的公差带位于轴的公差带的下方,如图 13-3(b)所示。采用过盈配合的两个零件,无法作相对运动并且拆卸困难,可以用在需牢固联接,保证相对静止或需传递动力的场合。

(12) 过渡配合:可能具有间隙或过盈的配合。此时孔的公差带与轴的公差带互相交叠,如图 13-3(c)所示。过渡配合常用在零件间需要较高的对中要求,又不能相对运动,且拆卸还需容易的场合。

(13) 配合制:同一极限制的孔和轴组成的一种配合制度。

(14) 基孔制配合:基本偏差为一定的孔的公差带,与不同基本偏差的轴的公差带形成各种配合的一种制度。国家标准规定,此时孔的基本偏差选为 H,孔称为基准孔。如图 13-4 所示。

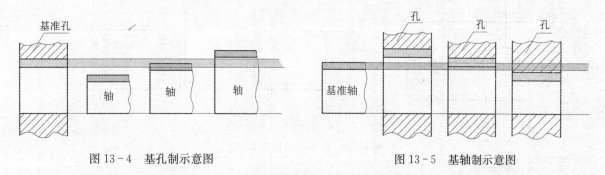

图 13-4　基孔制示意图　　　　　　　　图 13-5　基轴制示意图

(15) 基轴制配合:基本偏差为一定的轴的公差带,与不同基本偏差的孔的公差带形成各种配合的一种制度。国家标准规定,此时轴的基本偏差选为 h,轴称为基准轴。如图 13-5 所示。

## 13.2　极限配合的标注方法

(1) 极限偏差与基本尺寸同时出现时,极限偏差应写在基本尺寸的右边,字号比基本尺寸小一号;下偏差应与基本尺寸注在同一底线上,见图 13-6(a)。上下偏差的小数点必须对齐,小数点右边数字尾端的"0"一般不予注出,如果为了使上、下偏差值小数点右端的位数相同,可以用"0"补齐,见图 13-6(b)。当偏差值为零时,应与上或下偏差的个数位对齐,不带正负号,见图 13-6(c)。

(2) 极限偏差标注方法主要有 3 种形式,如图 13-7 所示。

当公差带代号与极限偏差同时出现时,应在极限偏差外边加括号,见图 13-7(c)。

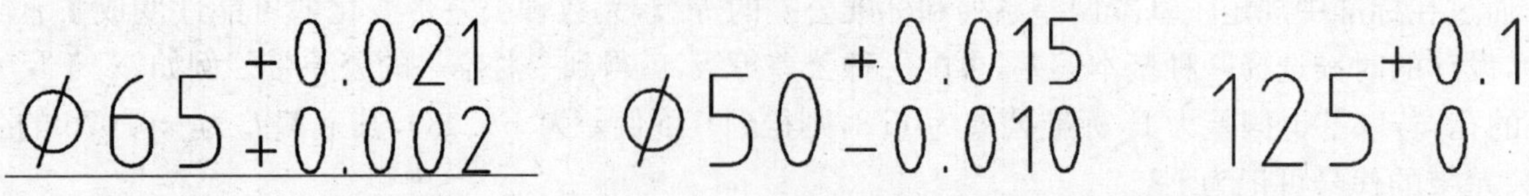

$$\varnothing 65^{+0.021}_{+0.002}$$

(a)

$$\varnothing 50^{+0.015}_{-0.010}$$

(b)

$$125^{+0.1}_{0}$$

(c)

图 13-6　极限偏差数字写法

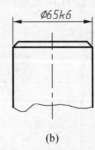

(a)

(b)

(c)

图 13-7　极限偏差标注方法一

(3) 当上、下偏差数值的绝对值相等时,偏差数字只注写一次,并应在基本尺寸与偏差数字之间注出符号"±",且两者数字高度相同,见图 13-8(a)。

(4) 当尺寸仅需要限制单个方向的极限时,应在该极限尺寸的右边加注符号"max"或"min",见图 13-8(b)。

(5) 同一基本尺寸的表面,若有不同的公差时,应用细实线分开,并按图 13-8(c)所示形式标注公差。

(6) 在装配图中标注配合代号时,必须在基本尺寸的右边以分数的形式注出,分子位置注孔公差带代号,分母位置注轴公差带代号,如图 13-9(a)所示。必要的时候,也可以按图 13-9(b)、(c)形式标注。

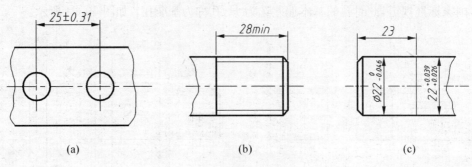

(a)

(b)

(c)

图 13-8　极限偏差标注方法二

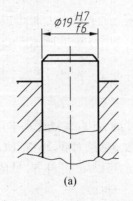

(a)

(b)

(c)

图 13-9　配合的标注一

（7）在装配图中标注相配零件的极限偏差时，一般按图 13 - 10(a) 的形式标注，孔的极限偏差注在尺寸线的上方，轴的极限偏差注写在尺寸线的下方，也允许按图 13 - 10(b)、(c) 的形式标注。

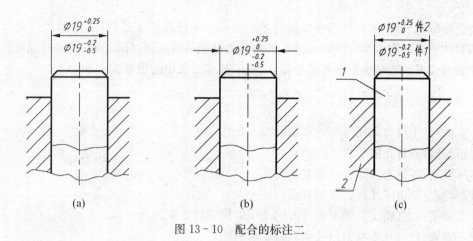

(a)　　　　　　　　　(b)　　　　　　　　　(c)

图 13 - 10　配合的标注二

（8）当与标准件配合的零件有配合要求时，可以仅注出该零件的公差带代号，如图 13 - 11 所示。

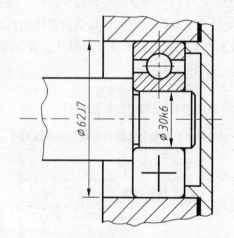

图 13 - 11　与标准件有配合要求时的标注

## 13.3　公差的简单计算举例

[例 13 - 1]　已知尺寸 $\Phi20n5$，计算其公差，并判断 $\Phi20.06$ 是否合格？

解：$\Phi20n5$ 的基本偏差代号是 n，公差等级是 5，经查附录《轴的基本偏差》知其基本偏差（是下偏差）是 +0.015 mm；再查标准公差表，知标准公差是 0.009 mm。

上极限偏差 = 公差 + 下极限偏差 = +0.015 + 0.009 = +0.024 mm。

上极限尺寸 = 公称尺寸 + 上极限偏差 = $\Phi20 + 0.024 = \Phi20.024$（mm）

下极限尺寸 = 公称尺寸 + 下极限偏差 = $\Phi20 + 0.015 = \Phi20.015$（mm）

可知，$\Phi20.06$ 超过了其最大极限尺寸，所以是不合格产品。

[例 13 - 2]　已知配合 $\Phi60\dfrac{H8}{f7}$，试确定是何种配合？

解：$\Phi60H8$ 的孔上极限偏差是 +0.046 mm，下极限偏差是 0；$\Phi60f7$ 的轴上极限偏差是 -0.03 mm，下极限偏差是 -0.06 mm。

通过作公差带示意图（见图 13 - 12），可知是间隙配合。

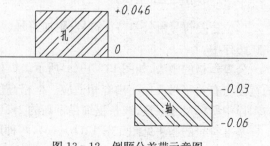

图 13 - 12　例题公差带示意图

197

## 13.4 几何公差

几何公差是形状公差、方向公差和位置公差的统称。零件在加工过程中,不但尺寸会有误差,零件的形状及相对位置也会有误差,比如加工轴,轴的形状可能呈鼓形;阶梯轴的各段轴线也可能不重合,因此对零件这方面误差的控制也是零件加工设计、加工技术要求中的重要的一项。

### 13.4.1 有关术语简介

(1) 要素:零件上具有几何特征的点、线、面。

(2) 理想要素:具有几何学意义的要素。

(3) 实际要素:零件上实际存在的要素。

(4) 被测要素:给出了几何公差的要素。

(5) 基准要素:用来确定被测要素的方向或(和)位置的要素。

(6) 单一要素:仅对其本身给出几何以差要求的要素。

(7) 关联要素:对其他要素有功能(方向、位置)要求的要素。

(8) 包容要求:为使实际要素处位于理想形状的包容面之内的一种公差要求。

(9) 最大实体要求:控制被测要素的实际轮廓处于其最大实体实效边界之内的公差要求。

(10) 最小实体要求:控制被测要素的实际轮廓处于其最小实体实效边界之内的公差要求。

### 13.4.2 公差的特征项目和特征符号

国家标准规定了 19 个形位公差的特征项目,见表 13-1。

**表 13-1 几何公差的特征项目和特征符号**

| 分类 | 特征项目 | 符号 | 分类 | 特征项目 | 符号 | 项目 | 附加符号 |
|---|---|---|---|---|---|---|---|
| 形状公差 | 直线度 | —— | 方向公差 | 线轮廓度 | ⌒ | 包容要求 | Ⓔ |
|  | 平面度 | ▱ |  | 面轮廓度 | ⌓ | 最大实体要求 | Ⓜ |
|  | 圆度 | ○ | 位置公差 | 位置度 | ⊕ | 最小实体要求 | Ⓛ |
|  | 圆柱度 | ⌭ |  | 同心度(中心点) | ◎ | 可逆要求 | Ⓡ |
|  | 线轮廓度 | ⌒ |  | 同轴度(轴线) | ◎ | 延伸公差带 | Ⓟ |
|  | 面轮廓度 | ⌓ |  | 对称度 | = | 自由状态条件 | Ⓕ |
| 方向公差 | 平行度 | // |  | 线轮廓度 | ⌒ | 理论正确尺寸 | 50 |
|  | 垂直度 | ⊥ |  | 面轮廓度 | ⌓ | 公共公差带 | CZ |
|  | 倾斜度 | ∠ | 跳动公差 | 圆跳动 | ↗ | 小径 | LD |
|  |  |  |  | 全跳动 | ↗↗ | 大径 | MD |

(附加符号(部分))

### 13.4.3 几何公差的符号

形位公差符号由公差特征符号、附加符号、基准符号、公差数值组成,它们被组织在一个框格内,标注在图样中。

公差框格的画法,如图 13-13(a)所示。框格内各小格的宽度应为:第一格等于框格的高度,其它格的宽度与有关字母及标注内容相适应。框格高度、格内字体和框格线的宽度,见表 13-2。字体高度应与图样中所标尺寸一致,线条粗细是字高的 1/10。

基准符号的画法见图 13-13(b)、(c),两种形式均可。方框的边长与框格高相同,三角的高等于字高。基准符号无论如何倾斜,字母总是水平的。

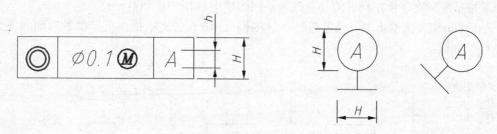

图 13－13 形位公差符号的画法

表 13－2 推荐尺寸

| 特 征 | 推 荐 尺 寸/mm | | | | | | |
|---|---|---|---|---|---|---|---|
| 框格高度 H | 5 | 7 | 10 | 14 | 20 | 28 | 40 |
| 字体高 h | 2.5 | 3.5 | 5 | 7 | 10 | 14 | 20 |
| 线条粗细 | 0.25 | 0.35 | 0.5 | 0.7 | 1 | 1.4 | 2 |

圆柱度、平行度和跳动公差的符号倾斜约 75°。

## 13.4.4 几何公差的标注方法

（1）几何公差框格用带箭头引线指向被测要素，当被测要素是轮廓线或表面时，将箭头置于要素轮廓线或轮廓线的延长线上，见图 13－14(a)、(b)。

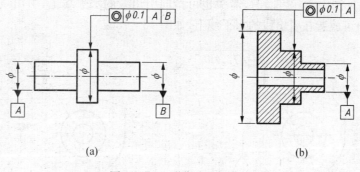

图 13－14 形位公差标注一

当被测要素涉及轴线、中心平面或由带尺寸要素的点时，则带箭头指引线应与尺寸线的延长线重合，见图 13－15(a)、(b)。

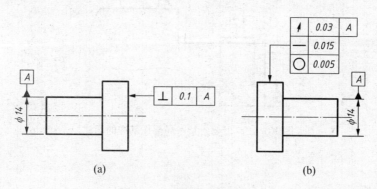

图 13－15 形位公差标注二

（2）如对同一要素有一个以上的几何公差特征项目要求时，可将多个框格上下排在一起，如图 13－14(b)所示。

（3）对几个要素有同一几何公差要求时，可用同一框格多条指引线标注，见图 13－15(b)。

（4）用一个字母表示单个基准，如图 13－15(a)。由两个或以上的要素组成的基准体系，如多基准，

199

在框格中可按基准的次序从左到右的分别放入不同的格中,如图 13-14(a)。

(5) 若干个分离要素给出单一公差带时,可按图 13-16 在公差框格内公差值的后面加注公共公差带的符号 CZ。

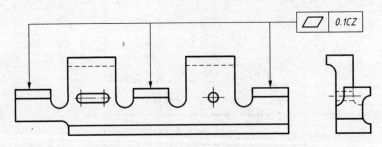

图 13-16　公共公差带的标注

(6) 当指引线箭头与尺寸线箭头重叠时,指引线箭头或基准三角形可同时代替尺寸线箭头,如图 13-17。

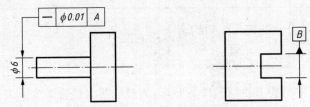

图 13-17　代替尺寸箭头

(7) 被测要素为视图中实际表面时,箭头也可指向引出线的水平线上,引出线引自被测表面,放置基准时基准三角形也可放置在引出线的水平线上,如图 13-18。

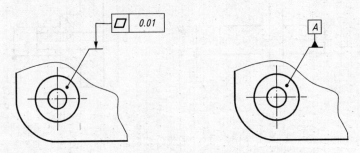

图 13-18　要素为表面的标注

(8) 如果只以要素的某一局部作基准,则应用粗点画线示出该部分,并标注尺寸,如图 13-19。

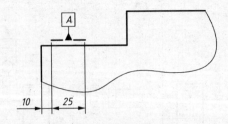

图 13-19　以要素某一局部作基准的标注

# 第14章 零件图

一台机器是由若干个部件和零件组成的,而部件细分起来也是由一个个的零件组成的。零件图在还没有完全实现无图纸生产的现在仍然是加工生产的依据,因此它是生产中的重要的技术文件。

零件图反映了设计人员的设计意图,表达了机器或部件对零件的技术要求;工艺部门和生产部门根据零件图来制定合适的工艺,实现零件图上所规定的各项要求;质检部门要根据零件图来检验、验收,对于不合格的零件作出判废或返修的决定。

画好和看懂一张零件图需要具有一定的设计知识和工艺知识,它需要在学习了相关的课程,甚至是在具有相当的实践经验的基础上才能完全做到。本章主要介绍零件图的内容和画法,并同时介绍一些相关的设计知识和工艺知识。

## 14.1 零件图的内容

以图14-1柱塞套零件图为例,零件图主要包含以下内容:

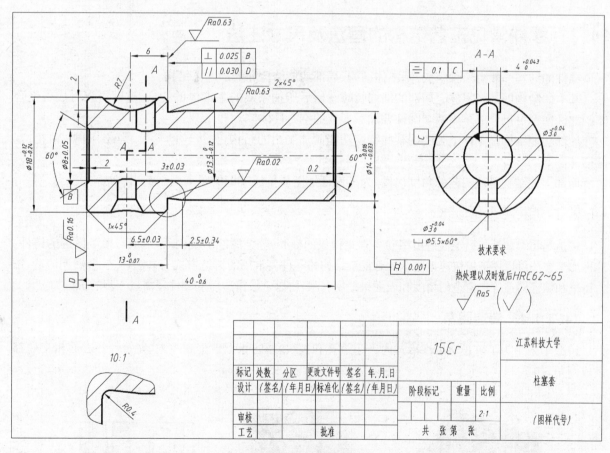

图14-1 柱塞套零件图

(1)一组视图:选择合适的表达方法,主要应用视图、剖视、断面和局部放大图等方法来将零件结构和形状表达清楚(见图14-2)。柱塞套零件图采用了单一剖切面的全剖视的主视图、两个平行的剖切面的全剖视的左视图和局部放大图,来表达柱塞套内外结构和形状。

零件图中所要表达的结构除了在组合体部分所学过的基本形体结构之外,还有工艺结构,如图14-3(a)、(b)所示零件图局部中所表达的结构。

201

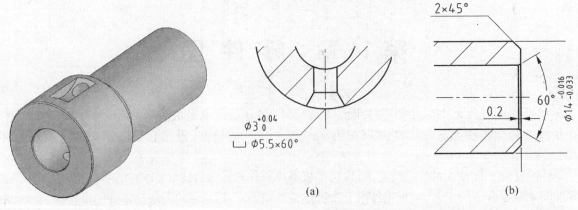

图 14-2　柱塞套立体图　　　　　　　　　　　　　图 14-3　零件图局部

（2）尺寸：尺寸规定了零件的大小及零件上各部分的相对位置。有的尺寸也同时能说明形状，如直径尺寸。零件图的尺寸标注除了在前面所学过的常见的尺寸标注方法之外，还有一些特殊的标注方法，如图 14-3(a)、(b)所示。

（3）技术要求：它规定了零件所要达到的质量要求，这是零件图最"特殊"的部分。它的技术要求包括：粗糙度的要求，尺寸公差、形位公差的要求，及以"技术要求"字样用文字写出的要求，它一般规定了热处理等工艺方法的要求或其他需统一说明的要求。

（4）标题栏：在其中说明了零件的名称、材料、数量、图号、比例，及设计者及批准者的签名等信息。

## 14.2　零件常见工艺结构的画法及尺寸注法

零件的结构一般由三种组成：基本体结构、局部功能结构和局部工艺结构。

基本体结构即是将零件上局部的结构暂时忽略后所抽象成的基本体的构成，这时可以看成是组合体。如柱塞套可以看成是由两个圆柱叠加后形成的空心柱体。

局部功能结构是零件上为实现某些特定功能而加工出的结构，如齿轮的轮齿、螺纹、键槽、销孔、花键槽等。

局部工艺结构是从工艺的角度出发，为了保证加工质量或装配的顺利而制造出的结构。

### 14.2.1　铸造工艺结构

铸造是将金属熔化后浇注进由型砂等方式构成的模腔，等金属冷却凝固后，形成与模腔同形的铸件。这种加工方法可以用来较快速地制造具有复杂结构的零件。常用的铸造方式有砂型铸造、金属型铸造、压力铸造和熔模铸造等。铸造的精度和表面粗糙度有限，所以一般铸造后的铸件还需进一步的机械加工。

#### 14.2.1.1　铸造圆角

铸造工艺中为了防止金属在冷却时产生缩孔和裂纹，及防止型砂落到腔内，在铸件各表面相交处都做成圆角，如图 14-4 所示。

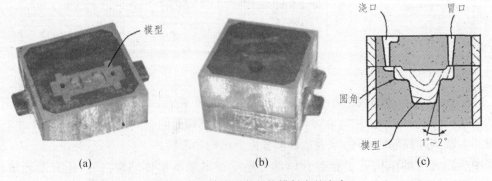

图 14-4　铸造圆角与拔模斜度的由来

　　圆角的半径一般取壁厚的 0.2～0.4 倍,铸件的壁厚应该尽可能均匀,如图 14-5 所示。在厚度有变化的地方应增加圆角的半径。

　　由于有圆角的存在,零件表面的相贯线变得不明显或消失,但为了便于看图,易于区分出不同的表面,需要在原来交线的位置仍然画出其投影,这种线称为过渡线,如图 14-6 所示。

　　当几路圆角交汇,在交汇处小曲面产生的交线,称为渐灭线。画出渐灭线对形状的表达更为逼真。如图 14-6 所示。

　　过渡线的画法与相贯线的画法相同,仍按无圆角时相贯线的位置画出交线,但两头不与轮廓线相接,如图 14-7 和图 14-8 所示。注意过渡线的线型为细实线而非粗实线。

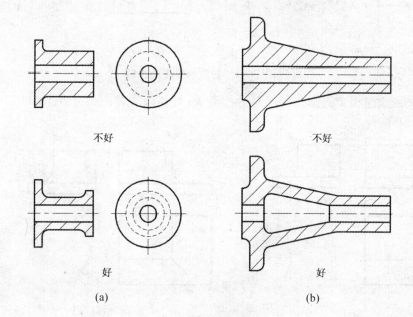

图 14-5　铸件的壁厚

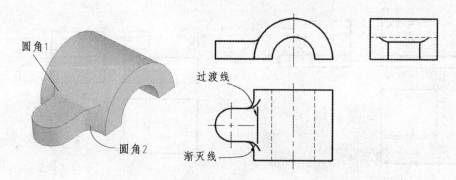

图 14-6　过渡线和渐灭线

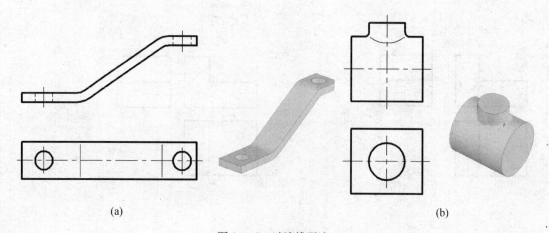

图 14-7　过渡线画法一

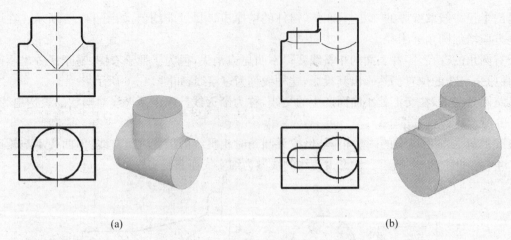

(a)                                      (b)

图 14-8　过渡线画法二

渐灭线的画法与相交的圆角的半径大小有关,具体画法如图 14-9、图 14-10 和图 14-11 所示。

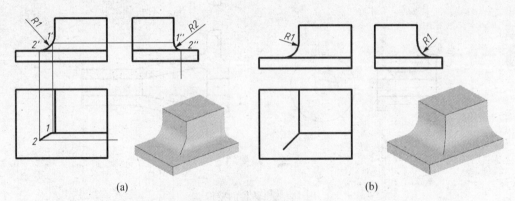

(a)                                      (b)

图 14-9　渐灭线画法一

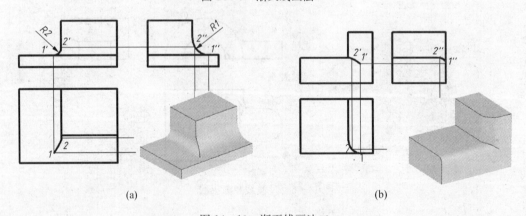

(a)                                      (b)

图 14-10　渐灭线画法二

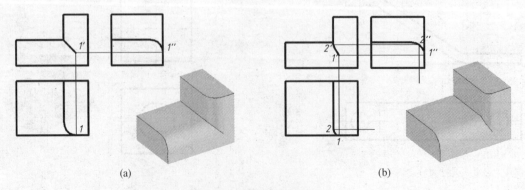

(a)                                      (b)

图 14-11　渐灭线的画法三

以上均为两路圆角相交的情况,当有三路圆角交汇时,可把最小一路的圆角看成是直角,按两路圆角相交示意性地来画。

渐灭线均可以在求出几个关键点后示意性地来画。当圆角很小时,可以忽略不画。

图 14 - 12 为筋板与 L 形板相接的过渡线和渐灭线的画法。

铸造圆角的尺寸标注,可以采用在图纸右上方统一标注的方式注出,也可以直接写在技术要求中。

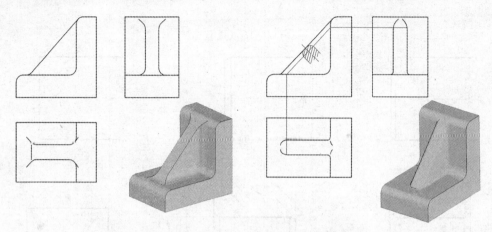

图 14 - 12  带筋板的过渡线与渐灭线的画法

### 14.2.1.2  拔模斜度

为便于将模型从型砂中拔出,在铸件的外壁上沿拔模方向应当带有一定的斜度(见图 14 - 4),一般的度数为 1°~2°。在度数较小时,绘图时可以不绘出,若斜度较大时应该绘出。带拔模斜度的零件在一个视图上斜度结构已经表达清楚,在其他视图上只按小端画出,如图 14 - 13 所示。

## 14.2.2  机械加工工艺结构

### 14.2.2.1  倒角

零件在机加工后在边缘会出现尖角,为了防止伤及人手及便于装配,常将尖角切掉从而形成倒角。如图 14 - 14 轴上的倒角。

倒角的画法及尺寸标注方法见图 14 - 15。45°

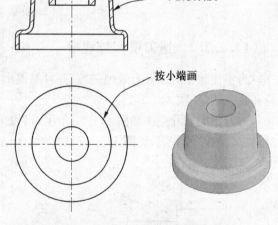

图 14 - 13  带拔模斜度画法

图 14 - 14  零件上倒角

倒角的标注方法如图 14-15(a)所示,非 45°的倒角的标注方法如图 14-15(b)所示。对于较小的 45°倒角也可以不绘出,直接标注倒角尺寸,如图 14-15(c)所示,"C"表示 45°倒角,"C0.5"即表示 "0.5×45°"。

当某一倒角尺寸占多数或全部一样时,可以在技术要求中统一说明,如"全部倒角 1.5×45°"。

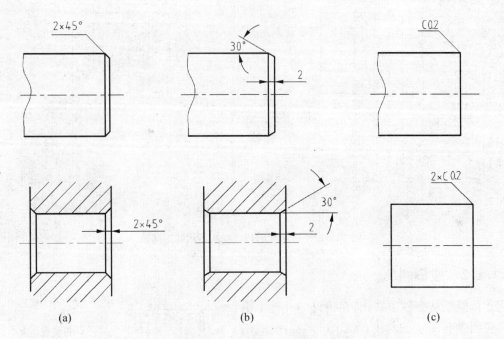

图 14-15　倒角画法及尺寸标注

### 14.2.2.2　退刀槽和越程槽

为了使加工时能够有效地进行,并容易退出刀具,或便于装配时零件的靠紧,经常需要加工出退刀槽和越程槽,见图 14-16。

退刀槽的尺寸注法如图 14-17 所示,可以采用"槽宽×直径"的方式,见图 14-17(a);也可以采用 "槽宽×槽深"的方式,见图 14-17(b)。对于结构较复杂的,可以采用局部放大图的方式进行详细标注,见图 14-17(c)。

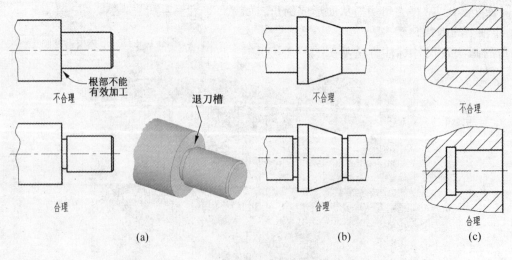

图 14-16　退刀槽和越程槽

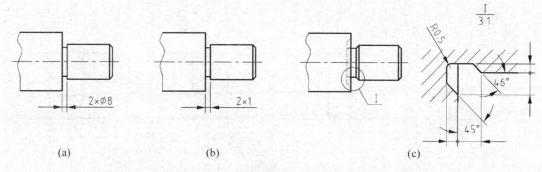

图 14-17　退刀槽和越程槽的尺寸标注

### 14.2.2.3　常见孔结构

在零件上经常可以见到如图 14-18 所示的 3 种孔：沉孔、埋头孔和锪平孔，主要用于螺钉、螺栓或螺柱连接的场合，可以确保连接的可靠，减少加工范围，还可以增加美观，如埋头孔可用于将埋头螺钉的头部放在里面，使零件表面平整。

孔的尺寸标注为避免烦琐，可以采取如图 14-19 所示的旁注加符号的方法进行简化标注。

图 14-19(a)表示，4 个 Φ4 的孔，深度为 10 mm，注意孔深不包括孔底尖部的尺寸。它也可以标在反映圆的视图上。

图 14-19(b)表示，8 个 Φ6.4 的孔，沉孔直径 Φ12，深 4.5 mm，如果是锪平孔，符号相同，但不标注深度，因为锪平是在孔附近刮出一个圆平面，深度并不严格限制。如果标注在反映圆的视图上，箭头应指向孔的投影圆。

图 14-19(c)表示，6 个 Φ6.5 的孔，埋头孔直径 Φ10，锥顶角 90°。

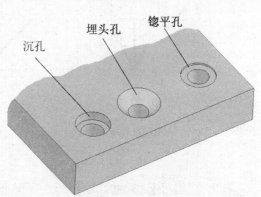

图 14-18　常见的 3 种孔

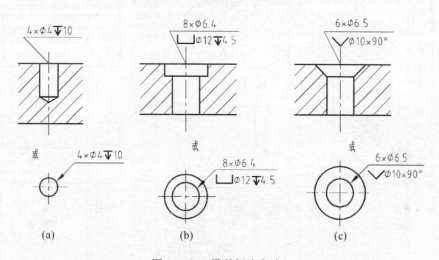

图 14-19　孔的标注方法一

图 14-20(a)为带倒角孔的标注，其中"EQS"表示均布，"C1"表示倒角是"1×45°"。

图 14-20(b)为两端带倒角的螺纹孔的标注方法。当孔的某部分有配合要求时，可按图 14-20(c)的方式进行标注。

螺纹盲孔的标注方法见图 14-20(d)，它表示 4 个 M4 的螺纹孔，螺纹段深 10 mm，倒角"1×45°"，作螺纹前钻孔深 12 mm。

图 14-21 为孔标注时所使用符号的画法尺寸，其中"h"为当前所使用字号。

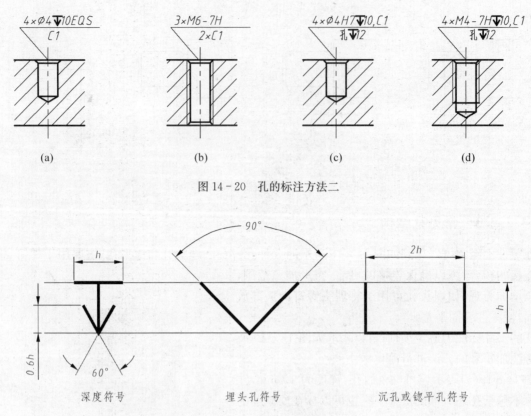

图 14-20 孔的标注方法二

图 14-21 孔标注符号画法

孔大多数是用钻头加工出来的,为了保证加工精度,及不折断钻头,要求钻孔时,钻头应垂直于工件表面,所以需要在倾斜面钻孔或钻斜孔时,应如图 14-22(a)、(b)所示那样,将工件局部改变成合理的结构。

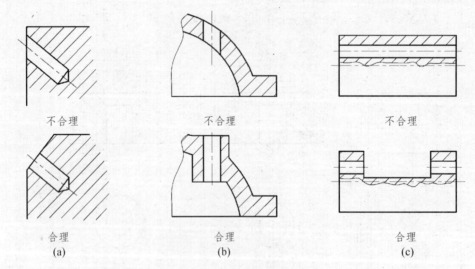

图 14-22 孔加工的合理结构

加工孔时应避免加工过长的孔(如图 14-22(c)所示),过长的孔需要很长的钻头,同时由于加工力的作用,钻头很容易偏,不能保证孔的准确度,如图中所示处理后,结构变得合理。

### 14.2.2.4 凸台与凹坑

零件上与其他零件接触的大的表面一般都会设计有凸台或凹坑,这主要是因为大的表面在加工时如果要加工得很平是比较困难的,同时也要花费较高的制造费用,而换成只加工几个小一点的平面,则相对容易得多,成本也低得多。

如图 14-23 和图 14-24 所示的零件的底平面,将其设计成如图中(a)、(b)所示的几种形式,减少了底面加工的面积,在不影响零件强度的情况下也减小了重量。

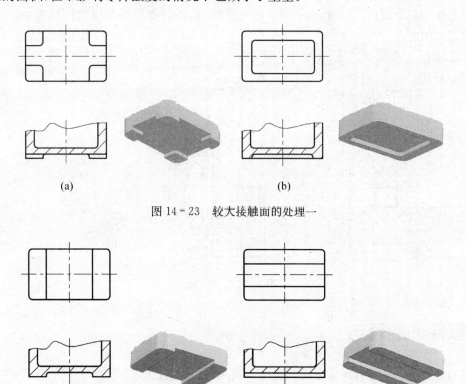

(a)　　　　　　　　　　　　(b)

图 14-23　较大接触面的处理一

(a)　　　　　　　　　　　　(b)

图 14-24　较大接触面的处理二

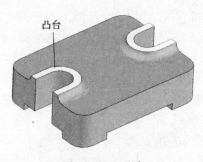

凸台

图 14-25　凸台

图 14-25 是凸台的另一例子,一般经铸造形成毛坯后,并不需要所有的面都加工,只有那些与其他零件有装配关系的面需要重点加工,以保证精度,因此对这样的部位设计成凸台或凹坑,即可起到减少加工面的作用。

### 14.2.2.5　滚花

为防止操作时打滑,便于操作,常在一些调整用的手柄或调整螺钉的头部作出网状或直线状的花纹,称为滚花,分别称为网纹和直纹。

图 14-26 表示了两种滚花的画法,一种是绘出部分,如图 14-26(a)、(b)所示,这样比较形象;一种是可以不画,但两种画法均需要标注,尤其是后一种更需要标注。

滚花参数已经标准化,它的代号的写法见图。"m5"表示滚花模数是 0.5 mm。具体参数可查相关标准。

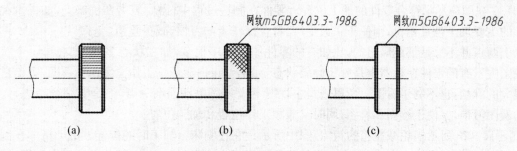

(a)　　　　　　　　　　(b)　　　　　　　　　　(c)

图 14-26　滚花的画法与标注

### 14.2.2.6 中心孔

在车床上加工长度较长的轴时,为了可靠地夹紧棒料,还需要依靠车床的尾架顶住工件,因此在工件的尾端需加工中心孔。

中心孔主要有 A 型和 B 型等,A 型中心孔是不带护锥的中心孔,在加工完零件后去掉;B 型中心孔是带护锥的中心孔,加工后仍保留在零件上。

图 14 - 27 为两种中心孔的结构及在轴上的示意。

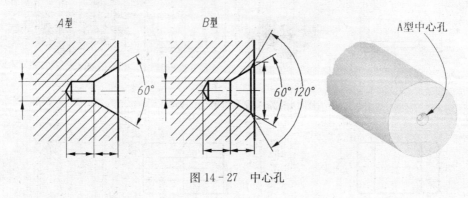

图 14 - 27  中心孔

## 14.3  零件图的画法

零件图画法主要包括零件表达方法的选择、零件的尺寸标注方法和技术要求的内容,绘图步骤。

### 14.3.1  零件表达方案的选择

零件的表达方案根据零件结构的不同而不同,总的要求是应将零件完整、清晰、简捷地表达出来,应时刻从看图者的角度考虑问题。

零件上结构的表达主要针对 3 类结构:一是基本体结构,二是局部功能结构,三是局部工艺结构。

基本体结构是主体,它的表达是零件表达的主要方面,它的表达方法与组合体的表达方法类似,主要是应用前面所学过的视图、剖视等方法综合表达清楚零件的内外结构。它的画法严格按投影规律进行。

局部功能结构通常都是标准化的结构,如螺纹、齿轮等,它们的表达方法固然也是视图、剖视等这些表达法,但它们的画法往往是规定画法,有它们特殊的表达方式。

局部工艺结构在上一节中已经论述,应根据结构的特点选择合适的表达方式。

#### 14.3.1.1  主视图的选择

零件图主视图的选择在考虑表达结构形状特征方面基本与组合体选择主视图的方法相同,但又有自己的特点,主要有以下两个方面:

(1) 主视图应尽量符合零件的工作位置。零件在机器(部件)中都占据一定的位置,选择主视图时与零件在机器中的位置一致,便于了解零件的工作状态。

(2) 主视图应尽量符合零件的加工位置。零件在制造过程中,需要装夹在机床上,如果主视图能够与零件的主要加工位置相符,则便于工人生产,符合操作者的习惯,减少差错。

以上两点并不总是都能满足的,比如有的零件加工工序很多,加工状态多变,到底哪一个状态应作为主视图呢? 有的零件在机器中是处于倾斜状态,如果一味拘泥于按工作位置作主视图,则给自己画图带来很大的麻烦,也不利于看图。所以选择主视图不应只简单地强调一点,而是要综合考虑,以符合一般人的看图习惯,并便于绘图和看图,同时又兼顾工作位置和加工位置。

如图 14 - 28 所示蜗轮减速箱的箱体,图中所示是它在刨床上加工时的位置。由于箱体在制造过程中,从铸件开始要经过许多工序,每道工序的位置可能都会有很大的变化,因此在选择主视图时,除了要考虑其工作时的位置、加工的位置之外,主要的是便于表达即可,同时也要兼顾其他视图。如图中所示,选择图示方向为主视图的方向。

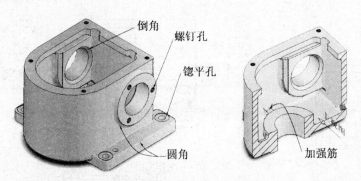

图 14-28  蜗轮减速箱箱体

### 14.3.1.2  视图数量及表达方法的确定

选择多少个视图来表达是表达方法一开始首先要考虑的问题。如图 14-28 的蜗轮减速箱的箱体，上面有螺钉孔局部功能结构，和倒角、圆角、锪平孔、加强筋等局部工艺结构，将这些结构暂时去掉，箱体就剩下如图 14-29(a)所示的基本体。

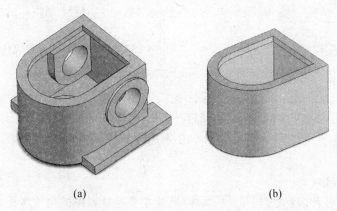

(a)                    (b)

图 14-29  箱体的基本体结构

箱体基本体的形状主要就是如图 14-29(b)所示的长圆体。表达它只要两个视图就够了：一个主视图和一个俯视图。因此表达如图 14-29(a)的基本体结构时，可以确定作一个主视图和一个俯视图。

由于内部结构较多，外部较简单，所以在主视图上作全剖视，如图 14-28 所示，可以将底面的孔和正面的孔均表达出来，由于作全剖视后，正面外形突起的圆柱得不到表达，但俯视图已有所表达，配上直径尺寸，可表达出是一个圆柱，见图 14-30。

俯视图对称，可以作半剖视，表达出前后孔是一个通孔。

前后两块长方形板，未完全表达清楚，可以加少许虚线来配合表达，或另作一个局部视图，图 14-30 是用虚线来配合表达。

至此基本体的表达应该已经达到完整、简捷的要求了。可是再将暂时舍掉的局部功能和工艺结构考虑进来，发现正面外形上的三个螺钉孔在这两个视图中没有得到表达，因此还需再加一个局部视图；底板也通过一个局部视图表示，俯视图不再画虚线。最后表达的方案定为图 14-31。

### 14.3.1.3  确定表达方案应解决好三个问题

1) 零件的内、外部结构形状的表达问题

内部形状复杂、外部简单则重点表达内部，一般用全剖，可以是多个剖切面组合进行剖；内部形状简单、外部形状复杂则重点表达外形，结合少量的局部剖等表达内部；如果内、外都比较复杂，都需要表达，对称结构可用半剖；非对称结构、内外形状不重叠的，可用局部剖，重叠的用全剖，再另加视图表达被剖掉的形状。

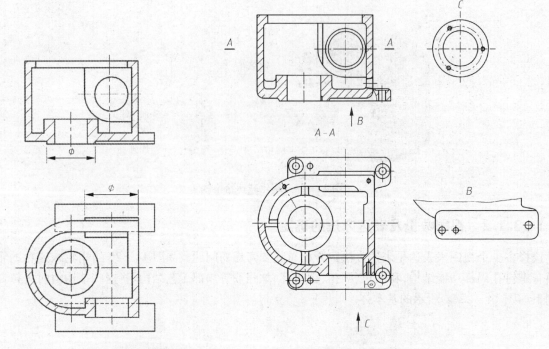

图 14-30　箱体基本体的表达　　　　图 14-31　减速箱箱体表达方案

2）集中与分散表达的问题

表达强调简捷，但是不是画的图越少越好呢？这要根据具体情况而定。对于局部视图、斜视图、斜剖视图等一般分散表达的图形，如果都在同一个方向上但不重叠，可考虑集中在一个图上表达；如果在同一方向上重叠的结构较多，可考虑分几个视图或几个局部视图、剖视图来表达，更易于别人看图。

3）是否画虚线的问题

一般情况下，应用各种表达法绘图时不画虚线，这主要是从看图的角度考虑，同时也便于标注尺寸。但在某些情况下，有个别结构未表达清楚，另加一个视图也没有太大必要，同时加了虚线也不太会增加看图困难时，可以用虚线表达，如图 14-30 所示。

## 14.3.2　零件图的尺寸标注

零件图的尺寸标注除了要满足正确、完整、清晰的要求之外，重要的是要满足"合理"这个要求。合理的标注尺寸要求所标注出来的尺寸满足设计和工艺的要求，即既满足零件在机器中能很好的工作，同时也满足零件的制造、加工、测量和检验的要求。

在标注零件尺寸时，应先分析零件结构、了解加工方法并进行形体分析，然后选择好基准，按照合理的方式进行标注，在标注中应严格遵守尺寸标注的各种规定。

### 14.3.2.1　基准的概念

基准是尺寸标注的起点，是指零件在机器中或在加工测量时，用以确定其位置的一些面、线或点。

基准分为设计基准和工艺基准。

设计基准是指确定零件在机器中位置的一些面、线或点。

工艺基准是指确定零件在加工或测量时的位置的一些面、线或点。

零件上设计基准的确定需要较多地了解该零件的设计目的和设计要求，而工艺基准的确定则需要较多的了解该零件的加工方法，而这两个方面的知识需要学习者通过机械设计、机械制造等相关学科的学习，并经过大量的生产实践才能真正掌握。

标注零件尺寸时是从设计基准出发还是从工艺基准出发是选择基准首先要考虑的问题。从设计基准出发可以反映设计要求,能体现零件在机器中的工作情况;从工艺基准出发,可以与加工制造结合起来,便于加工、检验,易于保证加工质量。

有时基准有多个,则需要确定一个基准作为主要基准,其他的是辅助基准。

在零件上有长、宽、高 3 个方向,因此有 3 个方向的基准。

如前面所讨论过的蜗轮减速箱的箱体,其制造工艺是先通过铸造得到毛坯,再经过刨等机加工完成零件的制造。箱体底面为箱体的安装表面,可确定为高度方向的主要基准,高度方向的尺寸 $90_{-0.1}^{0}$ 和 150 等尺寸均是从此基准标注的。90 尺寸定出了正面孔到底面的位置,它是定位尺寸。

宽度方向以箱体前后对称面为尺寸基准,标注各孔的定位尺寸,如 150、180 等。

长度方向的基准选择底面大孔的中心线作为基准,通过尺寸 $75\pm0.035$ 定出另一大孔的位置,这两个孔分别是蜗轮和蜗杆所放置的位置,它们之间的相互位置精度是首先要保证的。以此为基准注出另一些孔的定位尺寸。

由于箱体是铸件,标注尺寸还应考虑工人制造木模的方便,因为木模是按照基本体一块块叠加上去的,所以对于零件上不重要的尺寸可以按形体分析的结果进行标注。

### 14.3.2.2　标注零件尺寸时应注意的几个问题

1) 功能尺寸和重要尺寸应直接注出

功能尺寸是指影响零件装配精度和工作性能的尺寸。如图 14-32 中两孔间距尺寸 $75\pm0.035$。直接标注出来的尺寸是加工时要保证的尺寸,是衡量零件是否合格的依据。对于直接标注出来要达到的尺寸偏差,工艺人员要设计各种工艺来达到,而未直接标注出尺寸偏差的尺寸,并不是没有精度要求,只是表示在一般的工作条件下达到的精度即可。

2) 不要注成封闭的尺寸链

封闭的尺寸链是头尾相接成为环状的一组尺寸。如图 14-33(a)所示尺寸,4 个尺寸每个尺寸都是尺寸链中的一环,它们形成了一个封闭的尺寸链。封闭尺寸链之所以错误是因为加工时如果每个尺寸均要保证其加工精度是不可能实现的,因为每个尺寸在加工时均会有误差,尺寸 6、17、20 在加工时的误差之和肯定要超出加工尺寸 43 时的误差。

正确的作法是,将其中一段不太重要的尺寸空出不注成为开口环,如图 14-33(b)所示,这样所有的误差将会累积到这段,从而容易实现设计意图。

3) 标注的尺寸要便于加工和测量

标注零件尺寸要便于加工就需要尽可能按照加工顺序标注尺寸,便于制定工艺,安排生产。一个零件是由多个加工工序完成的,对同一个工序所需的尺寸尽可能标注在靠近的位置。

标注尺寸还需要便于测量,如图 14-34(a)所示方式标注的尺寸,是不便于测量的,改为图 14-34(b)所示就易于测量了。

4) 毛坯面与加工面的标注

对于铸件各未加工表面即毛坯面进行标注尺寸的时候,同一方向上毛坯面尺寸与加工面尺寸应各选一个基准进行标注,并且两个基准之间只允许有一个联系尺寸,如图 14-35(a)所示,加工尺寸 $J_1$ 与 $M_1 \sim M_5$ 各毛坯面尺寸只通过一个尺寸 $M$ 进行联系,这样在加工底面时,尺寸 $M$ 的精度要求是容易满足的。所有的其他尺寸仍保持着它们在毛坯时所得到的精度关系。像图 14-35(b)的标注是不合理的。

5) 有相互装配关系的零件相关尺寸的注法应一致

因为两个有装配关系的零件,装配处要求对齐,所以尺寸标注的基准应该一致,标注方式一样,误差的方向也一样,装配时不易出现困难。

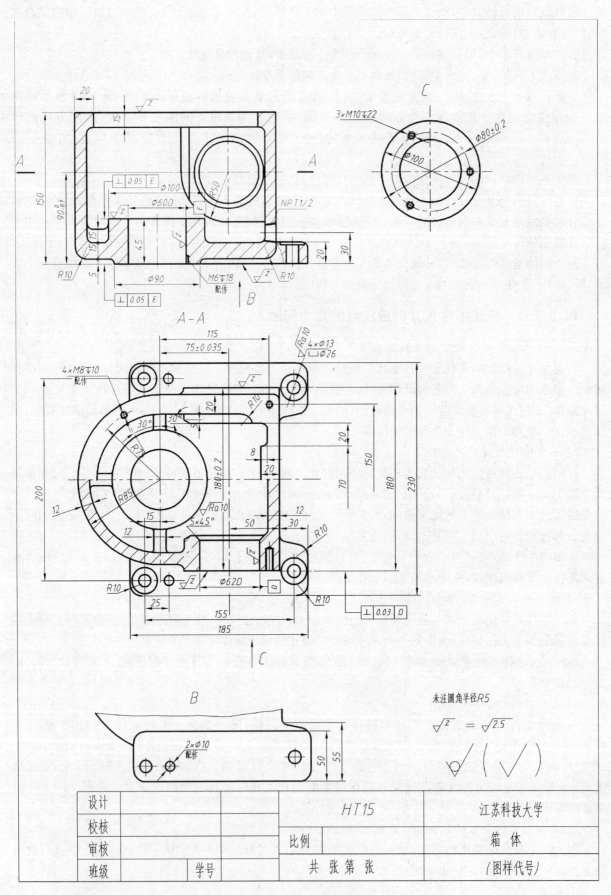

图 14-32 箱体零件图

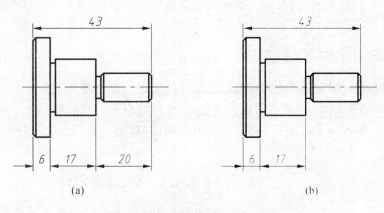

图 14-33 封闭尺寸链与开口环

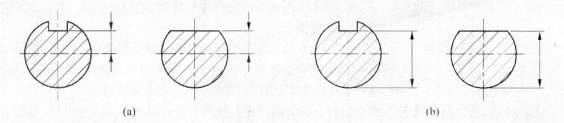

图 14-34 标注尺寸应便于测量

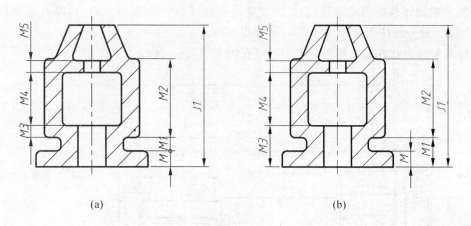

图 14-35 毛坯面的尺寸标注

### 14.3.3 零件图技术要求

零件图上面除了直接标注在图形上面的,如尺寸公差、形位公差、粗糙度等技术要求之外(这些已经在前面有关章节作了介绍),还有一些是以文字的形式写在标题栏上方空白位置处的。它们主要是以下几方面的内容:

1) 对零件毛坯的要求

常见的:对铸件有铸造圆角、气孔、缩孔的要求;对锻件有去氧化皮等要求。

2) 对热处理和表面处理的要求

热处理可以改善金属材料的力学性能(如硬度、强度、弹性等),一般的零件都要经过一定的处理。

表面处理一般是在零件表面镀或涂一层化学物质,可以提高零件表面的性能,如提高抗腐蚀性、耐磨性或使表面美观等。

3) 对检测、试验条件与方法的要求

对于以文字形式写在图纸上面的技术要求,一般先要注写"技术要求"字样,字号应比下面各行正文的字号大一号,然后在下面注写具体要求。如果技术要求的内容较少,也可以省去"技术要求"字样,而直接写出内容。

## 14.3.4 几类典型零件的画法

按照零件的结构形状、加工制造上的特点以及零件的用途可以将零件主要分为这样几类:轴套类、盘盖类、叉架类、箱体类等。同一类零件其表达方案、尺寸标注有其共性的地方。下面就这几类零件中的典型例子进行分析,学习一下这几类零件的零件图的画法,对于不能归于这几类中的零件,也可以起到举一反三的作用。

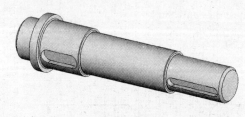

图 14 - 36 轴

### 14.3.4.1 轴、套类零件

轴套类零件结构上最大的特点就是都是由数段回转体组成的,主要的加工方法是用棒料在车床上进行车制。图14 -36 所示为减速机中低速轴的立体图,图 14 - 37 是它的零件图。

在轴上面有倒角、圆角、键槽局部结构。对于圆柱体,如果配合直径尺寸,一个视图就可以表达清楚,该轴是实心轴,所以一个主视图就可以了。主视图选择零件在车床上的加工位置,大头朝左来绘制。

键槽的表达,采用断面图,所以再增加两个断面图。在主视图上使有键槽的一面为可见,则键槽的长度可以表达出来。

轴的尺寸标注主要有轴向和径向两个方向,径向基准选择轴线作为基准;轴向尺寸基准不止一个,首先从如图所示的设计基准出发标注尺寸 175,这是从设计的要求来考虑的;再以右端面作为工艺基准,标注尺寸 55。此外标注出总长尺寸 200,可方便备料。

键槽尺寸的标注方法在有关键槽一节中已经有所介绍,在标注时可以套用。

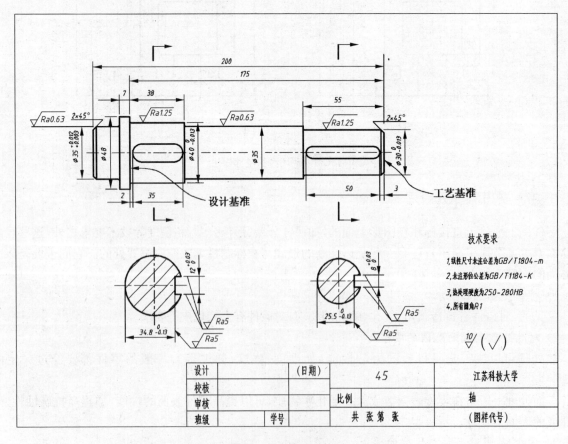

图 14 - 37 轴的零件图

### 14.3.4.2　盘、盖类零件

图 14-38 和图 14-39 是虎钳底座及其零件图。它属于盘盖类零件,此外还有手轮等也属于此类。它们共同的特点是比较扁,形状以圆形为主;一般的加工方法是通过铸造制出毛坯后,再经过车、铣等工序加工出成品。

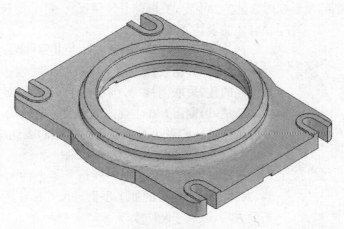

图 14-38　钳座

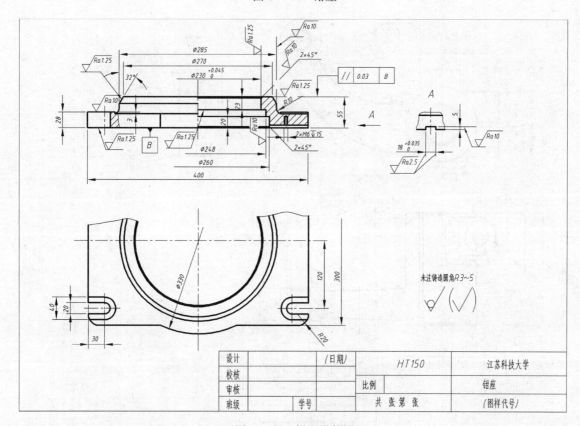

图 14-39　钳座零件图

钳座基本体结构是长方体和圆柱,所以用两个视图作为基本的表达。主视图选择工作位置作为基本看图方向,由于结构对称,所以再用半剖视以表达出中间的大孔和底部的槽深。

俯视图表达外形,由于对称,所以可以用简化画法只画出一半多一点。

为了表示出底部槽的宽度,需要加一个 A 向局部视图。

钳座上的局部工艺结构有倒角、圆角、凸台;局部功能结构有底部的两个螺钉孔。凸台在主视图左部作了一个局部剖视使表达的更充分,其余结构在主视图和俯视图中已得到合适的表达,所以表达方案得以确定。

尺寸基准的选择是长度方向和宽度方向均以对称面作为基准;高度方向选在底面。凸台部分的尺寸标注是考虑铸件木模的制作按形体分析来标注尺寸的。

### 14.3.4.3　叉架类零件

叉架类零件主要有各种支架、拨叉等,结构一般比较复杂,加工的方法主要是在铸件或锻件的毛坯上进行加工而成。由于加工位置不固定,所以主视图一般选择能表达特征较多的方向作为主视图。由于结构有的复杂有的简单,所需视图数量多少不定,要根据具体情况将视图、剖视图等表达方法有效的结合才能表达清楚零件的结构。

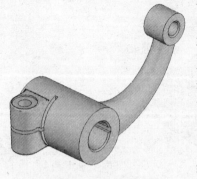

图 14-40 是弯臂,图 14-41 是其零件图。主视图采取特征表现较明显的方向,俯视图采取局部剖视同时表达孔和外形。后部的垂直方向的孔,采取剖视,另画在图纸空白处,可以对孔和中间的缝隙表达清楚,否则需要在主视图上加较多的虚线,不方便看图和标注尺寸。虽然这样的表达对前后贯通的孔的表达略显重复,但比较有利于看图。表达弯臂采用了移出断面。

尺寸标注的基准选择一般选叉架上的与轴连接的主要孔的轴线、对称平面或较大的加工平面。尺寸标注的方法主要采取形体分析的方法,以利于制作木模。

图 14-40　弯臂

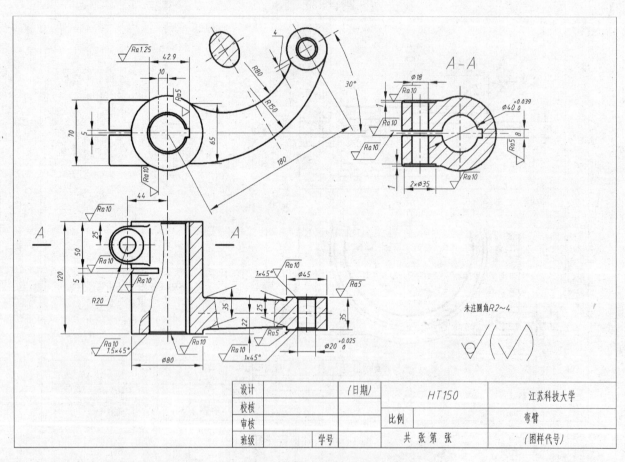

图 14-41　弯臂零件图

### 14.3.4.4　箱体类零件

箱体类零件一般起到包容、支承、定位和密封的作用。图 14-32 的减速箱的箱体即是箱体类零件的一种。下面再看一例箱体类零件。

图 14-42 为圆柱齿轮减速机的机盖,图 14-43 是其零件图。减速机机盖上的结构有起包容作用的壳体;有装螺钉用的凸台和底板;有装轴承的半圆筒;有增加强度用的加强筋;有观察用的窥视孔。由

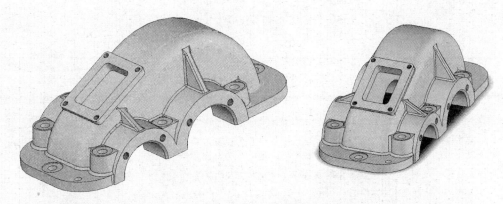

图 14-42　减速机机盖

于毛坯是铸件,所以有圆角、拔模斜度这样的铸造工艺结构,同时也有锪平孔、倒角这样的机加工工艺结构。

由于内部结构简单,所以表达方法以表达外形为主,以 3 个基本视图为基础,主视图选择工作位置作为视图方向,用局部视图表达孔和外形;俯视图全部画外形;左视图由于对称可用半剖视来表达。这样表达后发现对窥视孔的表达全部未反映实形,这为标注尺寸带来不便,所以再用局部视图表达一次。在主视图中应用了虚线,这样更清楚地表现出里面的空腔,同时也使表达精练。

机盖尺寸标注与图 14-32 箱体零件的尺寸标注方法相似。高度方向选择底面作为基准;长度方向选择大半圆筒的轴线作为基准,标注 55、125、120 尺寸,定位其上孔的位置;宽度方向以对称面作为基准。

重要的尺寸均从基准注出,有精度要求的还要注尺寸偏差和形位公差。如两半圆筒间距尺寸 $100\pm0.06$ 从长度方向基准注出,定出另一半圆筒中心的位置,它关系到将安装进来的两个齿轮轴的中心距,是一个重要尺寸。机盖上各圆孔和两个锥销孔均是从这两个基准出发来定位的。

对于其余的尺寸,可用形体分析的方法注出。

### 14.3.5　零件图的绘图步骤

按照一定的步骤,有条不紊的绘图是保证绘图又好又快的关键。绘零件图大致遵循如下的步骤:

(1) 了解零件的功用,分析零件的结构,搞清其基本体结构、功能结构和工艺结构,按照不同种类零件的表达特点,选择好主视图。

(2) 考虑视图的数量、表达的方法,确定表达方案。仔细审查看看结构是否均表达清楚,同时要注意常见结构的习惯表达方法。确定一种方案后,再考虑一下还有无其他种方案,何种为优。

(3) 选择比例,布置图纸,画出基准线,再绘出图形,此处的绘图方法基本与画组合体类似。

(4) 检查投影是否画对,线型是否画对,擦去多余的线。

(5) 确定尺寸基准,标注尺寸。

(6) 标注尺寸偏差和形位公差,并注写技术要求。

(7) 再一次校核,加深加粗有关线型。

(8) 填写标题栏。

## 14.4　读零件图

读零件图与画零件图实际上是密不可分的,画零件图需要传递的零件信息和加工信息,要在读零件图时完全地传递过去。在读零件图的过程中,对各种表达法和常见结构的绘图方法及各种标准的熟悉,是快速读懂一张零件图的关键。

读零件图也遵循一定的步骤,下面以图 14-1 为例来说明读零件图的步骤。

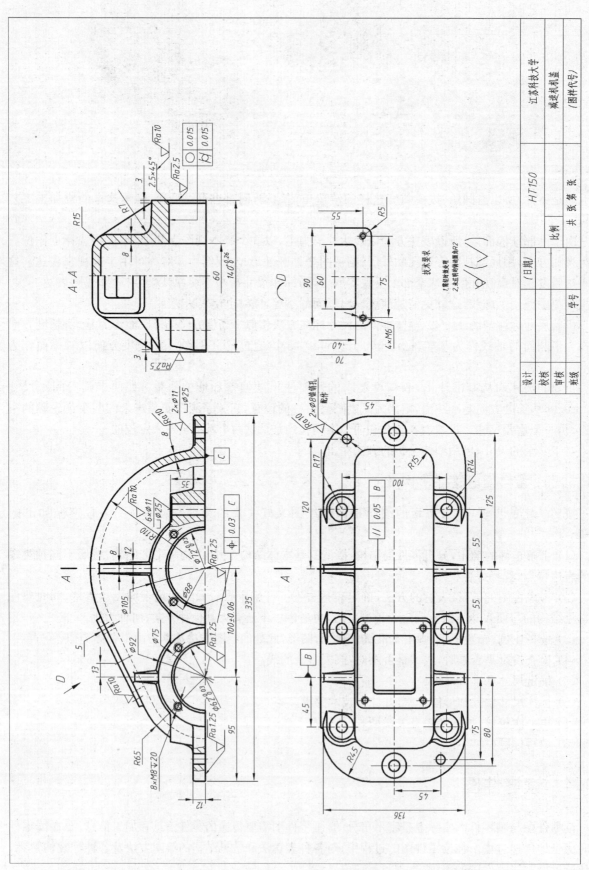

图 14-43  减速机机盖零件图

1）概括了解

对图中所画的零件的名称、绘图所用的比例、所用的材料、零件的分类等进行了解,再通过已经有的知识或查阅一些资料,了解该零件的功用、在机器中的位置等。这对于想象零件的形状,理解它的技术要求,推断它的加工方法都有很大的好处。

这些信息主要通过看图纸的标题栏或有关资料来获得。如通过看图 14-1 的标题栏,知道该零件是柱塞套,绘图所用比例是 2∶1,是用 15Cr 材料来制作的。虽然没有更多的资料可以看,单从零件的名称就可以推出,它属于轴套类零件,因为是套,所以中间一定是空心的,再联想到已经介绍过的有关轴套类零件的表达特点,这就为进一步看图打下了基础。

2）分析表达方案

分析表达方案首先抓住主视图,然后再看它采用了几个视图,有无剖视图,如果有,剖切面在哪里;有无断面图、局部放大图等,各视图之间的关系要理清。

柱塞套零件共用了 3 个图,主视图、左视图和局部放大图,这 3 个图上均作了剖视。主视图的剖切位置没有标注,是因为从对称面剖切的;左视图是"A-A",在主视图找到"A"剖切位置,可知是同时将上、下两个孔都剖出了。

3）想象零件的结构

通过表达方案的分析,想象出零件的基本体结构,再通过绘图的特点和标注的提示,分析或看出局部功能结构和工艺结构。

柱塞套的基本体结构是多段圆柱,这从左视图及对零件的了解就可作出判断。通过图形的表达和标注的提示看出有倒角、沉孔等工艺结构。

4）尺寸和技术要求分析

分析尺寸基准,应从 3 个方向,即长、宽、高去分析,一般是有基准的地方,出发的尺寸较多。找出重要的功能尺寸,一般而言带有尺寸偏差的尺寸都是与其他零件配合有关的,均是重要的尺寸,要了解它的公差是多少及公差带的位置。

通过对粗糙度的了解,可以知道哪个是加工面,也可推断出大致要进行何种加工。

如柱塞套零件,通过标注在右上角的粗糙度就知所有面均是加工面,内部的孔腔粗糙度值要求 0.02 mm,要求很高,需经过磨加工才可以达到。这样高要求的表面,可以使与其配合的零件相互的摩擦力比较小,降低磨损,提高配合精度。

通过以上几步的分析,可以说基本对零件图看懂了。

## 14.5 零件的测绘

零件的测绘是绘制零件图的途径之一,一般在需要修配零件或仿制机器的场合用得最多。测绘零件首先要画出零件的草图,然后将测出的尺寸标注在图形上。绘制零件草图的步骤与画零件图相似,首先应在分析零件结构的基础上,制定好表达方案后,仅凭目测按照画零件图的步骤,画出各个图形,然后再集中进行尺寸测量,并标注在草图上。

测绘零件重要的是将零件的尺寸尽可能地测量准确,在实际生产中条件好的工厂会用到一些高精度的测量仪器,有的工厂甚至会用三坐标测量仪这样的设备直接将零件扫描进计算机,直接建立三维模型;条件差一点的工厂最普通的也要用到千分尺和游标卡尺这样的测量工具,如图 14-44 所示。

作为学生练习用,最常见的测量工具是钢直尺和内、外卡钳,本节主要介绍如何利用这些工具测量零件的尺寸。

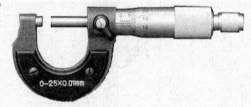

千分尺

游标卡尺

图 14-44 测量工具

## 14.5.1 一般尺寸的测量方法

对长度尺寸主要是用钢直尺进行测量,因为比较简单在此不作介绍。

### 14.5.1.1 内、外径的测量

外卡钳可用来测量外径,测量方法如图 14-45(a)、(b)所示;内卡钳可用来测量内径,测量方法如图 14-45(c)、(d)所示。

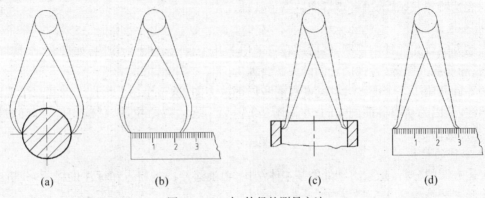

图 14-45 内、外径的测量方法

### 14.5.1.2 壁厚的测量

壁厚的测量方法如图 14-46 所示。

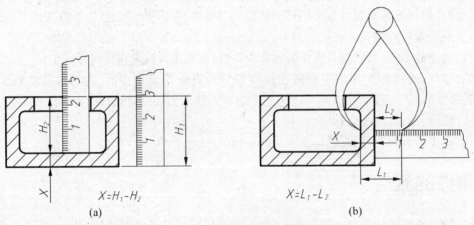

图 14-46 壁厚的测量方法

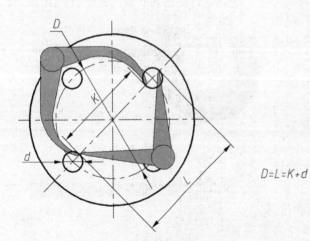

图 14-47 孔间距的测量方法

### 14.5.1.3 孔间距的测量

测量孔间距可用外卡测出两孔孔壁最近处的距离 $K$,则孔间距 $D = K + d$,$d$ 为孔的直径;也可以用内卡测出两孔同侧壁的间距 $L$,则孔间距 $D$ 就等于 $L$,如图 14-47 所示。

### 14.5.1.4 中心高的测量

如图 14-48 所示,利用外卡钳和直尺,分别测出直径 $D$ 和高 $H_1$,通过简单的计算即可得出中心高的尺寸。当然除此之外,还可以有多种方法,通过测出不同位置的尺寸,再经过简单的计算得出所需的尺寸。

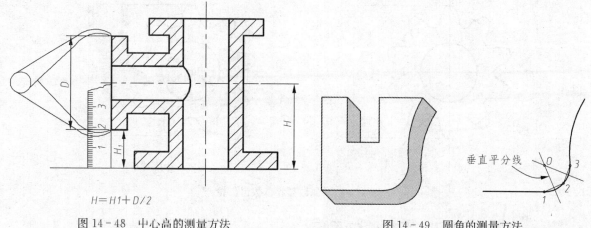

$H = H1 + D/2$

图 14-48　中心高的测量方法　　　　　　图 14-49　圆角的测量方法

### 14.5.1.5　圆角、曲线、曲面的测量

求圆角、曲线或曲面的曲率半径,在不要求十分精确的情况下,可以利用以下两种方法:

(1) 拓印法。即将曲线描绘在白纸上,然后利用几何作图求出其圆心的位置,再测量出其半径。如图 14-49 所示,描出圆弧后,在其上任取三点,连接,作两段线的垂直平分线,交点 $O$ 即是圆心。

(2) 坐标法。分别量出曲线或曲面上若干点的坐标值,即可以在白纸上绘出曲线,再求出曲率半径。

## 14.5.2　螺纹的测量

零件上经常有螺纹结构。测量螺纹主要是确定螺纹的大径、头数、旋向和螺距。

(1) 螺纹的大径可以用测直径的方法去测量。

(2) 螺纹的头数和旋向可以用目测、手摸的办法确定。

(3) 螺距在没有螺纹规的条件下,可以将螺纹压印在纸上,量取数个压印的长度后,除以印记的数量,即得出螺距的近似值。如图 14-50 所示。

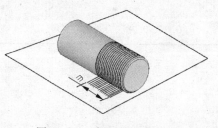

在量出这些尺寸后,还应该去查取螺纹标准,找到与此最接近的数值,定出螺纹的标记。

对于是何种螺纹,如是管螺纹还是普通螺纹,应根据螺纹在零件上的作用来定。

图 14-50　螺距的测量方法

## 14.5.3　齿轮的测量

齿轮的测量除轮齿外,其他结构的测量方法完全与前面所介绍的方法相同。这里主要介绍标准直齿圆柱齿轮的测量方法。

测量齿轮主要是确定模数和齿数,其他所需尺寸可由齿轮一章所介绍的公式计算出来。

(1) 齿数 $z$ 可以直接数出来。

(2) 测出齿轮大径 $D$。

对于偶数齿的齿轮可以直接量出 $D$;对于奇数齿的齿轮可先测出齿顶到轴孔的距离 $e$,则齿轮大径 $D = 2e + d$,见图 14-51。

(3) 根据齿顶圆直径 $D = m(z+2)$,可计算出 $m$,再查有关标准,取与之最近的数值,最后计算出分度圆直径等。

223

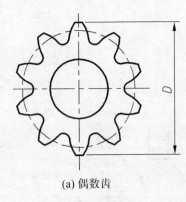

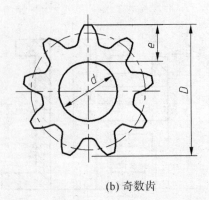

(a) 偶数齿          (b) 奇数齿

图 14-51 偶数齿和奇数齿齿轮

## 14.5.4 零件表面粗糙度数值的确定

零件的表面粗糙度是通过取样由粗糙度仪测量出来的,也可以通过目测来近似地确定。

表 14-1 确定表面粗糙度参数 $R_a$ 的目测特征

| 表面粗糙度值 | 表 面 特 征 | 相应的加工方法 |
|---|---|---|
| (不加工表面) | 除净毛口 | 铸、锻、冷轧、冲压、热轧 |
| 50、25 | 可见明显的刀痕 | 粗车、镗、刨、钻 |
| 12.5 | 微见刀痕 | 粗车、刨、立铣、平铣、钻 |
| 6.3 | 可见加工痕迹 | 车、镗、刨、钻、平铣、立铣、锉等 |
| 3.2 | 微见加工痕迹 | 车、镗、刨、磨等 |
| 1.6 | 看不见加工痕迹 | 车、镗、刨、磨等 |
| 0.8 | 可辨加工痕迹的方向 | 车、镗、刨、磨等 |
| 0.4 | 微辨加工痕迹的方向 | 铰、磨、刮、滚压 |
| 0.2 | 不可辨加工痕迹的方向 | 磨、研磨 |
| 0.1 | 暗光泽面 | 超级加工 |
| 0.05、0.025、0.012 | 亮光泽面、镜面 | 超级加工 |

# 第 15 章 装 配 图

表达一个机器或部件中各组成部分连接、装配关系的图样称为装配图。装配图是生产中重要的技术文件，是了解机器结构和工作原理、制定装配工艺的依据，同时也是进行机器装配、检验、安装和维修的技术依据。

## 15.1 装配图的作用与内容

装配图是设计机器时先画的图，通过它来安排各零件之间的连接顺序，确定其装配关系；然后再根据装配图画出各个零件的零件图。按照零件图生产出零件后，再根据装配图将各个零件组装成机器或部件。

图 15-1 是滑动轴承，图 15-2 是它的装配图。滑动轴承是一个部件，它共有 8 种零件。有的种类的零件有多个，如螺母、螺栓等，它们均是标准件。还有外购的组件，如油杯。在装配图中要表达出它们的装配关系和装配的要求，生产者按照图纸能顺利地将这些零件装配成一个滑动轴承。有的零件之间有一定的配合要求，如过渡配合、过盈配合等，在图纸上要能表达出这些要求。

根据装配图的作用，从图 15-2 滑动轴承的装配图中可以看出它应当包含如下的内容：

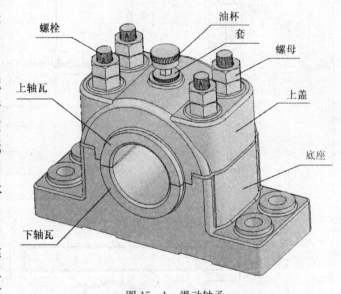

图 15-1　滑动轴承

1）一组视图

通过一组视图，应用多种表达方法，表达出零件的装配关系及部件的原理，表现出与工作原理有关的零件的关键结构和形状，对于其他的零件应表现出它们的主要结构和形状。

2）必要的尺寸

装配图所标注的尺寸应能反映出机器的性能、规格、安装情况，及反映零件配合关系等。

3）技术要求

用来表示对机器的装配、检验方法、试验条件等方面的说明，以及有关调整、安装、使用方面的说明。

4）标题栏、编号和明细栏

用来说明各个零件的名称、代号、数量等有关零件的信息，及设计者、审批者等管理方面的信息。

以上几个方面，根据装配图的作用不同，在详略上会有所调整。在很明确的情况下，也可以省略技术要求的内容。

## 15.2 装配图表达方法

在机件常用表达法一章中所讲过的各种方法在装配图的表达中依然有效，但应注意在零件图中重点表达的是零件的结构和形状，而在装配图中主要表达的是装配关系和工作原理，对装配体的主要结构和形状基本表达清楚就可以了，两者的侧重点不同。

除此之外装配图还有一些不同于零件图表达的方法。

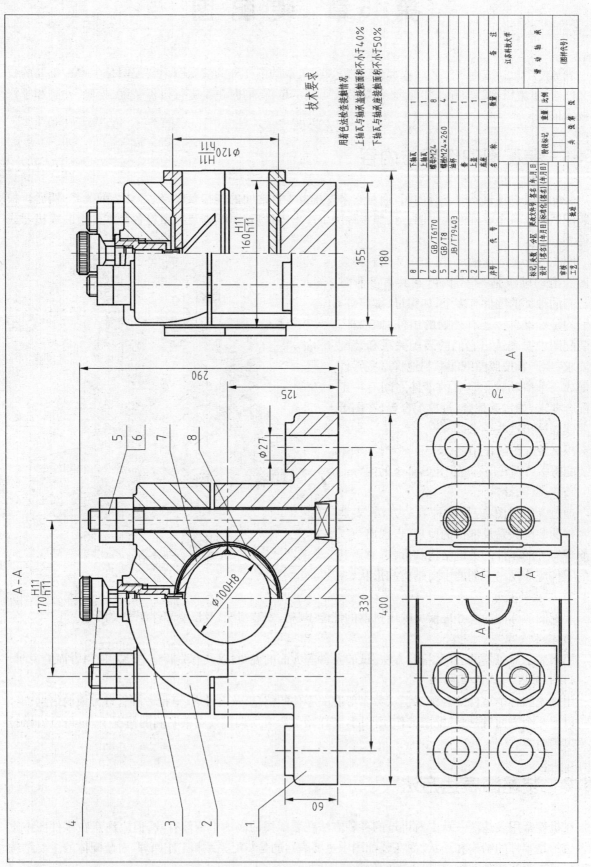

图 15-2 滑动轴承装配图

### 15.2.1　规定画法

装配图的表达既需要区分每个零件,又要表达得明确,在国家制图标准中对装配图的画法作了以下几条规定:

(1) 两个零件的接触表面,只画一条轮廓线,不能画成两条。

(2) 相邻零件的剖面线方向应不同,如果方向无法不同,应使其剖面线间隔不等,互相错开。

(3) 在剖视图中,对于实心件,如轴、杆、螺栓、螺母、螺钉、销、键等,如果是纵剖(即剖切面通过轴线),则它们的剖切面不画剖面线,当成不剖来画;如果是横剖(即剖切面垂直于轴线),剖切面应画剖面线。

规定画法的示例,可参见前面介绍过的螺栓连接的画法等内容。

### 15.2.2　简化画法

(1) 装配图中零件的倒角、圆角、退刀槽等细部结构可以不画,螺栓头部和螺母头部上的曲线可以省略,如图 15-2 所示,但为了增加真实感有时也会画出。

(2) 螺纹连接件及其他相同的零件,在不影响看图的情况下,可以只画出一处,其余用点画线表示其中心位置,以代替画这些零件,如图 15-3 所示。

(3) 在装配图中还允许不画螺纹连接件,只画表示位置的中心线,然后从装螺母一端引线标序号,但仍要按连接件中的数量逐个标出序号,然后在明细表中注明是何种标准件。如图 15-4 所示。

(4) 当零件厚度很小,一般小于 2 mm 时,剖面线用涂黑表示。见图 15-3。

(5) 当剖切面剖切某些标准产品的组合件时,如果该组合件不需要在装配图中表达其结构时,可以不剖而只画外形,如图 15-2 中的油杯。

(6) 对称的视图,在不致引起误解的前提下,可以只画一半或四分之一,表达方法同零件图。

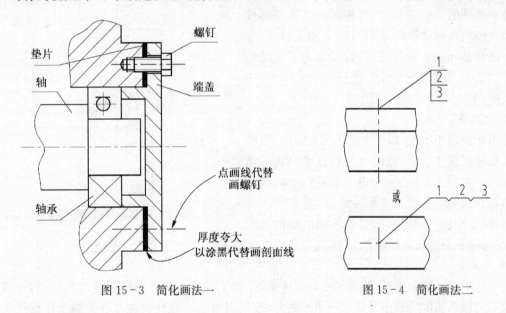

图 15-3　简化画法一　　　　　　　图 15-4　简化画法二

### 15.2.3　特殊画法

#### 1) 拆卸画法和沿结合面剖切

为了表达出被挡住的装配体内部结构或零件的构造,可以假想将一些零件拆去后,只绘出所表达部分的视图。

也可以将拆卸与沿结合面剖切结合起来,如图 15-2 的俯视图,就是沿着上盖与底座的结合面剖切,并拆掉上盖后画出的,由于未剖到底座,所以不画剖面线,但因剖到了螺杆,所以螺杆的断面应画剖面线。

再如图 15-5 的"A-A"剖视图,也是沿泵盖与泵体的结合面剖切后画出的。

采用拆卸画法后，如果需要说明可以在视图的上方注写"拆去××"字样。

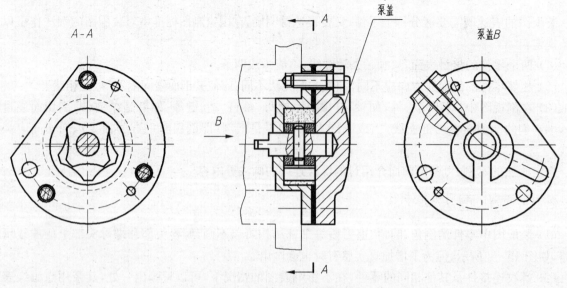

图 15-5 转子泵装配图画法

2）单独画法

即将某个零件单独表示。当需要重点表达某个零件，该零件的形状未能表达清楚时，可以采用此方法。如图 15-5 的泵盖，即单独用 B 向视图来表达它上面的结构，因为该结构对理解泵的工作原理是重要的。

3）假想画法

假想画法一般用在两种情况，一是为了表达装配体与其他零部件的装配关系，可将相邻的其他零部件用双点画线画出其部分轮廓，如图 15-5 中主视图，它可表示出该泵是如何安装和使用的；二是为了表达运动的零件的极限位置及它的运动范围，如图 15-6 中手柄的表达。

4）夸大画法

对于薄片或微小间隙，如果按真实尺寸绘图，可能无法画出或特征很不明显，这时可以将这些结构适当地夸大画出。如图 15-5 中的垫片，其厚度太薄，无法真实画出，因此将厚度适当增大后画出，更有利于看图。再如"规定画法"中规定，非接触表面应画两条轮廓线，往往非接触面之间的间隙非常小，这时可以将间隙夸大，应能在图纸上明显看出有间隙才行。

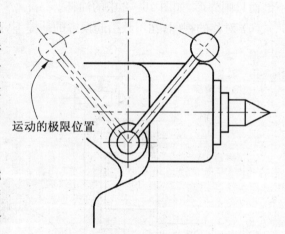

图 15-6 运动零件极限位置的表达

5）展开画法

对于某些重叠的装配关系，如多级传动变速箱等，为了表示齿轮传动的顺序和装配关系，可以假想将重叠的空间轴系按传动顺序展开在一个平面上，按剖视画出。这种表达方法类似于在机件表达法一章中剖视部分所介绍的几个相交的剖切面剖切后的展开画法。

## 15.3 常见装配结构

### 15.3.1 装配合理结构

#### 15.3.1.1 接触面及配合面合理结构

两个零件以面接触时，在同一方向只能有一个接触面，如图 15-7(a)、(b)所示的水平、垂直方向及

图 15 - 7(c)所示的圆柱径向方向。以圆柱面接触时,接触面转折处应有倒角或圆角、退刀槽,如图 15 - 7(b)、(c),以保证接触良好。

当以锥面配合时,两零件的端面应有间隙,如图 15 - 7(d)所示。

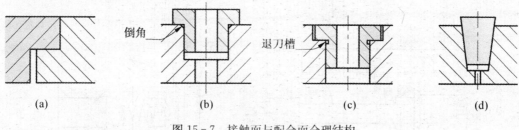

图 15 - 7 接触面与配合面合理结构

### 15.3.1.2 螺纹连接合理结构

为了使螺纹连接件能拧紧,应在螺孔上作出倒角(图 15 - 8(a))或凹坑(图 15 - 8(b)),或在螺柱上留出退刀槽(图 15 - 8(c))。

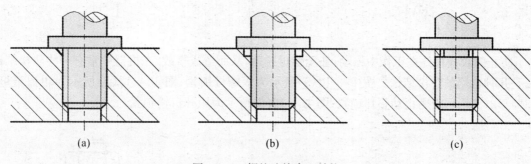

图 15 - 8 螺纹连接合理结构一

为了拆装方便,应留下扳手空间(图 15 - 9(a))和螺钉装、拆空间(图 15 - 9(b))。

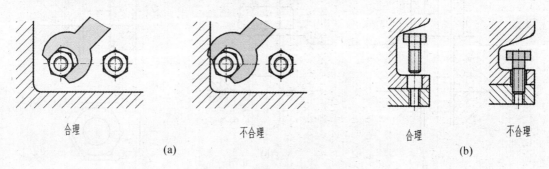

图 15 - 9 螺纹连接合理结构二

### 15.3.1.3 销连接的合理结构

销连接要考虑拆装的方便和加工的方便。在可能的情况下销孔应作成通孔,见图 15 - 10。

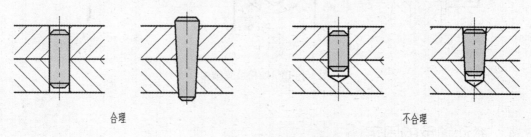

图 15 - 10 销连接的合理结构

### 15.3.2 弹簧连接结构

在装配图中被弹簧挡住的结构一般不画,可见的部分从弹簧的外轮廓线或从弹簧截面的中心线画起。如图15-11(a)所示。当弹簧簧丝直径很小(一般小于2 mm)时,可以用示意的画法画出,如图15-11(b)所示。

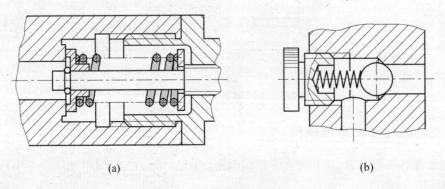

(a)                    (b)

图15-11  弹簧连接结构

### 15.3.3 防松结构

为了防止螺纹连接件在工作中松动,甚至螺母脱落,从而造成事故,在机器中常有一些防松结构,图15-12是几种常用的防松结构。图15-12(a)所示为双螺母锁紧;图15-12(b)所示为用弹簧垫圈锁紧;图15-12(c)所示为用止动垫片锁紧;图15-12(d)所示为用开口销锁紧。

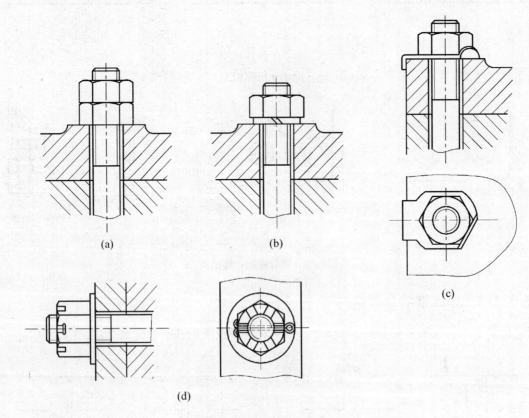

图15-12  防松装置结构

### 15.3.4 滚动轴承的固定

轴承的内、外圈在装配体中如果没有有效的固定,它们在运动的过程中会发生轴向的窜动,从而会引发事故。常用的固定滚动轴承的结构有以下几种：

（1）用轴肩固定，如图 15-13 所示。

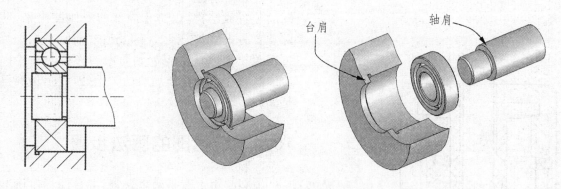

图 15-13　用轴肩固定轴承

（2）用挡圈固定（如图 15-14 所示）：一个是用弹性挡圈固定；一个是用轴端挡圈固定。轴端挡圈需要用螺钉固定在轴端。

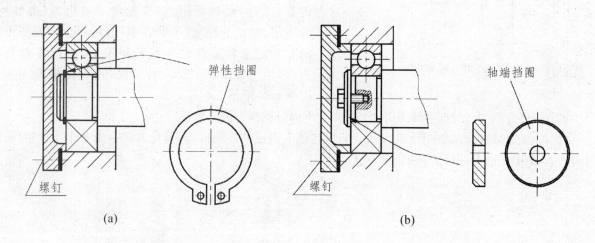

图 15-14　用挡圈固定轴承

（3）用套筒固定，如图 15-15 所示。

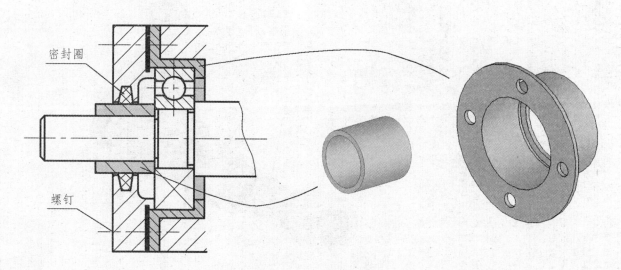

图 15-15　用套筒固定轴承

## 15.3.5　密封与防漏结构

为了防止机器外面的灰尘等物质进入轴承，同时也防止轴承的润滑剂流出，在滚动轴承与外界接触的地方要使用密封结构。密封一般使用密封圈、皮碗、毡圈等零件，它们有的已经标准化，可以从相关的标准中查到。图 15－15 所采用的是最常用的方式，用密封圈密封。

对于像阀、泵这类部件，通常在结构上要有防漏的装置或结构，以防止内部的液体漏出来，防漏的装置有很多，图 15－16 是其中一种，利用螺母通过压盖压紧填料从而起到防漏的作用。在绘图时应注意将压盖画在压填料的开始处，表示填料已经是满的。

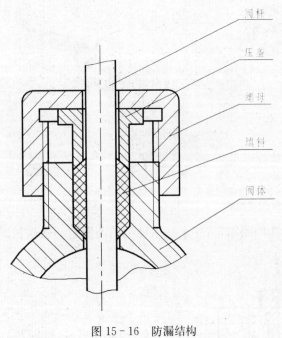

图 15－16　防漏结构

## 15.4　装配图的画法步骤

画装配图主要是两个途径，一是设计时画装配图，二是测绘机器(部件)画装配图。设计机器画装配图前，首先要根据设计要求，拟定结构方案，设计出装配关系和零件的主要结构，画出装配图。测绘机器(部件)画装配图前，首先要了解机器(部件)的功用，测试其性能，拆装各零件，用示意图或简图的方式记录各零件位置和装配关系，画出零件草图，再绘出装配图。后一种情况，也包括根据零件图拼画装配图。

本节主要介绍如何根据零件图拼画装配图。下面以插座为例来说明。

图 15－17 是插座的立体图和爆炸图。它是传输电磁能的接插件，转接角为 90°，由 8 个零件组成。图 15－18 至图 15－25 为它的零件图。

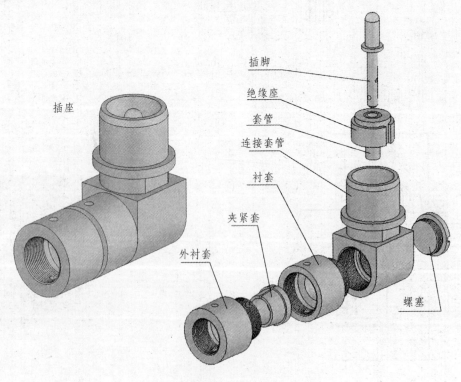

图 15－17　插座

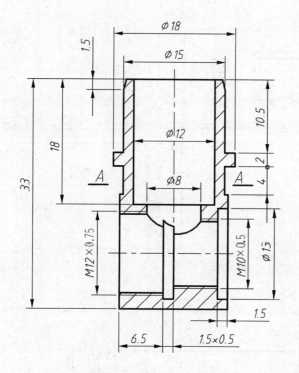

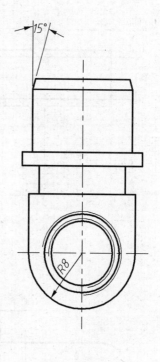

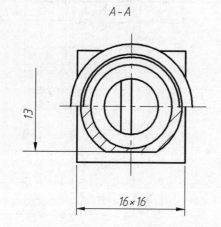

| 名称 | 连接套管 |
|------|---------|
| 比例 | 2:1 |
| 材料 | H62 |

图 15-18 零件之一

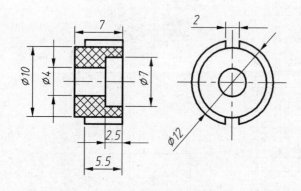

| 名称 | 绝缘座 |
|------|---------|
| 比例 | 2:1 |
| 材料 | 塑料 |

图 15-19 零件之二

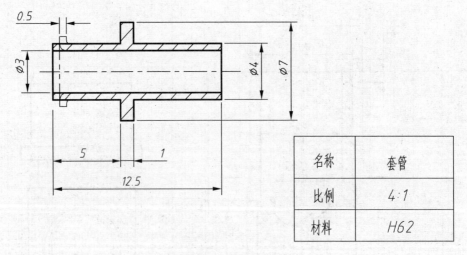

| 名称 | 套管 |
|------|------|
| 比例 | 4:1 |
| 材料 | H62 |

图 15-20  零件之三

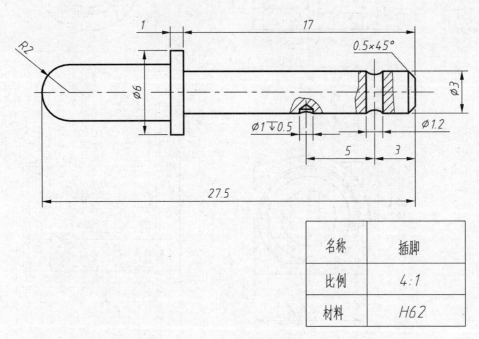

| 名称 | 插脚 |
|------|------|
| 比例 | 4:1 |
| 材料 | H62 |

图 15-21  零件之四

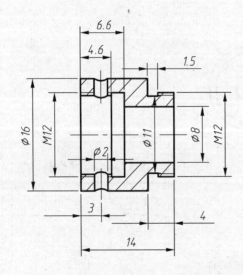

| 名称 | 衬套 |
|------|------|
| 比例 | 2:1 |
| 材料 | H62 |

图 15-22  零件之五

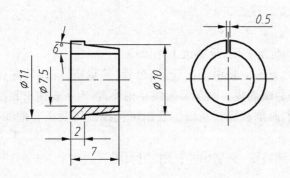

| 名称 | 夹紧套 |
| --- | --- |
| 比例 | 2:1 |
| 材料 | H62 |

图 15-23　零件之六

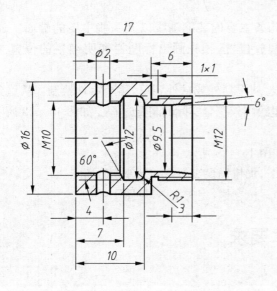

| 名称 | 外衬套 |
| --- | --- |
| 比例 | 2:1 |
| 材料 | H62 |

图 15-24　零件之七

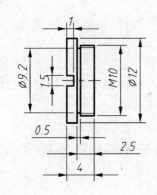

| 名称 | 螺塞 |
| --- | --- |
| 比例 | 2:1 |
| 材料 | H62 |

图 15-25　零件之八

## 15.4.1　拟定表达方案

拟定表达方案中最重要的是确定主视图。装配图的主视图的确定应遵循以下几个原则：

(1) 应能反映机器(部件)的工作状态或安装状态。

(2) 应能反映机器(部件)的整体形状特征。

(3) 表达出机器(部件)各主、次装配线的装配关系,反映出工作原理。

插座是由互相垂直的两条装配线组成,垂直方向是由连接套管、套管、绝缘座、插脚装配而成;水平方向由连接套管、衬套、夹紧套、外衬套、螺塞装配而成。两条装配线互相垂直,为了表达出装配关系,常常把通过装配线的轴线的平面选为剖切平面,画剖视图。所以主视图可选择能将两条装配线全部显示出来的方向作全剖视。

再选择其他视图。为了表达出插座的外形特征,分别用左视图、俯视图表达两个方向的圆形和连接套管下部的形状。

为了表达出连接套管 $A$-$A$ 截面处的形状,可对它采用单独画法来表达。最后形成的表达方案如图 15-26 所示。

### 15.4.2 画装配图的步骤

(1) 画出基准线。基准线是装配体中几条主要的装配轴线以及一些主要的端面。通过画出基准线可以布置好图面,规划好几个视图的摆放位置,预先画出标题栏和明细栏的位置。如图 15-27 所示。

(2) 从一条装配线入手,围绕着装配轴线,从里到外或从外到里,逐个零件绘制。从里到外绘可以避免画被遮挡住的不可见的轮廓线;从外到里绘则较符合实际的装配过程。如图 15-28 所示先绘出垂直方向的装配线上的各零件。

(3) 再绘出水平方向装配线上各零件,如图 15-29 所示。

(4) 画剖面线及其他视图,检查、画出细节,加粗加深线型,如图 15-30 所示。

(5) 标注尺寸、编序号、注写技术要求、填写标题栏,完成全图,见图 15-26。

## 15.5 装配图尺寸标注和技术要求

### 15.5.1 尺寸标注

在装配图中不需要标注出每个零件的具体尺寸,根据装配图的作用,装配图中的尺寸需要标注的主要是以下几类:

1) 性能尺寸

它是表示机器(部件)的性能、规格的尺寸,它是选用此台机器(部件)的依据,也是在设计之前就已经确定的。如插座两端插口的尺寸:$\Phi16$、$\Phi15$、$M10$ 等。

2) 配合尺寸

在装配中必须要保证的零件与零件之间重要的配合尺寸,以及确定两个零件相对位置的重要的定位尺寸。如图 15-2 滑动轴承装配图中的 $\Phi120H11/h11$、$160H11/h11$。

3) 外形尺寸

表示机器(部件)的总长、总宽、总高。这些尺寸在机器(部件)的安装、包装、运输,甚至是厂房设计等方面都是必需的尺寸。

4) 安装尺寸

机器安装在地基上或部件安装在其他机器上时所需要的尺寸。如图 15-2 中滑动轴承底部 4 个孔的定位尺寸 70、330 和孔的直径 $\Phi27$。

5) 其他重要尺寸

它们是在设计中经过计算确定或选定的重要尺寸,是在设计零件时应当保证的尺寸,因此在相应的零件图上必须标注。

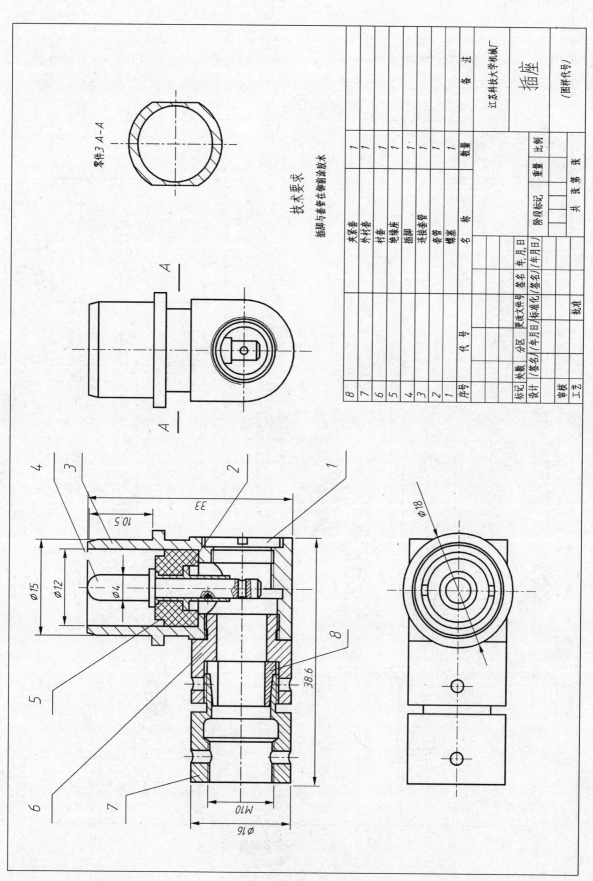

零件3 A-A

技术要求
插脚与套在铆前涂胶水

| 8 | | 夹紧套 | | 1 | |
| 7 | | 外衬套 | | 1 | |
| 6 | | 衬套 | | 1 | |
| 5 | | 绝缘座 | | 1 | |
| 4 | | 插脚 | | 1 | |
| 3 | | 连接套管 | | 1 | |
| 2 | | 套管 | | 1 | |
| 1 | | 螺塞 | | 1 | |
| 序号 | 代 号 | 名 称 | | 数量 | 备 注 |

| 标记 | 处数 | 分区 | 更改文件号 | 签名 | 年,月,日 | | | | |
| 设计 | (签名) | (年月日) | 标准化 | (签名) | (年月日) | 阶段标记 | 重量 | 比例 | 江苏科技大学机械厂 |
| | | | | | | | | | 插座 |
| 审核 | | | | | | | | | |
| 工艺 | | | 批准 | | | 共　张　第　张 | | | (图样代号) |

Ø18

Ø15
Ø12
Ø4

33
10.5

38.6

M10
Ø16

图 15 - 26　插座装配图

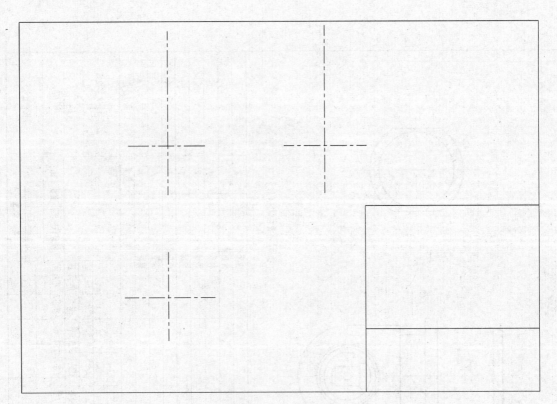

图 15 - 27　画基准线

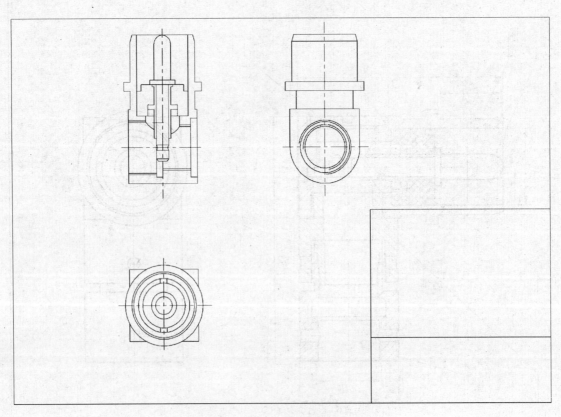

图 15 - 28　画第一条装配线

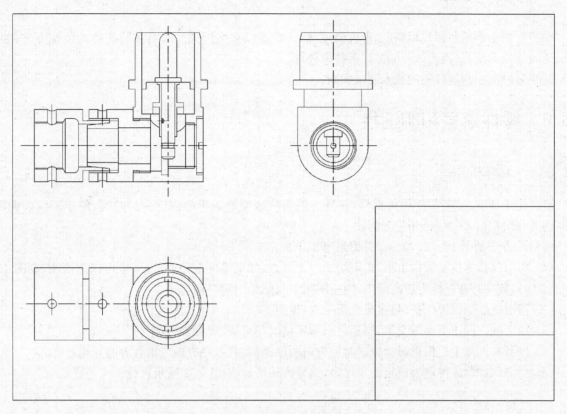

图 15-29 画第二条装配线

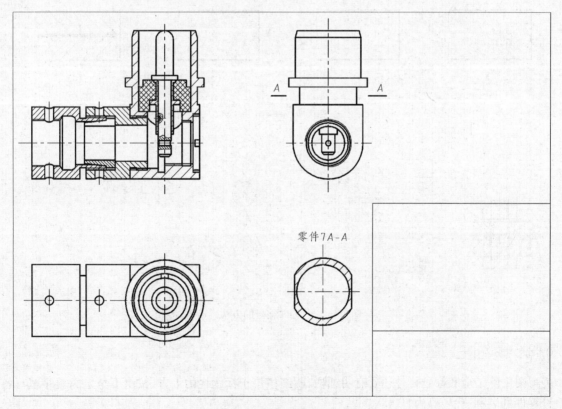

零件7A-A

图 15-30 画剖面线及其他视图

### 15.5.2 技术要求

在装配图中不需要标注粗糙度、形位公差,但一般要以文字形式注写有关装配体的装配方法、装配后应达到的技术指标、检验试验的方法等技术要求。

其字号的大小与零件图的技术要求相同。

## 15.6 零件序号和明细栏

### 15.6.1 零件序号

装配图中所有的零、部件均须编号,并且与明细栏或明细表中的内容一一对应,便于阅读装配图。相同的零、部件只编一次号,不重复标注。

编号的方法如图 15-31 所示。注意遵守以下规定:

(1) 指引线从零件轮廓内引出,指引端加一个黑点,如果零件较薄或较小,也可以用箭头,见图 15-31(a)、(d);数字写在横线上或圆圈内,同一图纸中只能采用同一种形式。

(2) 指引线如果需要弯折,最多只能折一次,见图 15-31(c)。

(3) 指引线之间不能互相交叉,当通过剖面区域时尽可能不与剖面线平行。

(4) 序号在图纸上应按顺时针或逆时针方向顺序排列,且水平方向或垂直方向互相对齐。

(5) 当遇到如紧固件这类成组的零件时,编号方法可如图 15-32 所示进行。

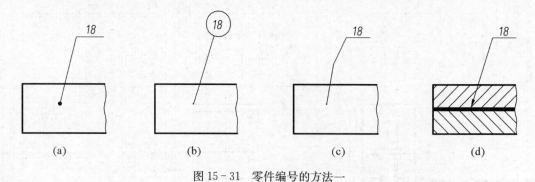

图 15-31 零件编号的方法一

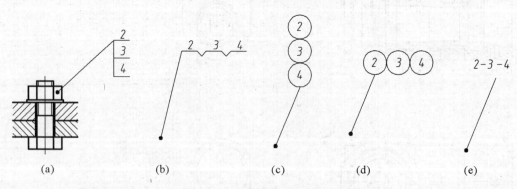

图 15-32 零件编号的方法二

### 15.6.2 明细栏

装配图中除了应有标题栏外还要有明细栏,明细栏位于标题栏的上方,按由下至上的顺序填写各已经编号零件的名称、代号等内容。

明细栏的格式已经标准化,在 GB/T17852.2 中给出的明细栏的格式和尺寸见图 15-33。

明细栏中的"代号"就是零件图标题栏中的"图样代号";如果是标准件,则应填标准件的标准代号,如:"螺栓 GB/T5782—2000 M12×80",则将"螺栓 M12×80"填入"名称"栏,将"GB/T5782—2000"填入"代号"栏。

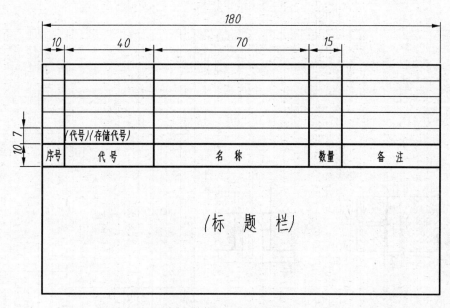

图 15-33　明细栏的格式

在"备注"栏中可填写必要的补充说明,如说明"外购"或"无图"等。

当明细栏中零件数量太多,可以用表格的形式单独画在一张图纸上作为装配图的续页给出,此时零件的填写方式是由上至下填写。

## 15.7　读装配图和拆画零件图

读装配图的目的就是要看懂装配体的工作原理和装配关系,并同时了解主要零件的结构、形状。看懂工作原理要求搞清机器(部件)是如何实现其作用的,动力从哪里进入,是如何传递的,又从哪里传出;看懂装配关系要求搞清各零件是如何连接和固定的,拆卸、安装的顺序如何等。

下面以图 15-34 所示铣床分度头装配图为例,来说明看图的方法和步骤。

### 15.7.1　读装配图步骤

1) 概括了解

从标题栏和有关资料对装配体进行初步的了解,标题栏中装配体的名称有很强的提示作用。如本例的"铣床分度头尾架"必然会联想到普通车床的尾架,那么必然要有顶尖及调整顶尖的装置。如果再具备一些机械加工方面的知识,对铣床、分度头有所了解,则对该装配体的功用了解得会更加多一点。

2) 分析视图,理解表达方案

尾架装配图采用了局部剖的主视图、局部剖的左视图及外形的俯视图;再加两个单独表达的剖视图。有剖视图时,应弄清剖切位置、用了几个剖切面,这对于看懂装配关系很重要。

主视图的剖切位置"$A$-$A$"通过前后对称面,表达了长度方向的装配关系;左视图的"$B$-$B$"是通过零件 6 螺栓及零件 2 销,两个平行的剖切面剖后的结果,表达了垂直方向的装配关系。"$C$-$C$"剖视图表达了零件 10 螺钉的连接关系。

3) 了解尾架的工作原理和装配关系

从图中很容易看出装配体中有顶尖和带有滚花的手轮,很容易想到一个是动力的输出,一个是输入。

可从任一头开始来理清传动关系。假设从手轮开始,从主视图可看出手轮是零件 1 上的一部分,零件 1 是旋杆,当转动旋杆时,由于螺纹的作用,旋杆会左右伸缩,旋杆通过插入零件 3 顶尖的凸缘带动顶尖左右移动,从而起到使顶尖伸缩的作用。

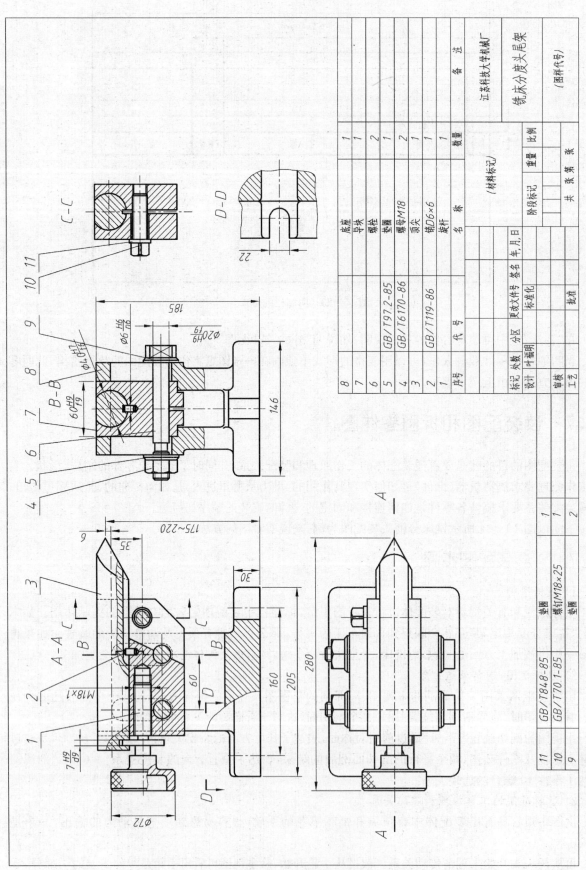

| 序号 | 代号 | 名称 | 数量 | | 备注 |
|---|---|---|---|---|---|
| 8 | | 底座 | 1 | | |
| 7 | | 导块 | 1 | | |
| 6 | GB/T97.2-85 | 螺栓 | 2 | | |
| 5 | GB/T6170-86 | 垫圈 | 1 | | |
| 4 | | 螺母M18 | 2 | | |
| 3 | GB/T119-86 | 顶尖 | 1 | | (材料标记) |
| 2 | | 销D6×6 | 1 | | |
| 1 | | 旋杆 | 1 | | |
| 11 | GB/T848-85 | 垫圈 | 1 | | |
| 10 | GB/T70.1-85 | 螺钉M18×25 | 1 | | |
| 9 | | 垫圈 | 2 | | |

江苏科技大学机械厂

铣床分度头尾架

(图样代号)

图 15 – 34　铣床分度头装配图

再看左视图,可知顶尖是装在零件 7 导块里面,其截面是圆形,上面削平。为了防止顶尖的旋转,中间下部有零件 2 销卡在里面,那么销卡在里面,会不会妨碍顶尖的伸缩呢? 再看主视图,可以看出,在顶尖的下部应是一个槽,这样销可在槽中滑动,因此不会影响顶尖的伸缩,却防止了其旋转。

再看左视图,导块架在底座上,通过螺栓连接夹紧,这样的螺栓有两个。螺栓两边上部有一段空白是什么结构呢? 通过与主视图对照,可对应着虚线的长圆孔,由此可知,导块可以抬高和降低,从而调节顶尖的中心高,调整到位后,用螺栓锁紧。

零件 10 螺钉的作用,可以看"C-C"剖视图,可知导块的右部有一个细缝,对应着主视图中导块上未剖到的空白处。当螺钉拧紧的时候,导块缝隙会缩小,从而可以包紧顶尖,由此可知它是一个锁紧装置,顶尖在工作时,会受到较大的作用力,通过锁紧可避免其移动。

4) 分析想象零件的结构和形状

零件有标准件和非标准件,看零件结构主要是看非标准件,而且是看主要的零件结构。本例中主要的零件有底座、顶尖、导块和旋杆。分析零件的方法,主要是分离零件,对照投影,把它在所有视图中的部分从想象中分离出来,综合起来想象它的结构;同时,根据该零件的作用及它的名称,也有助于分析它的结构,在拆画零件图中我们将重点介绍。

5) 看尺寸和技术要求

装配图上的配合尺寸对于理解零件间的装配关系也很有作用。有配合尺寸的地方,最好能弄清它们是何种配合,如顶尖与导块的配合尺寸 $\Phi 40H7/f6$,经查表画出公差带图,知是基孔制的间隙配合,这正说明它们是要相对运动的。

在对全部尺寸和技术要求均研究清楚的基础上,下面就可以开始拆画零件图了。

## 15.7.2　拆画零件图

下面以拆画零件 8 底座为例来说明拆画的方法和步骤。

1) 假想分离零件,想象零件结构

首先将零件 8 底座从视图中假想地分离出来,如图 15-35 所示。这些图线并不完整,有的还可能是其他零件的,此时要根据此零件的作用及零件的分类,想象其基本结构。因为本零件是底座,因此是属于支架类的零件,上面必然有起支承、定位、安装作用的结构。

图 15-36 为底座的立体图。

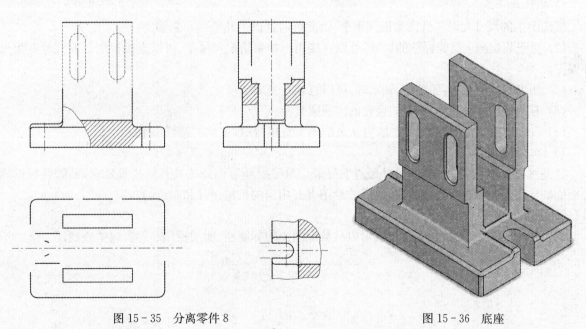

图 15-35　分离零件 8　　　　　　　　　　　　　　　　图 15-36　底座

2) 确定主视图、表达方法和局部结构

在想清楚零件基本体结构的基础上,根据零件类型,选择主视图,有的可以直接用原装配图中的视图作主视图的方向,有的需重新确定。本例准备直接采用主视图的位置作零件图的主视图。

表达方法可以考虑,由于零件主视图对称,可以采用半剖视图;左视图以外形为主,用局部剖表达长圆孔;俯视图全部画外形表达底板的形状。3 个视图已经足够。见图 15-37。

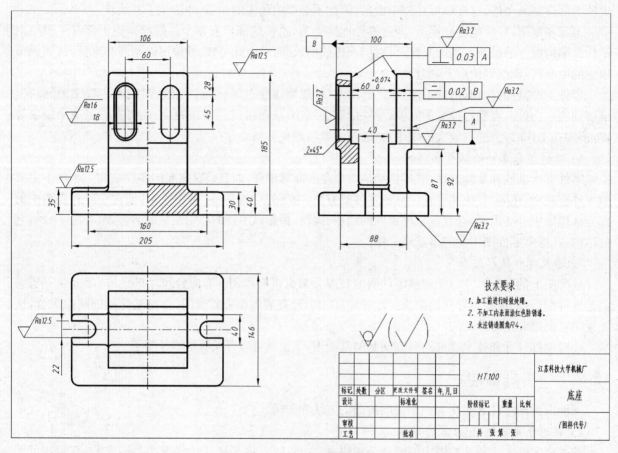

图 15-37  底座的零件图

由于绘装配图时,零件上的细小结构可能会省略,特别是一些工艺结构,此时应根据零件的作用和特点,补充这些结构,如倒角、铸造圆角等。

3)标注尺寸

装配图中的尺寸相对零件图来讲并不全,因此可通过以下几个途径来解决:

(1)对于装配图上已经标注的尺寸,可以直接用。如果是配合尺寸,可以直接根据公差代号查出尺寸偏差。

(2)如果有标准结构,如键槽、轴承等,可以直接查表确定尺寸。

(3)有的尺寸可以计算出来,如齿轮的齿顶圆直径。

(4)以上方法均无法确定的尺寸,可从装配图上直接量取,按比例换算出来。

4)标注技术要求

公差可以直接从图中的配合尺寸经查表得来。粗糙度和形位公差及其他技术要求,则需要根据零件表面的作用及零件的功能来确定,这需要绘图者有相当的机械设计和制造的知识。

5)填写标题栏

标题栏中的零件名称、材料等内容可以从装配图中的标题栏、明细栏(表)等资料中查找。

# 附 录

## 一、常用螺纹

### 1. 普通螺纹(GB/T193—1981, GB/T196—1981)

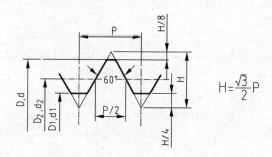

$$H=\frac{\sqrt{3}}{2}P$$

附表1 直径与螺距系列、基本尺寸
单位:mm

| 公称直径 D、d | | 螺距 P | | 粗牙小径 $D_1$、$d_1$ | 公称直径 D、d | | 螺距 P | | 粗牙小径 $D_1$、$d_1$ |
|---|---|---|---|---|---|---|---|---|---|
| 第一系列 | 第二系列 | 粗牙 | 细 牙 | | 第一系列 | 第二系列 | 粗牙 | 细 牙 | |
| 3 | | 0.5 | 0.35 | 2.459 | | 22 | 2.5 | 2, 1.5, 1, (0.75), (0.5) | 19.294 |
| | 3.5 | (0.6) | | 2.850 | 24 | | 3 | 2, 1.5, 1, (0.75) | 20.752 |
| 4 | | 0.7 | 0.5 | 3.242 | | 27 | 3 | 2, 1.5, 1, (0.75) | 23.752 |
| | 4.5 | (0.75) | | 3.688 | 30 | | 3.5 | (3), 2, 1.5, 1, (0.75) | 26.211 |
| 5 | | 0.8 | | 4.134 | | 33 | 3.5 | (3), 2, 1.5, (1), (0.75) | 29.211 |
| 6 | | 1 | 0.75, (0.5) | 4.917 | 36 | | 4 | 3, 2, 1.5, (1) | 31.670 |
| 8 | | 1.25 | 1, 0.75, (0.5) | 6.647 | | 39 | 4 | | 34.670 |
| 10 | | 1.5 | 1.25, 1, 0.75, (0.5) | 8.376 | 42 | | 4.5 | | 37.129 |
| 12 | | 1.75 | 1.5, 1.25, 1, (0.75), (0.5) | 10.106 | | 45 | 4.5 | (4), 3, 2, 1.5, (1) | 40.129 |
| | 14 | 2 | 1.5, (1.25), 1, (0.75), (0.5) | 11.835 | 48 | | 5 | | 42.587 |
| 16 | | 2 | 1.5, 1, (0.75), (0.5) | 13.835 | | 52 | 5 | | 46.587 |
| | 18 | 2.5 | 2, 1.5, 1, (0.75), (0.5) | 15.294 | 56 | | 5.5 | 4, 3, 2, 1.5, (1) | 50.046 |
| 20 | | 2.5 | | 17.294 | | | | | |

注:[1] 优先选用第一系列,括号内尺寸尽可能不用。第三系列未列入。

[2] 中径未列入。

附表2 细牙普通螺纹螺距与小径的关系
单位:mm

| 螺距 P | 小径 $D_1$、$d_1$ | 螺距 P | 小径 $D_1$、$d_1$ | 螺距 P | 小径 $D_1$、$d_1$ |
|---|---|---|---|---|---|
| 0.35 | $d-1+0.621$ | 1 | $d-2+0.918$ | 2 | $d-3+0.835$ |
| 0.5 | $d-1+0.459$ | 1.25 | $d-2+0.647$ | 3 | $d-4+0.752$ |
| 0.75 | $d-1+0.188$ | 1.5 | $d-2+0.376$ | 4 | $d-5+0.670$ |

**2. 梯形螺纹(GB/T5796.2—1986，GB/T5796.3—1986)**

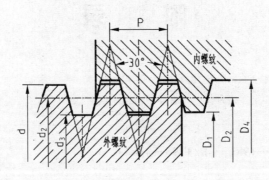

附表3　　　　　　　　　　　　　　　　　　　　　单位：mm

| 公称直径 $d$ | | 螺距 $P$ | 中径 $d_2=D_2$ | 大径 $D_4$ | 小 径 | | 公称直径 $d$ | | 螺距 $P$ | 中径 $d_2=D_2$ | 大径 $D_4$ | 小 径 | |
|---|---|---|---|---|---|---|---|---|---|---|---|---|---|
| 第一系列 | 第二系列 | | | | $d_3$ | $D_1$ | 第一系列 | 第二系列 | | | | $d_3$ | $D_1$ |
| 8 | | 1.5 | 7.25 | 8.3 | 6.2 | 6.5 | | | 3 | 24.5 | 26.5 | 22.5 | 23 |
| | 9 | 1.5 | 8.25 | 9.3 | 7.2 | 7.5 | | 26 | 5 | 23.5 | 26.5 | 20.5 | 21 |
| | | 2 | 8 | 9.5 | 6.5 | 7 | | | 8 | 22 | 27 | 17 | 18 |
| 10 | | 1.5 | 9.25 | 10.3 | 8.2 | 8.5 | | | 3 | 26.5 | 28.5 | 24.5 | 25 |
| | | 2 | 9 | 10.5 | 7.5 | 8 | 28 | | 5 | 25.5 | 28.5 | 22.5 | 23 |
| | 11 | 2 | 10 | 11.5 | 8.5 | 9 | | | 8 | 24 | 29 | 19 | 20 |
| | | 3 | 9.5 | 11.5 | 7.5 | 8 | | | 3 | 28.5 | 30.5 | 26.5 | 29 |
| 12 | | 2 | 11 | 12.5 | 9.5 | 10 | | 30 | 6 | 27 | 31 | 23 | 24 |
| | | 3 | 10.5 | 12.5 | 8.5 | 9 | | | 10 | 25 | 31 | 19 | 20 |
| | 14 | 2 | 13 | 14.5 | 11.5 | 12 | | | 3 | 30.5 | 32.5 | 28.5 | 29 |
| | | 3 | 12.5 | 14.5 | 10.5 | 11 | 32 | | 6 | 29 | 33 | 25 | 26 |
| 16 | | 2 | 15 | 16.5 | 13.5 | 14 | | | 10 | 27 | 33 | 21 | 22 |
| | | 4 | 14 | 16.5 | 11.5 | 12 | | | 3 | 32.5 | 34.5 | 30.5 | 31 |
| | 18 | 2 | 17 | 18.5 | 15.5 | 16 | | 34 | 6 | 31 | 35 | 27 | 28 |
| | | 4 | 16 | 18.5 | 13.5 | 14 | | | 10 | 29 | 35 | 23 | 24 |
| 20 | | 2 | 19 | 20.5 | 17.5 | 18 | | | 3 | 34.5 | 36.5 | 32.5 | 33 |
| | | 4 | 18 | 20.5 | 15.5 | 16 | 36 | | 6 | 33 | 37 | 29 | 30 |
| | 22 | 3 | 20.5 | 22.5 | 18.5 | 19 | | | 10 | 31 | 37 | 25 | 26 |
| | | 5 | 19.5 | 22.5 | 16.5 | 17 | | | 3 | 36.5 | 38.5 | 34.5 | 35 |
| | | 8 | 18 | 23 | 13 | 14 | | 38 | 7 | 34.5 | 39 | 30 | 31 |
| 24 | | 3 | 22.5 | 24.5 | 20.5 | 21 | | | 10 | 33 | 39 | 27 | 28 |
| | | 5 | 21.5 | 24.5 | 18.5 | 19 | 40 | | 3 | 38.5 | 40.5 | 36.5 | 37 |
| | | 8 | 20 | 25 | 15 | 16 | | | 7 | 36.5 | 41 | 32 | 33 |

**3. 非螺纹密封的管螺纹(GB/T7307—2001)**

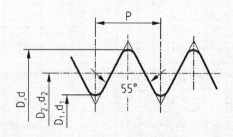

附表 4　　　　　　　　　　　　　　　　单位：mm

| 尺寸代号 | 每 25.4 mm 内的牙数 n | 螺距 P | 基本尺寸 | | | 尺寸代号 | 每 25.4 mm 内的牙数 n | 螺距 P | 基本尺寸 | | |
|---|---|---|---|---|---|---|---|---|---|---|---|
| | | | 大径 $D,d$ | 中径 $D_2,d_2$ | 小径 $D_1,d_1$ | | | | 大径 $D,d$ | 中径 $D_2,d_2$ | 小径 $D_1,d_1$ |
| $\frac{1}{8}$ | 28 | 0.907 | 9.728 | 9.147 | 8.566 | $1\frac{1}{4}$ | | 2.309 | 41.910 | 40.431 | 38.952 |
| $\frac{1}{4}$ | 19 | 1.337 | 13.157 | 12.301 | 11.445 | $1\frac{1}{2}$ | | 2.309 | 47.303 | 46.324 | 44.845 |
| $\frac{3}{8}$ | | 1.337 | 16.662 | 15.806 | 14.950 | $1\frac{3}{4}$ | | 2.309 | 53.746 | 52.267 | 50.788 |
| $\frac{1}{2}$ | 14 | 1.814 | 20.955 | 19.793 | 18.631 | 2 | 11 | 2.309 | 59.614 | 58.135 | 56.656 |
| $\frac{5}{8}$ | | 1.814 | 22.911 | 21.749 | 20.587 | $2\frac{1}{4}$ | | 2.309 | 65.710 | 64.231 | 62.752 |
| $\frac{3}{4}$ | | 1.814 | 26.441 | 25.279 | 24.117 | $2\frac{1}{2}$ | | 2.309 | 75.148 | 73.705 | 72.226 |
| $\frac{7}{8}$ | | 1.814 | 30.201 | 29.039 | 27.877 | $2\frac{3}{4}$ | | 2.309 | 81.534 | 80.055 | 78.576 |
| 1 | 11 | 2.309 | 33.249 | 31.770 | 30.291 | 3 | | 2.309 | 87.884 | 86.405 | 84.926 |
| $1\frac{1}{8}$ | | 2.309 | 37.897 | 36.418 | 34.939 | $3\frac{1}{2}$ | | 2.309 | 100.330 | 98.851 | 97.372 |

# 二、螺栓

六角头螺栓- C 级(GB/T5780—2000)、六角头螺栓- A 和 B 级(GB/T5782—2000)

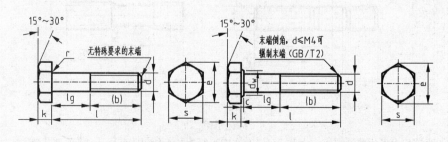

标记示例

螺纹规格 $d$＝M12、公称长度 $l$＝80、性能等级为 8.8 级、表面氧化、A 级的六角头螺栓：

**螺栓　GB/T5782—2000　M12×80**

附表5　　　　　　　　　　　　　　　　　　　　单位:mm

| 螺纹规格 $d$ | | | M3 | M4 | M5 | M6 | M8 | M10 | M12 | M16 | M20 | M24 | M30 | M36 | M42 |
|---|---|---|---|---|---|---|---|---|---|---|---|---|---|---|---|---|
| $b$ 参考 | $l \leqslant 125$ | | 12 | 14 | 16 | 18 | 22 | 26 | 30 | 38 | 46 | 54 | 66 | — | — |
| | $125 < l \leqslant 200$ | | 18 | 20 | 22 | 24 | 28 | 32 | 36 | 44 | 52 | 60 | 72 | 84 | 96 |
| | $l > 200$ | | 31 | 33 | 35 | 37 | 41 | 45 | 49 | 57 | 65 | 73 | 85 | 97 | 109 |
| $c$ | | | 0.4 | 0.4 | 0.5 | 0.5 | 0.6 | 0.6 | 0.6 | 0.8 | 0.8 | 0.8 | 0.8 | 0.8 | 1 |
| $d_w$ | 产品等级 | A | 4.57 | 5.88 | 6.88 | 8.88 | 11.63 | 14.63 | 16.63 | 22.49 | 28.19 | 33.61 | — | — | — |
| | | B、C | 4.45 | 5.74 | 6.74 | 8.74 | 11.47 | 14.47 | 16.47 | 22 | 27.7 | 33.25 | 42.75 | 51.11 | 59.95 |
| $e$ | 产品等级 | A | 6.01 | 7.66 | 8.79 | 11.05 | 14.38 | 17.77 | 20.03 | 26.75 | 33.53 | 39.98 | — | — | — |
| | | B、C | 5.88 | 7.50 | 8.63 | 10.89 | 14.20 | 17.59 | 19.85 | 26.17 | 32.95 | 39.55 | 50.85 | 60.79 | 72.02 |
| $k$ 公称 | | | 2 | 2.8 | 3.5 | 4 | 5.3 | 6.4 | 7.5 | 10 | 12.5 | 15 | 18.7 | 22.5 | 26 |
| $r$ | | | 0.1 | 0.2 | 0.2 | 0.25 | 0.4 | 0.4 | 0.6 | 0.6 | 0.8 | 0.8 | 1 | 1 | 1.2 |
| $s$ 公称 | | | 5.5 | 7 | 8 | 10 | 13 | 16 | 18 | 24 | 30 | 36 | 46 | 55 | 65 |
| $l$(商品规格范围) | | | 20~30 | 25~40 | 25~50 | 30~60 | 40~80 | 45~100 | 50~120 | 65~160 | 80~200 | 90~240 | 110~300 | 140~360 | 160~440 |
| $l$ 系列 | | | 12，16，20，25，30，35，40，45，50，55，60，65，70，80，90，100，110，120，130，140，150，160，180，200，220，240，260，280，300，320，340，360，380，400，420，440，460，480，500 | | | | | | | | | | | | |

注:1. A级用于 $d \leqslant 24$ mm 和 $l \leqslant 10d$ 或 $\leqslant 150$ mm 的螺栓;B级用于 $d > 24$ mm 和 $l > 10d$ 或 $> 150$ mm 的螺栓。
　　2. 螺纹规格 $d$ 范围:**GB/T5780—2000** 为 M5~M64;**GB/T5782—2000** 为 M1.6~M64。
　　3. 公称长度 $l$ 范围:**GB/T5780—2000** 为 25~500;**GB/T5782—2000** 为 12~500。
　　4. 材料为钢的螺栓性能等级有 5.6、8.8、9.8、10.9 级,其中 8.8 级为常用。

# 三、螺柱

双头螺柱　（bm＝1$d$　　**GB/T897—1988**
　　　　　　bm＝1.25$d$　**GB/T898—1988**
　　　　　　bm＝1.5$d$　　**GB/T899—1988**
　　　　　　bm＝2$d$　　　**GB/T900—1988**）

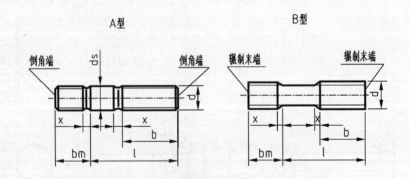

A型　　　　　　　　　　　　　B型

标记示例
两端均为粗牙普通螺纹、$d$＝10、$l$＝50、性能等级为 4.8 级、B 型、bm＝1$d$ 的双头螺柱:
**螺柱　GB/T897—1988 M10×50**
$x$＝2.5$P$,$P$ 为粗牙螺纹的螺距

附表6　　　　　　　　　　　　　　　　　　　　　单位:mm

| 螺纹规格 | bm | | | | ds | L/b |
|---|---|---|---|---|---|---|
| | GB/T897 | GB/T898 | GB/T899 | GB/T900 | | |
| M5 | 5 | 6 | 8 | 10 | 5 | 16～22/10，25～50/16 |
| M6 | 6 | 8 | 10 | 12 | 6 | 20～22/10，25～30/14，32～75/18 |
| M8 | 8 | 10 | 12 | 16 | 8 | 20～22/12，25～30/16，32～90/22 |
| M10 | 10 | 12 | 15 | 20 | 10 | 25～28/14，30～38/16，40～120/26，130/32 |
| M12 | 12 | 15 | 18 | 24 | 12 | 25～30/16，32～40/20，45～120/30，130～180/36 |
| (M14) | 14 | 18 | 21 | 28 | 14 | 30～35/18，38～50/25，55～120/34，130～180/40 |
| M16 | 16 | 20 | 24 | 32 | 16 | 30～35/20，40～55/30，60～120/38，130～200/44 |
| (M18) | 18 | 22 | 27 | 36 | 18 | 35～40/22，45～60/35，65～120/42，130～200/48 |
| M20 | 20 | 25 | 30 | 40 | 20 | 35～40/25，45～65/35，70～120/46，130～200/52 |
| (M22) | 22 | 28 | 33 | 44 | 22 | 40～55/30，50～70/40，75～120/50，130～200/56 |
| M24 | 24 | 30 | 36 | 48 | 24 | 45～50/30，55～75/45，80～120/54，130～200/60 |
| (M27) | 27 | 35 | 40 | 54 | 27 | 50～60/35，65～85/50，90～120/60，130～200/66 |
| M30 | 30 | 38 | 45 | 60 | 30 | 60～65/40，70～90/50，95～120/66，130～200/72 |
| (M33) | 33 | 41 | 49 | 66 | 33 | 65～70/45，75～95/60，100～120/72，130～200/78 |
| M36 | 36 | 45 | 54 | 72 | 36 | 65～75/45，80～110/60，130～200/84，210～300/97 |
| (M39) | 39 | 49 | 58 | 78 | 39 | 70～80/50，85～120/65，120/90，210～300/103 |
| M42 | 42 | 52 | 64 | 84 | 42 | 70～80/50，85～120/70，130～200/96，210～300/109 |
| M48 | 48 | 60 | 72 | 96 | 48 | 80～90/60，95～110/80，130～200/108，210～300/121 |
| l(系列) | 16，(18)，20，(22)，25，(28)，30，(32)，35，(38)，40，45，50，(55)，60，(65)，70，(75)，80，(85)，90，(95)，100，110，120，130，140，150，160，170，180，190，200，210，220，230，240，250，260，270，280，290，300 | | | | | |

# 四、螺钉

## 1. 开槽圆柱头螺钉(GB/T65—2000)

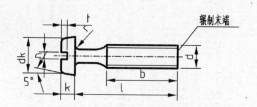

**2. 开槽盘头螺钉(GB/T67—2000)**

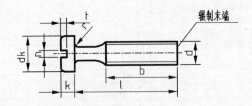

标注示例

(1) 螺纹规格 $d$＝M5,公称长度 $l$ = 20 mm,性能等级为4.8级,不经表面处理的开槽圆柱头螺钉:

**螺钉　GB/T65　M5×20**

(2) 螺纹规格 $d$＝M5,公称长度 $l$ = 20 mm,性能等级为4.8级,不经表面处理的开槽盘头螺钉:

**螺钉　GB/T65　M5×20**

附表7　　　　　　　　　　　　　　　　　　　　单位:mm

| 螺纹规格 d | 螺距 P | b min | n 公称 | r min | l 公称 | GB/T65—2000 | | | GB/T67—2000 | | |
|---|---|---|---|---|---|---|---|---|---|---|---|
| | | | | | | dk max | k max | t min | dk max | k max | t min |
| M3 | 0.5 | 25 | 0.8 | 0.1 | 4～30 | | | | 5.6 | 1.8 | 0.7 |
| M4 | 0.7 | 38 | 1.2 | 0.2 | 5～40 | 7 | 2.6 | 1.1 | 8 | 2.4 | 1 |
| M5 | 0.8 | 38 | 1.2 | 0.2 | 6～50 | 8.5 | 3.3 | 1.3 | 9.5 | 3 | 1.2 |
| M6 | 1 | 38 | 1.6 | 0.25 | 8～60 | 10 | 3.9 | 1.6 | 12 | 3.6 | 1.4 |
| M8 | 1.25 | 38 | 2 | 0.4 | 10～80 | 13 | 5 | 2 | 16 | 4.8 | 1.9 |
| M10 | 1.5 | 38 | 2.5 | 0.4 | 12～80 | 16 | 6 | 2.4 | 20 | 6 | 2.4 |
| l 系列 | 4, 5, 6, 8, 10, 12, (14), 16, 20, 25, 30, 35, 40, 45, 50, (55), 60, (65), 70, (75), 80 | | | | | | | | | | |

注:公称长度 $l$≤40 mm 的螺钉和M3、$l$≤30 mm 的螺钉,制出全螺纹。

**3. 开槽沉头螺钉(GB/T68—2000)**

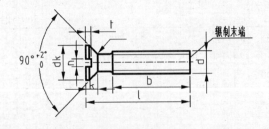

标记示例

螺纹规格 $d$＝M5,公称长度 $l$＝20 mm,性能等级为4.8级,不经表面处理的A级开槽沉头螺钉:

**螺钉　GB/T68　M5×20**

附表 8                                                                    单位:mm

| 螺纹规格 d | M1.6 | M2 | M2.5 | M3 | M4 | M5 | M6 | M8 | M10 |
|---|---|---|---|---|---|---|---|---|---|
| 螺距 P | 0.35 | 0.4 | 0.45 | 0.5 | 0.7 | 0.8 | 1 | 1.25 | 1.5 |
| b | 25 | 25 | 25 | 25 | 38 | 38 | 38 | 38 | 38 |
| dk | 3.6 | 4.4 | 5.5 | 6.3 | 9.4 | 10.4 | 12.6 | 17.3 | 20 |
| k | 1 | 1.2 | 1.5 | 1.65 | 2.7 | 2.7 | 3.3 | 4.65 | 5 |
| n | 0.4 | 0.5 | 0.6 | 0.8 | 1.2 | 1.2 | 1.6 | 2 | 2.5 |
| r | 0.4 | 0.5 | 0.6 | 0.8 | 1 | 1.3 | 1.5 | 2 | 2.5 |
| t | 0.5 | 0.6 | 0.75 | 0.85 | 1.3 | 1.4 | 1.6 | 2.3 | 2.6 |
| 公称 l | 2.5～16 | 3～20 | 4～25 | 5～30 | 6～40 | 8～50 | 8～60 | 10～80 | 12～80 |
| l 系列 | 2.5, 3, 4, 5, 6, 8, 10, 12, (14), 16, 20, 25, 30, 35, 40, 45, 50, (55), 60, (65), 70, (75), 80 | | | | | | | | |

注:M1.6～M3 的螺钉,公称长度 l≤30 mm 的,制出全螺纹;M4～M10 的螺钉,公称长度 l≤45 mm 的,制出全螺纹。

### 4. 内六角圆柱头螺钉(GB/T70.1—2000)

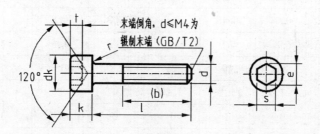

标记示例

螺纹规格 d=M5,公称长度 l=20 mm,性能等级为 8.8 级,表面氧化的内六角圆柱头螺钉:

**螺钉　GB/T70.1　M5×20**

附表 9                                                                    单位:mm

| 螺纹规格 d | M3 | M4 | M5 | M6 | M8 | M10 | M12 | M14 | M16 | M20 |
|---|---|---|---|---|---|---|---|---|---|---|
| 螺距 P | 0.5 | 0.7 | 0.8 | 1 | 1.25 | 1.5 | 1.75 | 2 | 2 | 2.5 |
| b 参考 | 18 | 20 | 22 | 24 | 28 | 32 | 36 | 40 | 44 | 52 |
| dk | 5.5 | 7 | 8.5 | 10 | 13 | 16 | 18 | 21 | 24 | 30 |
| k | 3 | 4 | 5 | 6 | 8 | 10 | 12 | 14 | 16 | 20 |
| t | 1.3 | 2 | 2.5 | 3 | 4 | 5 | 6 | 7 | 8 | 10 |
| s | 2.5 | 3 | 4 | 5 | 6 | 8 | 10 | 12 | 14 | 17 |
| e | 2.87 | 3.44 | 4.58 | 5.72 | 6.86 | 9.15 | 11.43 | 13.72 | 16 | 19.44 |
| r | 0.1 | 0.2 | 0.2 | 0.25 | 0.4 | 0.4 | 0.6 | 0.6 | 0.6 | 0.8 |
| 公称 l | 5～30 | 6～40 | 8～50 | 10～60 | 12～80 | 16～100 | 20～120 | 25～140 | 25～160 | 30～200 |
| l≤表中数值时制出全螺纹 | 20 | 25 | 25 | 30 | 35 | 40 | 45 | 55 | 55 | 65 |
| l 系列 | 2.5, 3, 4, 5, 6, 8, 10, 12, 16, 20, 25, 30, 35, 40, 45, 50, 55, 60, 65, 70, 80, 90, 100, 110, 120, 130, 140, 150, 160, 180, 200, 220, 240, 260, 280, 300 | | | | | | | | | |

注:螺纹规格 d=M1.6～M64。

### 5. 十字槽沉头螺钉(GB/T819.1—2000)

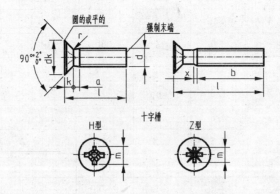

标记示例

螺纹规格 d＝M5,公称长度 l＝20 mm,性能等级为 4.8 级,不经表面处理的 H 型十字槽沉头螺钉:

**螺钉　GB/T819.1　M5×20**

附表 10　　　　　　　　　　　　　　　　　　单位:mm

| 螺纹规格 d | M1.6 | M2 | M2.5 | M3 | M4 | M5 | M6 | M8 | M10 |
|---|---|---|---|---|---|---|---|---|---|
| 螺距 P | 0.35 | 0.4 | 0.45 | 0.5 | 0.7 | 0.8 | 1 | 1.25 | 1.5 |
| a | 0.7 | 0.8 | 0.9 | 1 | 1.4 | 1.6 | 2 | 2.5 | 3 |
| b | 25 | 25 | 25 | 25 | 38 | 38 | 38 | 38 | 38 |
| x | 0.9 | 1 | 1.1 | 1.25 | 1.75 | 2 | 2.5 | 3.2 | 3.8 |
| 十字槽 No. | 0 | 0 | 1 | 1 | 2 | 2 | 3 | 4 | 4 |
| dk | 2.7~3 | 3.5~3.8 | 4.4~4.7 | 5.2~5.5 | 8~8.4 | 8.9~9.3 | 10.9~11.3 | 15.4~15.8 | 17.8~18.3 |
| k | 1 | 1.2 | 1.5 | 1.65 | 2.7 | 2.7 | 3.3 | 4.65 | 5 |
| r | 0.4 | 0.5 | 0.6 | 0.8 | 1 | 1.3 | 1.5 | 2 | 2.5 |
| 公称 l | 3~16 | 3~20 | 3~25 | 4~30 | 5~40 | 6~50 | 8~60 | 10~60 | 12~60 |
| l≤表中数值时制出全螺纹 | 30 | 30 | 30 | 30 | 45 | 45 | 45 | 45 | 45 |
| l 系列 | 3, 4, 5, 6, 8, 10, 12, (14), 16, 20, 25, 30, 35, 40, 45, 50, (55), 60 | | | | | | | | |

注:材料为钢,螺纹公差 6 g,性能等级 4.8 级,产品等级 A。

### 6. 紧定螺钉

开槽锥端紧定螺钉　　　开槽平端紧定螺钉　　开槽长圆柱端紧定螺钉
(GB/T71−1985)　　　　(GB/T73−1985)　　　　(GB/T75−1985)

标记示例

螺纹规格 d＝M5,公称长度 l＝12 mm,性能等级为 14H 级,表面氧化的开槽长圆柱端紧定螺钉:

**螺钉　GB/T75　M5×12**

附表 11 　　　　　　　　　　　　　　单位:mm

| 螺纹规格 d | M1.6 | M2 | M2.5 | M3 | M4 | M5 | M6 | M8 | M10 | M12 |
|---|---|---|---|---|---|---|---|---|---|---|
| 螺距 P | 0.35 | 0.4 | 0.45 | 0.5 | 0.7 | 0.8 | 1 | 1.25 | 1.5 | 1.75 |
| n | 0.25 | 0.25 | 0.4 | 0.4 | 0.6 | 0.8 | 1 | 1.2 | 1.6 | 2 |
| t | 0.74 | 0.84 | 0.95 | 1.05 | 1.42 | 1.63 | 2 | 2.5 | 3 | 3.6 |
| dt | 0.16 | 0.2 | 0.25 | 0.3 | 0.4 | 0.5 | 1.5 | 2 | 2.5 | 3 |
| dp | 0.8 | 1 | 1.5 | 2 | 2.5 | 3.5 | 4 | 5.5 | 7 | 8.5 |
| z | 1.05 | 1.25 | 1.5 | 1.75 | 2.25 | 2.75 | 3.25 | 4.3 | 5.3 | 6.3 |
| l GB/T71 | 2~8 | 3~10 | 3~12 | 4~16 | 6~20 | 8~25 | 8~30 | 10~40 | 12~50 | 14~60 |
| l GB/T73 | 2~8 | 2~10 | 2.5~12 | 3~16 | 4~20 | 5~25 | 5~30 | 8~40 | 10~50 | 12~60 |
| l GB/T75 | 2.5~8 | 3~10 | 4~12 | 5~16 | 6~20 | 8~25 | 10~30 | 10~40 | 12~50 | 14~60 |
| l 系列 | 2, 2.5, 3, 4, 5, 6, 8, 10, 12, (14), 16, 20, 25, 30, 35, 40, 45, 50, (55), 60 | | | | | | | | | |

## 五、螺母

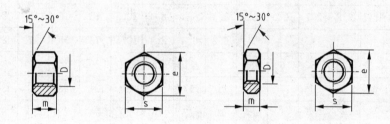

六角螺母-C级　　　I型六角螺母-A和B级　　　六角薄螺母
(GB/T41-2000)　　(GB/T6170-2000)　　(GB/T6172.1-2000)

标记示例

螺纹规格 D＝M12,性能等级为 5 级,不经表面处理,C 级的六角螺母:

**螺母　GB/T41　M12**

附表 12 　　　　　　　　　　　　　　单位:mm

| 螺纹规格 D | M3 | M4 | M5 | M6 | M8 | M10 | M12 | M16 | M20 | M24 | M30 | M36 | M42 |
|---|---|---|---|---|---|---|---|---|---|---|---|---|---|
| e GB/T41 | | | 8.63 | 10.89 | 14.2 | 17.59 | 19.85 | 26.17 | 32.95 | 39.55 | 50.85 | 60.79 | 72.02 |
| e GB/T6170 | 6.01 | 7.66 | 8.79 | 11.05 | 14.38 | 17.77 | 20.03 | 26.75 | 32.95 | 39.55 | 50.85 | 60.79 | 72.02 |
| e GB/T6172.1 | 6.01 | 7.66 | 8.79 | 11.05 | 14.38 | 17.77 | 20.03 | 26.75 | 32.95 | 39.55 | 50.85 | 60.79 | 72.02 |
| s GB/T41 | | | 8 | 10 | 13 | 16 | 18 | 24 | 30 | 36 | 46 | 55 | 65 |
| s GB/T6170 | 5.5 | 7 | 8 | 10 | 13 | 16 | 18 | 24 | 30 | 36 | 46 | 55 | 65 |
| s GB/T6172.1 | 5.5 | 7 | 8 | 10 | 13 | 16 | 18 | 24 | 30 | 36 | 46 | 55 | 65 |
| m GB/T41 | | | 5.6 | 6.1 | 7.9 | 9.5 | 12.2 | 15.9 | 18.7 | 22.3 | 26.4 | 31.5 | 34.9 |
| m GB/T6170 | 2.4 | 3.2 | 4.7 | 5.2 | 6.8 | 8.4 | 10.8 | 14.8 | 18 | 21.5 | 25.6 | 31 | 34 |
| m GB/T6172.1 | 1.8 | 2.2 | 2.7 | 3.2 | 4 | 5 | 6 | 8 | 10 | 12 | 15 | 18 | 21 |

注:A 级用于 D≤16;B 级用于 D>16。

# 六、垫圈

## 1. 平垫圈

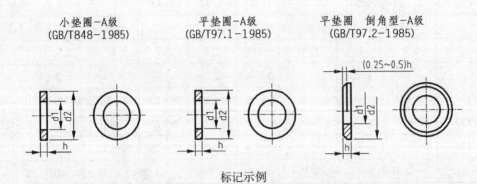

小垫圈－A级
(GB/T848－1985)

平垫圈－A级
(GB/T97.1－1985)

平垫圈　倒角型－A级
(GB/T97.2－1985)

标记示例

标准系列、规格8、性能等级为140HV级、不经表面处理的平垫圈：垫圈　**GB/T97.1　8**

附表 13

单位：mm

| 公称尺寸<br>（螺纹规格 d） | | 1.6 | 2 | 2.5 | 3 | 4 | 5 | 6 | 8 | 10 | 12 | 14 | 16 | 20 | 24 | 30 | 36 |
|---|---|---|---|---|---|---|---|---|---|---|---|---|---|---|---|---|---|
| d1 | **GB/T848** | 1.7 | 2.2 | 2.7 | 3.2 | 4.3 | 5.3 | 6.4 | 8.4 | 10.5 | 13 | 15 | 17 | 21 | 25 | 31 | 37 |
| | **GB/T97.1** | 1.7 | 2.2 | 2.7 | 3.2 | 4.3 | 5.3 | 6.4 | 8.4 | 10.5 | 13 | 15 | 17 | 21 | 25 | 31 | 37 |
| | **GB/T97.2** | | | | | | 5.3 | 6.4 | 8.4 | 10.5 | 13 | 15 | 17 | 21 | 25 | 31 | 37 |
| d2 | **GB/T848** | 3.5 | 4.5 | 5 | 6 | 8 | 9 | 11 | 15 | 18 | 20 | 24 | 28 | 34 | 39 | 50 | 60 |
| | **GB/T97.1** | 4 | 5 | 6 | 7 | 9 | 10 | 12 | 16 | 20 | 24 | 28 | 30 | 37 | 44 | 56 | 66 |
| | **GB/T97.2** | | | | | | 10 | 12 | 16 | 20 | 24 | 28 | 30 | 37 | 44 | 56 | 66 |
| h | **GB/T848** | 0.3 | 0.3 | 0.5 | 0.5 | 0.5 | 1 | 1.6 | 1.6 | 1.6 | 2 | 2.5 | 2.5 | 3 | 4 | 4 | 5 |
| | **GB/T97.1** | 0.3 | 0.3 | 0.5 | 0.5 | 0.8 | 1 | 1.6 | 1.6 | 2 | 2.5 | 2.5 | 3 | 3 | 4 | 4 | 5 |
| | **GB/T97.2** | | | | | | 1 | 1.6 | 1.6 | 2 | 2.5 | 2.5 | 3 | 3 | 4 | 4 | 5 |

## 2. 弹簧垫圈

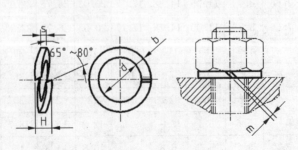

标准型弹簧垫圈
(GB/T93－1987)

轻型弹簧垫圈
(GB/T859－1987)

标记示例

规格16、材料为65Mn、表面氧化的标准型弹簧垫圈：垫圈　**GB/T93　16**

附表 14 　　　　　　　　　　　　　　　　　　　　　　　单位:mm

| 规格<br>(螺纹大径) | | 3 | 4 | 5 | 6 | 8 | 10 | 12 | (14) | 16 | (18) | 20 | (22) | 24 | (27) | 30 |
|---|---|---|---|---|---|---|---|---|---|---|---|---|---|---|---|---|
| d | | 3.1 | 4.1 | 5.1 | 6.1 | 8.1 | 10.2 | 12.2 | 14.2 | 16.2 | 18.2 | 20.2 | 22.5 | 24.5 | 27.5 | 30.5 |
| H | GB/T93 | 1.6 | 2.2 | 2.6 | 3.2 | 4.2 | 5.2 | 6.2 | 7.2 | 8.2 | 9 | 10 | 11 | 12 | 13.6 | 15 |
| | GB/T859 | 1.2 | 1.6 | 2.2 | 2.6 | 3.2 | 4 | 5 | 6 | 6.4 | 7.2 | 8 | 9 | 10 | 11 | 12 |
| S(b) | GB/T93 | 0.8 | 1.1 | 1.3 | 1.6 | 2.1 | 2.6 | 3.1 | 3.6 | 4.1 | 4.5 | 5 | 5.5 | 6 | 6.8 | 7.5 |
| S | GB/T859 | 0.6 | 0.8 | 1.1 | 1.3 | 1.6 | 2 | 2.5 | 3 | 3.2 | 3.6 | 4 | 4.5 | 5 | 5.5 | 6 |
| $m \leqslant$ | GB/T93 | 0.4 | 0.55 | 0.65 | 0.8 | 1.05 | 1.3 | 1.55 | 1.8 | 2.05 | 2.25 | 2.5 | 2.75 | 3 | 3.4 | 3.75 |
| | GB/T859 | 0.3 | 0.4 | 0.55 | 0.65 | 0.8 | 1 | 1.25 | 1.5 | 1.6 | 1.8 | 2 | 2.25 | 2.5 | 2.75 | 3 |
| b | GB/T859 | 1 | 1.2 | 1.5 | 2 | 2.5 | 3 | 3.5 | 4 | 4.5 | 5 | 5.5 | 6 | 7 | 8 | 9 |

注:1. 括号内的规格尽可能不采用;2. m 应>0。

# 七、键

### 1. 平键和键槽的断面尺寸(GB/T1095—2003)

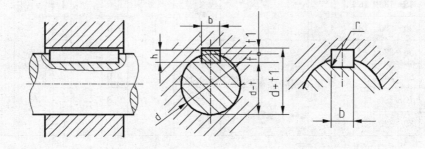

### 2. 普通平键的型式尺寸(GB/T1096—2003)

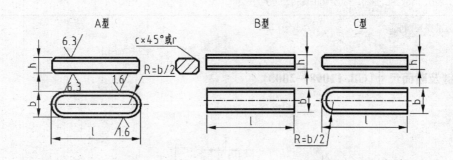

标记示例

GB/T1096 　键 16×10×100:b=16 mm, h=10 mm, l=100 mm,圆头普通 A 型平键。
GB/T1096 　键 B16×10×100:b=16 mm, h=10 mm, l=100 mm,圆头普通 B 型平键。
GB/T1096 　键 C16×10×100:b=16 mm, h=10 mm, l=100 mm,圆头普通 C 型平键。

附表 15 　　　　　　　　　　　　　　　　　　　　　　　　　　　　单位:mm

| 轴 公称直径d | 键 b×h | 键 l | 槽宽b 基本尺寸b | 槽宽b 极限偏差 正常联结 轴N9 | 槽宽b 极限偏差 正常联结 毂JS9 | 槽宽b 极限偏差 较松联结 轴H9 | 槽宽b 极限偏差 较松联结 毂D10 | 槽宽b 极限偏差 紧密联结 轴和毂P9 | 深度 轴t 基本尺寸 | 深度 轴t 极限偏差 | 深度 毂t1 基本尺寸 | 深度 毂t1 极限偏差 | 半径r min | 半径r max | 倒角或倒圆c |
|---|---|---|---|---|---|---|---|---|---|---|---|---|---|---|---|
| 自6~8 | 2×2 | 6~20 | 2 | −0.004 −0.029 | ±0.012 5 | +0.025 0 | +0.060 +0.020 | −0.006 −0.031 | 1.2 |  | 1 |  | 0.08 | 0.16 | 0.16~0.25 |
| >8~10 | 3×3 | 6~36 | 3 |  |  |  |  |  | 1.8 |  | 1.4 |  |  |  |  |
| >10~12 | 4×4 | 8~45 | 4 | 0 −0.030 | ±0.015 | +0.030 0 | +0.078 +0.030 | −0.012 −0.042 | 2.5 | +0.10 0 | 1.8 | +0.10 0 |  |  |  |
| >12~17 | 5×5 | 10~56 | 5 |  |  |  |  |  | 3.0 |  | 2.3 |  |  |  | 0.2~0.4 |
| >17~22 | 6×6 | 14~70 | 6 |  |  |  |  |  | 3.5 |  | 2.8 |  | 0.16 | 0.25 |  |
| >22~30 | 8×7 | 18~90 | 8 | 0 −0.036 | ±0.018 | +0.036 0 | +0.098 +0.040 | −0.015 −0.051 | 4.0 |  | 3.3 |  |  |  |  |
| >30~38 | 10×8 | 22~110 | 10 |  |  |  |  |  | 5.0 |  | 3.3 |  |  |  |  |
| >38~44 | 12×8 | 28~140 | 12 | 0 −0.043 | ±0.021 5 | +0.043 0 | +0.120 +0.050 | −0.018 −0.061 | 5.0 |  | 3.3 |  |  |  | 0.4~0.6 |
| >44~50 | 14×9 | 36~160 | 14 |  |  |  |  |  | 5.5 | +0.2 0 | 3.8 | +0.2 0 | 0.25 | 0.4 |  |
| >50~58 | 16×10 | 45~180 | 16 |  |  |  |  |  | 6.0 |  | 4.3 |  |  |  |  |
| >58~65 | 18×11 | 50~200 | 18 |  |  |  |  |  | 7.0 |  | 4.4 |  |  |  |  |
| >65~75 | 20×12 | 56~220 | 20 | 0 −0.052 | ±0.026 | +0.052 0 | +0.149 +0.065 | −0.022 −0.074 | 7.5 |  | 4.9 |  |  |  | 0.6~0.8 |
| >75~85 | 22×14 | 63~250 | 22 |  |  |  |  |  | 9.0 |  | 5.4 |  |  |  |  |
| >85~95 | 25×14 | 70~280 | 25 |  |  |  |  |  | 9.0 |  | 5.4 |  | 0.4 | 0.6 |  |
| >95~110 | 28×16 | 80~320 | 28 |  |  |  |  |  | 10 |  | 6.4 |  |  |  |  |

| b、h基本尺寸 | 2, 3, 4, 5, 6, 8, 10, 12, 14, 16, 18, 20, 22, 25, 28, 32, 36, 40, 45, 50, 56, 63, 70, 80, 90, 100 |
|---|---|
| l基本尺寸 | 6, 8, 10, 12, 14, 16, 18, 20, 22, 25, 28, 32, 36, 40, 45, 50, 56, 63, 70, 80, 90, 100, 110, 125, 140, 160, 180, 200, 220, 250, 280, 320, 360, 400, 450, 500 |

注:本标准参考旧标准整理而成。

## 3. 半圆键及断面尺寸(GB/T1098—2003)

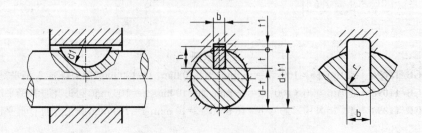

### 4. 半圆键的型式尺寸(GB/T1099.1—2003)

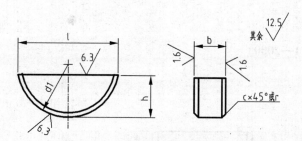

标记示例

**GB/T 1099.1** 键 6×10×25：宽度 b=6 mm;高度 h=10 mm,直径 D=25 mm 的普通型半圆键

附表16　　　　　　　　　　　　　　　　　　　　　　　　　　　单位:mm

| 轴径d 键传递扭矩 | 轴径d 键定位用 | 键宽b 公称尺寸 | 键宽b 极限偏差 | 高度h 公称尺寸 | 高度h 极限偏差 | 直径d₁ 公称尺寸 | 直径d₁ 极限偏差 | l | c min | 键槽宽度b 公称尺寸 | 极限偏差 轴N9 | 极限偏差 毂JS9 | 极限偏差 轴和毂P9 | 深度 轴t 公称尺寸 | 轴t 极限偏差 | 毂t₁ 公称尺寸 | 毂t₁ 极限偏差 | 半径r min |
|---|---|---|---|---|---|---|---|---|---|---|---|---|---|---|---|---|---|---|
| 自3~4 | 自3~4 | 1 | | 1.4 | | 4 | 0-0.12 | 3.9 | | 1 | | | | 1 | | 0.6 | | |
| >4~5 | >4~6 | 1.5 | | 2.6 | 0-0.060 | 7 | | 6.8 | | 1.5 | | | | 2 | | 0.8 | | |
| >5~6 | >6~8 | 2 | | 2.6 | | 7 | 0-0.15 | 6.8 | | 2 | | | | 1.8 | +0.10 | 1 | | 0.08 |
| >6~7 | >8~10 | 2 | 0-0.025 | 3.7 | | 10 | | 9.7 | 0.16 | 2 | −0.004 −0.029 | ±0.012 | −0.006 −0.031 | 2.9 | | 1 | | |
| >7~8 | >10~12 | 2.5 | | 3.7 | 0-0.075 | 10 | | 9.7 | | 2.5 | | | | 2.7 | | 1.2 | | |
| >8~10 | >12~15 | 3 | | 5 | | 13 | | 12.7 | | 3 | | | | 3.8 | | 1.4 | | |
| >10~12 | >15~18 | 3 | | 6.5 | | 16 | 0-0.18 | 15.7 | | 3 | | | | 5.3 | | 1.4 | +0.10 | |
| >12~14 | >18~20 | 4 | | 6.5 | | 16 | | 15.7 | | 4 | | | | 5 | | 1.8 | | |
| >14~16 | >20~22 | 4 | | 7.5 | | 19 | 0-0.21 | 18.6 | | 4 | | | | 6 | +0.20 | 1.8 | | |
| >16~18 | >22~25 | 5 | | 6.5 | | 16 | 0-0.18 | 15.7 | | 5 | | | | 4.5 | | 2.3 | | 0.16 |
| >18~20 | >25~28 | 5 | 0-0.03 | 7.5 | 0-0.090 | 19 | | 18.6 | 0.25 | 5 | 0-0.03 | ±0.015 | −0.012 −0.042 | 5.5 | | 2.3 | | |
| >20~22 | >28~32 | 5 | | 9 | | 22 | | 21.6 | | 5 | | | | 7 | | 2.3 | | |
| >22~25 | >32~36 | 6 | | 9 | | 22 | 0-0.21 | 21.6 | | 6 | | | | 6.5 | | 2.8 | | |
| >25~28 | >36~40 | 6 | | 10 | | 25 | | 24.5 | | 6 | | | | 7.5 | +0.30 | 2.8 | | |
| >28~32 | 40 | 8 | 0-0.036 | 11 | 0-0.110 | 28 | | 27.4 | | 8 | 0-0.036 | ±0.018 | −0.015 −0.051 | 8 | | 3.3 | +0.20 | 0.25 |
| >32~38 | — | 10 | | 13 | | 32 | 0-0.25 | 31.4 | 0.4 | 10 | | | | 10 | | 3.3 | | |

# 八、销

### 1. 圆柱销(GB/T119.1—2000)

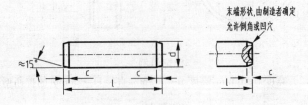

末端形状,由制造者确定
允许倒角或凹穴

**标记示例**

公称直径 d＝6 mm、公差为 m6、公称长度 l＝30 mm、材料为钢、不经淬火、不经表面处理的圆柱销:

**销　GB/T119.1 6m6×30**

### 2. 圆锥销(GB/T117—2000)

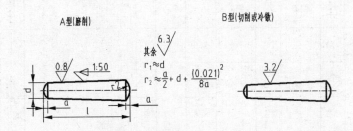

A型(磨削)　　　　　　　　　　B型(切削或冷镦)

其余 6.3
$r_1 \approx d$
$r_2 \approx \dfrac{a}{2} + d + \dfrac{(0.021)^2}{8a}$

**标记示例**

公称直径 d＝10 mm、公称长度 l＝60 mm、材料为 35 钢、热处理硬度 28～38HRC、表面氧化处理的 A 型圆锥销:

**销　GB/T117 10×60**

附表 17　　　　　　　　　　　　　　　　　　　　　单位:mm

| | d | 0.8 | 1 | 1.2 | 1.5 | 2 | 2.5 | 3 | 4 | 5 | 6 |
|---|---|---|---|---|---|---|---|---|---|---|---|
| 圆柱销 | c | 0.16 | 0.2 | 0.25 | 0.3 | 0.35 | 0.4 | 0.5 | 0.63 | 0.8 | 1.2 |
| | l | 2～8 | 4～10 | 4～12 | 4～16 | 6～20 | 6～24 | 8～30 | 8～40 | 10～50 | 12～60 |
| 圆锥销 | a | 0.1 | 0.12 | 0.16 | 0.2 | 0.25 | 0.3 | 0.4 | 0.5 | 0.63 | 0.8 |
| | l | 5～12 | 6～16 | 6～20 | 8～24 | 10～35 | 10～35 | 12～45 | 14～55 | 18～60 | 22～90 |
| | d | 8 | 10 | 12 | 16 | 20 | 25 | 30 | 40 | 50 | |
| 圆柱销 | c | 1.6 | 2 | 2.5 | 3 | 3.5 | 4 | 5 | 6.3 | 8 | |
| | l | 14～80 | 18～95 | 22～140 | 26～180 | 35～200 | 50～200 | 60～200 | 80～200 | 95～200 | |
| 圆锥销 | a | 1 | 1.2 | 1.6 | 2 | 2.5 | 3 | 4 | 5 | 6.3 | |
| | l | 22～120 | 26～160 | 32～180 | 40～200 | 45～200 | 50～200 | 55～200 | 60～200 | 65～200 | |
| l系列 | 2, 3, 4, 5, 6, 8, 10, 12, 14, 16, 18, 20, 22, 24, 26, 28, 30, 32, 35, 40, 45, 50, 55, 60, 65, 70, 75, 80, 85, 90, 95, 100, 120, 140, 160, 180, 200 | | | | | | | | | | |

### 3. 开口销(GB/T91—2000)

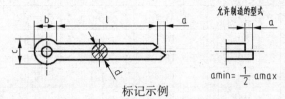

标记示例

公称直径 $d=5$ mm,长度 $l=50$ mm,材料为低碳钢、不经表面处理的开口销:销　**GB/T91 5×50**

附表18　　　　　　　　　　　　　　　　　　　单位:mm

| 公称规格 | | 0.6 | 0.8 | 1 | 1.2 | 1.6 | 2 | 2.5 | 3.2 | 4 | 5 | 6.3 | 8 | 10 | 13 |
|---|---|---|---|---|---|---|---|---|---|---|---|---|---|---|---|
| $d$ | max | 0.5 | 0.7 | 0.9 | 1 | 1.4 | 1.8 | 2.3 | 2.9 | 3.7 | 4.6 | 5.9 | 7.5 | 9.5 | 12.4 |
| | min | 0.4 | 0.6 | 0.8 | 0.9 | 1.3 | 1.7 | 2.1 | 2.7 | 3.5 | 4.4 | 5.7 | 7.3 | 9.3 | 12.1 |
| $c$ | max | 1 | 1.4 | 1.8 | 2 | 2.8 | 3.6 | 4.6 | 5.8 | 7.4 | 9.2 | 11.8 | 15 | 19 | 24.8 |
| | min | 0.9 | 1.2 | 1.6 | 1.7 | 2.4 | 3.2 | 4 | 5.1 | 6.5 | 8 | 10.3 | 13.1 | 16.6 | 21.7 |
| $b$ | | 2 | 2.4 | 3 | 3 | 3.2 | 4 | 5 | 6.4 | 8 | 10 | 12.6 | 16 | 20 | 26 |
| $a$ 最大 | | 1.6 | 1.6 | 1.6 | 2.5 | 2.5 | 2.5 | 2.5 | 3.2 | 4 | 4 | 4 | 4 | 6.3 | 6.3 |
| $l$ | | 4~12 | 5~16 | 6~20 | 8~26 | 8~32 | 10~40 | 12~50 | 14~65 | 18~80 | 22~100 | 30~120 | 40~160 | 45~200 | 70~200 |
| $l$系列 | | 4, 5, 6, 8, 10, 12, 14, 16, 18, 20, 22, 24, 26, 28, 30, 32, 36, 40, 45, 50, 55, 60, 65, 70, 75, 80, 85, 90, 95, 100, 120,140, 160, 180, 200 | | | | | | | | | | | | | |

# 九、轴承

### 1. 深沟球轴承(GB/T276—1994)

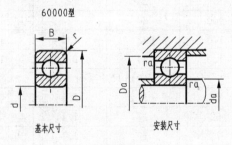

标记示例

**滚动轴承　6 204　GB/T276—1994**

附表19　　　　　　　　　　　　　　　　　　　单位:mm

| 轴承代号 | 基 本 尺 寸 | | | | 安 装 尺 寸 | | |
|---|---|---|---|---|---|---|---|
| | d | D | B | rs | da | Da | $r_{as}$ |
| (1)0 尺寸系列 | | | | | | | |
| 6004 | 20 | 42 | 12 | 0.6 | 25 | 37 | 0.6 |
| 6005 | 25 | 47 | 12 | 0.6 | 30 | 42 | 0.6 |
| 6006 | 30 | 55 | 13 | 1 | 36 | 49 | 1 |
| 6007 | 35 | 62 | 14 | 1 | 41 | 56 | 1 |
| 6008 | 40 | 68 | 15 | 1 | 46 | 62 | 1 |
| 6009 | 45 | 75 | 16 | 1 | 51 | 69 | 1 |

| 轴承代号 | 基 本 尺 寸 | | | | 安 装 尺 寸 | | |
|---|---|---|---|---|---|---|---|
| | d | D | B | rs | da | Da | r_{as} |
| 6010 | 50 | 80 | 16 | 1 | 56 | 74 | 1 |
| 6011 | 55 | 90 | 18 | 1.1 | 62 | 83 | 1 |
| 6012 | 60 | 95 | 18 | 1.1 | 67 | 88 | 1 |
| 6013 | 65 | 100 | 18 | 1.1 | 72 | 93 | 1 |
| 6014 | 70 | 110 | 20 | 1.1 | 77 | 103 | 1 |
| 6015 | 75 | 115 | 20 | 1.1 | 82 | 108 | 1 |
| 6016 | 80 | 125 | 22 | 1.1 | 87 | 118 | 1 |
| 6017 | 85 | 130 | 22 | 1.1 | 92 | 123 | 1 |
| 6018 | 90 | 140 | 24 | 1.5 | 99 | 131 | 1.5 |
| 6019 | 95 | 145 | 24 | 1.5 | 104 | 136 | 1.5 |
| 6020 | 100 | 150 | 24 | 1.5 | 109 | 141 | 1.5 |
| (0)2 尺寸系列 | | | | | | | |
| 6204 | 20 | 47 | 14 | 1 | 26 | 41 | 1 |
| 6205 | 25 | 52 | 15 | 1 | 31 | 46 | 1 |
| 6206 | 30 | 62 | 16 | 1 | 36 | 56 | 1 |
| 6207 | 35 | 72 | 17 | 1.1 | 42 | 65 | 1 |
| 6208 | 40 | 80 | 18 | 1.1 | 47 | 73 | 1 |
| 6209 | 45 | 85 | 19 | 1.1 | 52 | 78 | 1 |
| 6210 | 50 | 90 | 20 | 1.1 | 57 | 83 | 1 |
| 6211 | 55 | 100 | 21 | 1.5 | 64 | 91 | 1.5 |
| 6212 | 60 | 110 | 22 | 1.5 | 69 | 101 | 1.5 |
| 6213 | 65 | 120 | 23 | 1.5 | 74 | 111 | 1.5 |
| 6214 | 70 | 125 | 24 | 1.5 | 79 | 116 | 1.5 |
| 6215 | 75 | 130 | 25 | 1.5 | 84 | 121 | 1.5 |
| 6216 | 80 | 140 | 26 | 2 | 90 | 130 | 2 |
| 6217 | 85 | 150 | 28 | 2 | 95 | 140 | 2 |
| 6218 | 90 | 160 | 30 | 2 | 100 | 150 | 2 |
| 6219 | 95 | 170 | 32 | 2.1 | 107 | 158 | 2.1 |
| 6220 | 100 | 180 | 34 | 2.1 | 112 | 168 | 2.1 |
| (0)3 尺寸系列 | | | | | | | |
| 6304 | 20 | 52 | 15 | 1.1 | 27 | 45 | 1 |
| 6305 | 25 | 62 | 17 | 1.1 | 32 | 55 | 1 |
| 6306 | 30 | 72 | 19 | 1.1 | 37 | 65 | 1 |
| 6307 | 35 | 80 | 21 | 1.5 | 44 | 71 | 1.5 |
| 6308 | 40 | 90 | 23 | 1.5 | 49 | 81 | 1.5 |
| 6309 | 45 | 100 | 25 | 1.5 | 54 | 91 | 1.5 |
| 6310 | 50 | 110 | 27 | 2 | 60 | 100 | 2 |
| 6311 | 55 | 120 | 29 | 2 | 65 | 110 | 2 |
| 6312 | 60 | 130 | 31 | 2.1 | 72 | 118 | 2.1 |
| 6313 | 65 | 140 | 33 | 2.1 | 77 | 128 | 2.1 |
| 6314 | 70 | 150 | 35 | 2.1 | 82 | 138 | 2.1 |
| 6315 | 75 | 160 | 37 | 2.1 | 87 | 148 | 2.1 |
| 6316 | 80 | 170 | 39 | 2.1 | 92 | 158 | 2.1 |
| 6317 | 85 | 180 | 41 | 3 | 99 | 166 | 2.5 |
| 6318 | 90 | 190 | 43 | 3 | 104 | 176 | 2.5 |
| 6319 | 95 | 200 | 45 | 3 | 109 | 186 | 2.5 |

(续表)

| 轴承代号 | 基 本 尺 寸 | | | | 安 装 尺 寸 | | |
|---|---|---|---|---|---|---|---|
| | d | D | B | rs | da | Da | ras |
| 6320 | 100 | 215 | 47 | 3 | 114 | 201 | 2.5 |
| (0)4 尺寸系列 | | | | | | | |
| 6404 | 20 | 72 | 19 | 1.1 | 27 | 65 | 1 |
| 6405 | 25 | 80 | 21 | 1.5 | 34 | 71 | 1.5 |
| 6406 | 30 | 90 | 23 | 1.5 | 39 | 81 | 1.5 |
| 6407 | 35 | 100 | 25 | 1.5 | 44 | 91 | 1.5 |
| 6408 | 40 | 110 | 27 | 2 | 50 | 100 | 2 |
| 6409 | 45 | 120 | 29 | 2 | 55 | 110 | 2 |
| 6410 | 50 | 130 | 31 | 2.1 | 62 | 118 | 2.1 |
| 6411 | 55 | 140 | 33 | 2.1 | 67 | 128 | 2.1 |
| 6412 | 60 | 150 | 35 | 2.1 | 72 | 138 | 2.1 |
| 6413 | 65 | 160 | 37 | 2.1 | 77 | 148 | 2.1 |
| 6414 | 70 | 180 | 42 | 3 | 84 | 166 | 2.5 |
| 6415 | 75 | 190 | 45 | 3 | 89 | 176 | 2.5 |
| 6416 | 80 | 200 | 48 | 3 | 94 | 186 | 2.5 |
| 6417 | 85 | 210 | 52 | 4 | 103 | 192 | 3 |
| 6418 | 90 | 225 | 54 | 4 | 108 | 207 | 3 |
| 6420 | 100 | 250 | 58 | 4 | 118 | 132 | 3 |

## 2. 圆锥滚子轴承(GB/T297—1994)

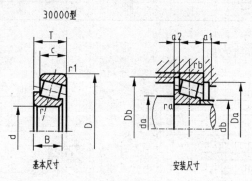

30000型

基本尺寸　　　　安装尺寸

标记示例

**滚动轴承　30205　GB/T297—1994**

附表 20　　　　　　　　　　　单位:mm

| 轴承类型 | | 外 形 尺 寸 | | | | | 轴承类型 | | 外 形 尺 寸 | | | | |
|---|---|---|---|---|---|---|---|---|---|---|---|---|---|
| | | d | D | T | B | c | | | d | D | T | B | c |
| 02尺寸系列 | 30204 | 20 | 47 | 15.25 | 14 | 12 | 02尺寸系列 | 30215 | 75 | 130 | 27.25 | 25 | 22 |
| | 30205 | 25 | 52 | 16.25 | 15 | 13 | | 30216 | 80 | 140 | 28.25 | 26 | 22 |
| | 30206 | 30 | 62 | 17.25 | 16 | 14 | | 30217 | 85 | 150 | 30.50 | 28 | 24 |
| | 30207 | 35 | 72 | 18.25 | 17 | 15 | | 30218 | 90 | 160 | 32.50 | 30 | 26 |
| | 30208 | 40 | 80 | 19.75 | 18 | 16 | | 30219 | 95 | 170 | 34.50 | 32 | 27 |
| | 30209 | 45 | 85 | 20.75 | 19 | 16 | | 30220 | 100 | 180 | 37.00 | 34 | 29 |
| | 30210 | 50 | 90 | 21.75 | 20 | 17 | 03尺寸系列 | 30304 | 20 | 52 | 16.25 | 15 | 13 |
| | 30211 | 55 | 100 | 22.75 | 21 | 18 | | 30305 | 25 | 62 | 18.25 | 17 | 15 |
| | 30212 | 60 | 110 | 23.75 | 22 | 19 | | 30306 | 30 | 72 | 20.75 | 19 | 16 |
| | 30213 | 65 | 120 | 24.75 | 23 | 20 | | 30307 | 35 | 80 | 22.75 | 21 | 18 |
| | 30214 | 70 | 125 | 26.25 | 24 | 21 | | 30308 | 40 | 90 | 25.25 | 23 | 20 |

（续表）

| 轴承类型 | | d | D | T | B | c | 轴承类型 | | d | D | T | B | c |
|---|---|---|---|---|---|---|---|---|---|---|---|---|---|
| | 外形尺寸 | | | | | | | 外形尺寸 | | | | | |
| 03尺寸系列 | 30309 | 45 | 100 | 27.25 | 25 | 22 | 22尺寸系列 | 32215 | 75 | 130 | 33.25 | 31 | 27 |
| | 30310 | 50 | 110 | 29.25 | 27 | 23 | | 32216 | 80 | 140 | 35.25 | 33 | 28 |
| | 30311 | 55 | 120 | 31.5 | 29 | 25 | | 32217 | 85 | 150 | 38.5 | 36 | 30 |
| | 30312 | 60 | 130 | 33.5 | 31 | 26 | | 32218 | 90 | 160 | 42.5 | 40 | 34 |
| | 30313 | 65 | 140 | 36 | 33 | 28 | | 32219 | 95 | 170 | 45.5 | 43 | 37 |
| | 30314 | 70 | 150 | 38 | 35 | 30 | | 32220 | 100 | 180 | 49 | 46 | 39 |
| | 30315 | 75 | 160 | 40 | 37 | 31 | 23尺寸系列 | 32304 | 20 | 52 | 22.25 | 21 | 18 |
| | 30316 | 80 | 170 | 42.5 | 39 | 33 | | 32305 | 25 | 62 | 25.25 | 24 | 20 |
| | 30317 | 85 | 180 | 44.5 | 41 | 34 | | 32306 | 30 | 72 | 28.75 | 27 | 23 |
| | 30318 | 90 | 190 | 46.5 | 43 | 36 | | 32307 | 35 | 80 | 32.75 | 31 | 25 |
| | 30319 | 95 | 200 | 49.5 | 45 | 38 | | 32308 | 40 | 90 | 35.25 | 33 | 27 |
| | 30320 | 100 | 215 | 51.5 | 47 | 39 | | 32309 | 45 | 100 | 38.25 | 36 | 30 |
| 22尺寸系列 | 32204 | 20 | 47 | 19.25 | 18 | 15 | | 32310 | 50 | 110 | 42.25 | 40 | 33 |
| | 32205 | 25 | 52 | 19.25 | 18 | 16 | | 32311 | 55 | 120 | 45.5 | 43 | 35 |
| | 32206 | 30 | 62 | 21.25 | 20 | 17 | | 32312 | 60 | 130 | 48.5 | 46 | 37 |
| | 32207 | 35 | 72 | 24.25 | 23 | 19 | | 32313 | 65 | 140 | 51 | 48 | 39 |
| | 32208 | 40 | 80 | 24.75 | 23 | 19 | | 32314 | 70 | 150 | 54 | 51 | 42 |
| | 32209 | 45 | 85 | 24.75 | 23 | 19 | | 32315 | 75 | 160 | 58 | 55 | 45 |
| | 32210 | 50 | 90 | 24.75 | 23 | 19 | | 32316 | 80 | 170 | 61.5 | 58 | 48 |
| | 32211 | 55 | 100 | 26.75 | 25 | 21 | | 32317 | 85 | 180 | 63.5 | 60 | 49 |
| | 32212 | 60 | 110 | 29.75 | 28 | 24 | | 32318 | 90 | 190 | 67.5 | 64 | 53 |
| | 32213 | 65 | 120 | 32.75 | 31 | 27 | | 32319 | 95 | 200 | 71.5 | 67 | 55 |
| | 32214 | 70 | 125 | 33.25 | 31 | 27 | | 32320 | 100 | 215 | 77.5 | 73 | 60 |

### 3. 推力球轴承(GB/T301—1995)

51000型

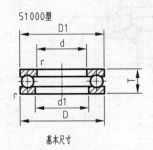

基本尺寸

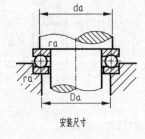

安装尺寸

标记示例

**滚动轴承 51210 GB/T301—1995**

附表 21　　　　　单位:mm

| 轴承类型 | | d | D | T | $d_1$ | $D_1$ | 轴承类型 | | d | D | T | $d_1$ | $D_1$ |
|---|---|---|---|---|---|---|---|---|---|---|---|---|---|
| | 外形尺寸 | | | | | | | 外形尺寸 | | | | | |
| 11尺寸系列 | 51104 | 20 | 35 | 10 | 21 | 35 | 11尺寸系列 | 51113 | 65 | 90 | 18 | 67 | 90 |
| | 51105 | 25 | 42 | 11 | 26 | 42 | | 51114 | 70 | 95 | 18 | 72 | 95 |
| | 51106 | 30 | 47 | 11 | 32 | 47 | | 51115 | 75 | 100 | 19 | 77 | 100 |
| | 51107 | 35 | 52 | 12 | 37 | 52 | | 51116 | 80 | 105 | 19 | 82 | 105 |
| | 51108 | 40 | 60 | 13 | 42 | 60 | | 51117 | 85 | 110 | 19 | 87 | 110 |
| | 51109 | 45 | 65 | 14 | 47 | 65 | | 51118 | 90 | 120 | 22 | 92 | 120 |
| | 51110 | 50 | 70 | 14 | 52 | 70 | | 51120 | 100 | 135 | 25 | 102 | 135 |
| | 51111 | 55 | 78 | 16 | 57 | 78 | 12尺寸系列 | 51204 | 20 | 40 | 14 | 22 | 40 |
| | 51112 | 60 | 85 | 17 | 62 | 85 | | 51205 | 25 | 47 | 15 | 27 | 47 |

（续表）

| 轴承类型 | 外 形 尺 寸 | | | | | 轴承类型 | 外 形 尺 寸 | | | | |
|---|---|---|---|---|---|---|---|---|---|---|---|
| | d | D | T | B | c | | d | D | T | B | c |
| 51206 | 30 | 52 | 16 | 32 | 52 | 51313 | 65 | 115 | 36 | 67 | 115 |
| 51207 | 35 | 62 | 18 | 37 | 62 | 51314 | 70 | 125 | 40 | 72 | 125 |
| 51208 | 40 | 68 | 19 | 42 | 68 | 51315 | 75 | 135 | 44 | 77 | 135 |
| 51209 | 45 | 73 | 20 | 47 | 73 | 51316 | 80 | 140 | 44 | 82 | 140 |
| 51210 | 50 | 78 | 22 | 52 | 78 | 51317 | 85 | 150 | 49 | 88 | 150 |
| 51211 | 55 | 90 | 25 | 57 | 90 | 51318 | 90 | 155 | 50 | 93 | 155 |
| 51212 | 60 | 95 | 26 | 62 | 95 | 51320 | 100 | 175 | 55 | 103 | 170 |
| 51213 | 65 | 100 | 27 | 67 | 100 | 51405 | 25 | 60 | 24 | 27 | 60 |
| 51214 | 70 | 105 | 27 | 72 | 105 | 51406 | 30 | 70 | 28 | 32 | 70 |
| 51215 | 75 | 110 | 27 | 77 | 110 | 51407 | 35 | 80 | 32 | 37 | 80 |
| 51216 | 80 | 115 | 28 | 82 | 115 | 51408 | 40 | 90 | 36 | 42 | 90 |
| 51217 | 85 | 125 | 31 | 88 | 125 | 51409 | 45 | 100 | 39 | 47 | 100 |
| 51218 | 90 | 135 | 35 | 93 | 135 | 51410 | 50 | 110 | 43 | 52 | 110 |
| 51220 | 100 | 150 | 38 | 103 | 150 | 51411 | 55 | 120 | 48 | 57 | 120 |
| 51304 | 20 | 47 | 18 | 22 | 47 | 51412 | 60 | 130 | 51 | 62 | 130 |
| 51305 | 25 | 52 | 18 | 27 | 52 | 51413 | 65 | 140 | 56 | 68 | 140 |
| 51306 | 30 | 60 | 21 | 32 | 60 | 51414 | 70 | 150 | 60 | 73 | 150 |
| 51307 | 35 | 68 | 24 | 37 | 68 | 51415 | 75 | 160 | 65 | 78 | 160 |
| 51308 | 40 | 78 | 26 | 42 | 78 | 51416 | 80 | 170 | 68 | 83 | 170 |
| 51309 | 45 | 85 | 28 | 47 | 85 | 51417 | 85 | 180 | 72 | 88 | 177 |
| 51310 | 50 | 95 | 31 | 52 | 95 | 51418 | 90 | 190 | 77 | 93 | 187 |
| 51311 | 55 | 105 | 35 | 57 | 105 | 51420 | 100 | 210 | 85 | 103 | 205 |
| 51312 | 60 | 110 | 35 | 62 | 110 | 51422 | 110 | 230 | 95 | 113 | 225 |

（左列：12尺寸系列 为 51206～51220；13尺寸系列 为 51304～51312。右列：13尺寸系列 为 51313～51320；14尺寸系列 为 51405～51422。）

# 十、公差

### 附表 22　标准公差数值(GB/T1800.3—2009)

| 基本尺寸 mm | | 标准公差等级 | | | | | | | | | | | | | | | | | |
|---|---|---|---|---|---|---|---|---|---|---|---|---|---|---|---|---|---|---|
| 大于 | 至 | IT1 | IT2 | IT3 | IT4 | IT5 | IT6 | IT7 | IT8 | IT9 | IT10 | IT11 | IT12 | IT13 | IT14 | IT15 | IT16 | IT17 | IT18 |
| | | 微米 μm | | | | | | | | | | | 毫米 mm | | | | | | |
| — | 3 | 0.8 | 1.2 | 2 | 3 | 4 | 6 | 10 | 14 | 25 | 40 | 60 | 0.1 | 0.14 | 0.25 | 0.4 | 0.6 | 1 | 1.4 |
| 3 | 6 | 1 | 1.5 | 2.5 | 4 | 5 | 8 | 12 | 18 | 30 | 48 | 75 | 0.12 | 0.18 | 0.3 | 0.48 | 0.75 | 1.2 | 1.8 |
| 6 | 10 | 1 | 1.5 | 2.5 | 4 | 6 | 9 | 15 | 22 | 36 | 58 | 90 | 0.15 | 0.22 | 0.36 | 0.58 | 0.9 | 1.5 | 2.2 |
| 10 | 18 | 1.2 | 2 | 3 | 5 | 8 | 11 | 18 | 27 | 43 | 70 | 110 | 0.18 | 0.27 | 0.43 | 0.7 | 1.1 | 1.8 | 2.7 |
| 18 | 30 | 1.5 | 2.5 | 4 | 6 | 9 | 13 | 21 | 33 | 52 | 84 | 130 | 0.21 | 0.33 | 0.52 | 0.84 | 1.3 | 2.1 | 3.3 |
| 30 | 50 | 1.5 | 2.5 | 4 | 7 | 11 | 16 | 25 | 39 | 62 | 100 | 160 | 0.25 | 0.39 | 0.62 | 1 | 1.6 | 2.5 | 3.9 |
| 50 | 80 | 2 | 3 | 5 | 8 | 13 | 19 | 30 | 46 | 74 | 120 | 190 | 0.3 | 0.46 | 0.74 | 1.2 | 1.9 | 3 | 4.6 |
| 80 | 120 | 2.5 | 4 | 6 | 10 | 15 | 22 | 35 | 54 | 87 | 140 | 220 | 0.35 | 0.54 | 0.87 | 1.4 | 2.2 | 3.5 | 5.4 |
| 120 | 180 | 3.5 | 5 | 8 | 12 | 28 | 25 | 40 | 63 | 100 | 160 | 250 | 0.4 | 0.63 | 1 | 1.6 | 2.5 | 4 | 6.3 |
| 180 | 250 | 4.5 | 7 | 10 | 14 | 20 | 29 | 46 | 72 | 115 | 185 | 290 | 0.46 | 0.72 | 1.15 | 1.85 | 2.9 | 4.6 | 7.2 |
| 250 | 315 | 6 | 8 | 12 | 16 | 23 | 32 | 52 | 81 | 130 | 210 | 320 | 0.52 | 0.81 | 1.3 | 2.1 | 3.2 | 5.2 | 8.1 |
| 315 | 400 | 7 | 9 | 13 | 18 | 25 | 36 | 57 | 89 | 140 | 230 | 360 | 0.57 | 0.89 | 1.4 | 2.3 | 3.6 | 5.7 | 8.9 |

（续表）

| 基本尺寸 mm | | 标准公差等级 | | | | | | | | | | | | | | | | | |
|---|---|---|---|---|---|---|---|---|---|---|---|---|---|---|---|---|---|---|---|
| | | IT1 | IT2 | IT3 | IT4 | IT5 | IT6 | IT7 | IT8 | IT9 | IT10 | IT11 | IT12 | IT13 | IT14 | IT15 | IT16 | IT17 | IT18 |
| 大于 | 至 | 微米 μm | | | | | | | | | | | 毫米 mm | | | | | | |
| 400 | 500 | 8 | 10 | 15 | 20 | 27 | 40 | 63 | 97 | 155 | 250 | 400 | 0.63 | 0.97 | 1.55 | 2.5 | 4 | 6.3 | 9.7 |
| 500 | 630 | 9 | 11 | 16 | 22 | 32 | 44 | 70 | 110 | 175 | 280 | 440 | 0.7 | 1.1 | 1.75 | 2.8 | 4.4 | 7 | 11 |
| 630 | 800 | 10 | 13 | 18 | 25 | 36 | 50 | 80 | 125 | 200 | 320 | 500 | 0.8 | 1.25 | 2 | 3.2 | 5 | 8 | 12.5 |
| 800 | 1 000 | 11 | 15 | 21 | 28 | 40 | 56 | 90 | 140 | 230 | 360 | 560 | 0.9 | 1.4 | 2.3 | 3.6 | 5.6 | 9 | 14 |

**附表 23　基本尺寸至 500 mm 的轴、孔公差带(GB/T1801—2009)**

基本尺寸至 500 mm 的轴公差带规定如下，选择时，应优先选用括号中的公差带，其次选用方框中的公差带，最后选用其他的公差带。

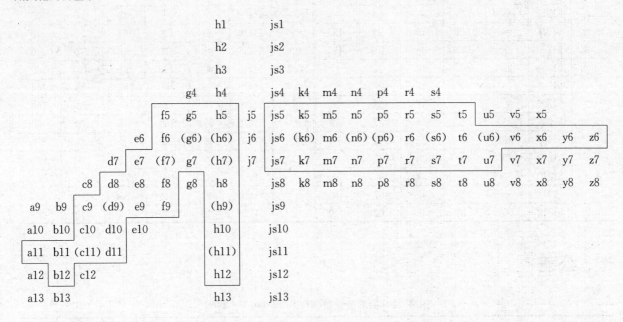

基本尺寸至 500 mm 的孔公差带规定如下，选择时，应优先选用括号中的公差带，其次选用方框中的公差带，最后选用其他的公差带。

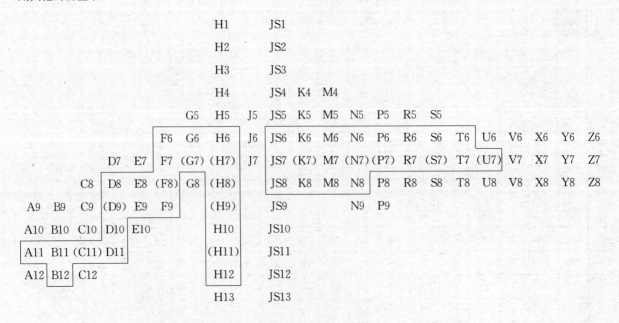

附表 24　轴的基本偏差(GB/T1800.3—2009)

| 基本尺寸 | | 基本偏差数值 | | | | | | | | | | | | | | | |
| --- | --- | --- | --- | --- | --- | --- | --- | --- | --- | --- | --- | --- | --- | --- | --- | --- | --- |
| | | 上偏差 es(μm) | | | | | | | | | | | | 下偏差 ei(μm) | | | |
| | | 所有公差等级 | | | | | | | | | | | | IT5和IT6 | IT7 | IT8 | IT4和IT7 |
| 大于 | 至 | a | b | c | cd | d | e | ef | f | fg | g | h | js | j | j | j | k |
| — | 3 | −270 | −140 | −60 | −34 | −20 | −14 | −10 | −6 | −4 | −2 | 0 | | −2 | −4 | −6 | 0 |
| 3 | 6 | −270 | −140 | −70 | −46 | −30 | −20 | −14 | −10 | −6 | −4 | 0 | | −2 | −4 | | +1 |
| 6 | 10 | −280 | −150 | −80 | −56 | −40 | −25 | −18 | −13 | −8 | −5 | 0 | | −2 | −5 | | +1 |
| 10 | 14 | −290 | −150 | −95 | | −50 | −32 | | −16 | | −6 | 0 | | −3 | −6 | | +1 |
| 14 | 18 | | | | | | | | | | | | | | | | |
| 18 | 24 | −300 | −160 | −110 | | −65 | −40 | | −20 | | −7 | 0 | | −4 | −8 | | +2 |
| 24 | 30 | | | | | | | | | | | | | | | | |
| 30 | 40 | −310 | −170 | −120 | | −80 | −50 | | −25 | | −9 | 0 | | −5 | −10 | | +2 |
| 40 | 50 | −320 | −180 | −130 | | | | | | | | | | | | | |
| 50 | 65 | −340 | −190 | −140 | | −100 | −60 | | −30 | | −10 | 0 | | −7 | −12 | | +2 |
| 65 | 80 | −360 | −200 | −150 | | | | | | | | | ±IT/2 | | | | |
| 80 | 100 | −380 | −220 | −170 | | −120 | −72 | | −36 | | −12 | 0 | | −9 | −15 | | +3 |
| 100 | 120 | −410 | −240 | −180 | | | | | | | | | | | | | |
| 120 | 140 | −460 | −260 | −200 | | −145 | −85 | | −43 | | −14 | 0 | | −11 | −18 | | +3 |
| 140 | 160 | −520 | −280 | −210 | | | | | | | | | | | | | |
| 160 | 180 | −580 | −310 | −230 | | | | | | | | | | | | | |
| 180 | 200 | −660 | −340 | −240 | | −170 | −100 | | −50 | | −15 | 0 | | −13 | −21 | | +4 |
| 200 | 225 | −740 | −880 | −260 | | | | | | | | | | | | | |
| 225 | 250 | −820 | −420 | −280 | | | | | | | | | | | | | |
| 250 | 280 | −920 | −480 | −300 | | −190 | −110 | | −56 | | −17 | 0 | | −16 | −26 | | +4 |
| 280 | 315 | −1 050 | −540 | −330 | | | | | | | | | | | | | |
| 315 | 355 | −1 200 | −600 | −360 | | −210 | −125 | | −62 | | −18 | 0 | | −18 | −28 | | +4 |
| 355 | 400 | −1 350 | −680 | −400 | | | | | | | | | | | | | |
| 400 | 450 | −1 500 | −760 | −440 | | −230 | −135 | | −68 | | −20 | 0 | | −20 | −32 | | +5 |
| 450 | 500 | −1 650 | −840 | −480 | | | | | | | | | | | | | |

(续表)

| 基本尺寸 | | ≤IT3 >IT7 | 基本偏差数值 下偏差 ei(μm) 所有公差等级 | | | | | | | | | | | | | |
|---|---|---|---|---|---|---|---|---|---|---|---|---|---|---|---|---|
| 大于 | 至 | k | m | n | p | r | s | t | u | v | x | y | z | za | zb | zc |
| — | 3 | 0 | +2 | +4 | +6 | +10 | +14 | | +18 | | +20 | | +26 | +32 | +40 | +60 |
| 3 | 6 | 0 | +4 | +8 | +12 | +15 | +19 | | +23 | | +28 | | +35 | +42 | +50 | +80 |
| 6 | 10 | 0 | +6 | +10 | +15 | +19 | +23 | | +28 | | +34 | | +42 | +52 | +67 | +97 |
| 10 | 14 | 0 | +7 | +12 | +18 | +23 | +28 | | +33 | | +40 | | +50 | +64 | +90 | +130 |
| 14 | 18 | | | | | | | | | +39 | +45 | | +60 | +77 | +108 | +150 |
| 18 | 24 | 0 | +8 | +15 | +22 | +28 | +35 | | +41 | +47 | +54 | +63 | +73 | +98 | +136 | +188 |
| 24 | 30 | | | | | | | +41 | +48 | +55 | +64 | +75 | +88 | +118 | +160 | +218 |
| 30 | 40 | 0 | +9 | +17 | +26 | +34 | +43 | +48 | +60 | +68 | +80 | +94 | +112 | +148 | +200 | +274 |
| 40 | 50 | | | | | | | +54 | +70 | +81 | +97 | +114 | +136 | +180 | +242 | +325 |
| 50 | 65 | 0 | +11 | +20 | +32 | +41 | +53 | +66 | +87 | +102 | +122 | +144 | +172 | +226 | +300 | +405 |
| 65 | 80 | | | | | +43 | +59 | +75 | +102 | +120 | +146 | +174 | +210 | +274 | +360 | +480 |
| 80 | 100 | 0 | +13 | +23 | +37 | +51 | +71 | +91 | +124 | +146 | +178 | +214 | +258 | +335 | +445 | +585 |
| 100 | 120 | | | | | +54 | +79 | +104 | +144 | +172 | +210 | +254 | +310 | +400 | +525 | +690 |
| 120 | 140 | 0 | +15 | +27 | +43 | +63 | +92 | +122 | +170 | +202 | +248 | +300 | +365 | +470 | +620 | +800 |
| 140 | 160 | | | | | +65 | +100 | +134 | +190 | +228 | +280 | +340 | +415 | +535 | +700 | +900 |
| 160 | 180 | | | | | +68 | +108 | +146 | +210 | +252 | +310 | +380 | +465 | +600 | +780 | +1 000 |
| 180 | 200 | 0 | +17 | +31 | +50 | +77 | +122 | +166 | +236 | +284 | +350 | +425 | +520 | +670 | +880 | +1 150 |
| 200 | 225 | | | | | +80 | +130 | +180 | +258 | +310 | +385 | +470 | +575 | +740 | +960 | +1 250 |
| 225 | 250 | | | | | +84 | +140 | +196 | +284 | +340 | +425 | +520 | +640 | +820 | +1 050 | +1 350 |
| 250 | 280 | 0 | +20 | +34 | +56 | +94 | +158 | +218 | +315 | +385 | +475 | +580 | +710 | +920 | +1 200 | +1 550 |
| 280 | 315 | | | | | +98 | +170 | +240 | +350 | +425 | +525 | +650 | +790 | +1 000 | +1 300 | +1 700 |
| 315 | 355 | 0 | +21 | +37 | +62 | +108 | +190 | +268 | +390 | +475 | +590 | +730 | +900 | +1 150 | +1 500 | +1 900 |
| 355 | 400 | | | | | +114 | +208 | +294 | +435 | +530 | +660 | +820 | +1 000 | +1 300 | +1 650 | +2 100 |
| 400 | 450 | 0 | +23 | +40 | +68 | +126 | +232 | +330 | +490 | +595 | +740 | +920 | +1 100 | +1 450 | +1 850 | +2 400 |
| 450 | 500 | | | | | +132 | +252 | +360 | +540 | +660 | +820 | +1 000 | +1 250 | +1 600 | +2 100 | +2 600 |

附表 25　孔的基本偏差(GB/T1800.3—2009)

| 基本尺寸 | | 基本偏差数值 | | | | | | | | | | | | |
|---|---|---|---|---|---|---|---|---|---|---|---|---|---|---|
| | | 下偏差 EI(μm) | | | | | | | | | | | | IT6 |
| | | 所有公差等级 | | | | | | | | | | | | |
| 大于 | 至 | A | B | C | CD | D | E | EF | F | FG | G | H | JS | J |
| — | 3 | +270 | +140 | +60 | +34 | +20 | +14 | +10 | +6 | +4 | +2 | 0 | | +2 |
| 3 | 6 | +270 | +140 | +70 | +46 | +30 | +20 | +14 | +10 | +6 | +4 | 0 | | +5 |
| 6 | 10 | +280 | +150 | +80 | +56 | +40 | +25 | +18 | +13 | +8 | +5 | 0 | | +5 |
| 10 | 14 | +290 | +150 | +95 | | +50 | +32 | | +16 | | +6 | 0 | | +6 |
| 14 | 18 | | | | | | | | | | | | | |
| 18 | 24 | +300 | +160 | +110 | | +65 | +40 | | +20 | | +7 | 0 | | +8 |
| 24 | 30 | | | | | | | | | | | | | |
| 30 | 40 | +310 | +170 | +120 | | +80 | +50 | | +25 | | +9 | 0 | | +10 |
| 40 | 50 | +320 | +180 | +130 | | | | | | | | | | |
| 50 | 65 | +340 | +190 | +140 | | +100 | +60 | | +30 | | +10 | 0 | | +13 |
| 65 | 80 | +360 | +200 | +150 | | | | | | | | | | |
| 80 | 100 | +380 | +220 | +170 | | +120 | +72 | | +36 | | +12 | 0 | | +16 |
| 100 | 120 | +410 | +240 | +180 | | | | | | | | | ±IT/2 | |
| 120 | 140 | +460 | +260 | +200 | | +145 | +85 | | +43 | | +14 | 0 | | +18 |
| 140 | 160 | +520 | +280 | +210 | | | | | | | | | | |
| 160 | 180 | +580 | +310 | +230 | | | | | | | | | | |
| 180 | 200 | +660 | +310 | +240 | | +170 | +100 | | +50 | | +15 | 0 | | +22 |
| 200 | 225 | +740 | +380 | +260 | | | | | | | | | | |
| 225 | 250 | +820 | +420 | +280 | | | | | | | | | | |
| 250 | 280 | +920 | +480 | +300 | | +190 | +110 | | +56 | | +17 | 0 | | +25 |
| 280 | 315 | +1 050 | +540 | +330 | | | | | | | | | | |
| 315 | 355 | +1 200 | +600 | +360 | | +210 | +125 | | +62 | | +18 | 0 | | +29 |
| 355 | 400 | +1 350 | +680 | +400 | | | | | | | | | | |
| 400 | 450 | +1 500 | +760 | +440 | | +230 | +135 | | +68 | | +20 | 0 | | +33 |
| 450 | 500 | +1 650 | +840 | +480 | | | | | | | | | | |

(续表)

| 基本尺寸 | | 基本偏差数值 上偏差 ES(μm) | | | | | | | | | | | | |
|---|---|---|---|---|---|---|---|---|---|---|---|---|---|---|
| | | IT7 | IT8 | ≤IT8 | >IT8 | ≤IT8 | >IT8 | ≤IT8 | >IT8 | ≤IT7 | 标准公差等级>IT7 | | | |
| 大于 | 至 | J | | K | | M | | N | | P至ZC | P | R | S | T |
| — | 3 | +4 | +6 | 0 | 0 | −2 | −2 | −4 | −4 | | −6 | −10 | −14 | |
| 3 | 6 | +6 | +10 | −1+Δ | | −4+Δ | −4 | −8+Δ | 0 | | −12 | −15 | −19 | |
| 6 | 10 | +8 | +12 | −1+Δ | | −6+Δ | −6 | −10+Δ | 0 | | −15 | −19 | 23 | |
| 10 | 14 | +10 | +15 | −1+Δ | | −7+Δ | −7 | −12+Δ | 0 | | −18 | −23 | −28 | |
| 14 | 18 | | | | | | | | | | | | | |
| 18 | 24 | +12 | +20 | −2+Δ | | −8+Δ | −8 | −15+Δ | 0 | 在大于IT7的相应数值上加一个Δ值 | −22 | −28 | −35 | |
| 24 | 30 | | | | | | | | | | | | | −41 |
| 30 | 40 | +14 | +24 | −2+Δ | | −9+Δ | −9 | −17+Δ | 0 | | −26 | −34 | −43 | −48 |
| 40 | 50 | | | | | | | | | | | | | −54 |
| 50 | 65 | +18 | +28 | −2+Δ | | −11+Δ | −11 | −20+Δ | 0 | | −32 | −41 | −53 | −66 |
| 65 | 80 | | | | | | | | | | | −43 | −59 | −75 |
| 80 | 100 | +22 | +34 | −3+Δ | | −13+Δ | −13 | −23+Δ | 0 | | −37 | −51 | −71 | −91 |
| 100 | 120 | | | | | | | | | | | −54 | −79 | −104 |
| 120 | 140 | +26 | +41 | −3+Δ | | −15+Δ | −15 | −27+Δ | 0 | | −43 | −63 | −92 | −122 |
| 140 | 160 | | | | | | | | | | | −65 | −100 | −134 |
| 160 | 180 | | | | | | | | | | | −68 | −108 | −146 |
| 180 | 200 | +30 | +47 | −4+Δ | | −17+Δ | −17 | −31+Δ | 0 | | −50 | −77 | −122 | −166 |
| 200 | 225 | | | | | | | | | | | −80 | −130 | −180 |
| 225 | 250 | | | | | | | | | | | −84 | −140 | −196 |
| 250 | 280 | +36 | +55 | −4+Δ | | −20+Δ | −20 | −34+Δ | 0 | | −56 | −94 | −158 | −218 |
| 280 | 315 | | | | | | | | | | | 98 | −170 | −240 |
| 315 | 355 | +39 | +60 | −4+Δ | | −21+Δ | −21 | −37+Δ | 0 | | −62 | −108 | −190 | −268 |
| 355 | 400 | | | | | | | | | | | −114 | −208 | −294 |
| 400 | 450 | +43 | +66 | −5+Δ | | −23+Δ | −23 | −40+Δ | 0 | | −68 | −126 | −232 | −330 |
| 450 | 500 | | | | | | | | | | | −132 | −252 | −360 |

| 基本尺寸 | | 基本偏差数值 上偏差 ES(μm) 标准公差等级＞IT7 | | | | | | | | Δ值 标准公差等级 | | | | | |
|---|---|---|---|---|---|---|---|---|---|---|---|---|---|---|---|
| 大于 | 至 | U | V | X | Y | Z | ZA | ZB | ZC | IT3 | IT4 | IT5 | IT6 | IT7 | IT8 |
| — | 3 | −18 | | −20 | | −26 | −32 | −40 | −60 | 0 | 0 | 0 | 0 | 0 | 0 |
| 3 | 6 | −23 | | −28 | | −35 | −42 | −50 | −80 | 1 | 1.5 | 1 | 3 | 4 | 6 |
| 6 | 10 | −28 | | −34 | | −42 | −52 | −67 | −97 | 1 | 1.5 | 2 | 3 | 6 | 7 |
| 10 | 14 | −33 | | −40 | | −50 | −64 | −90 | −130 | 1 | 2 | 3 | 3 | 7 | 9 |
| 14 | 18 | | −39 | −45 | | −60 | −77 | −108 | −150 | | | | | | |
| 18 | 24 | −41 | −47 | −54 | −63 | −73 | −98 | −136 | −188 | 1.5 | 2 | 3 | 4 | 8 | 12 |
| 24 | 30 | −48 | −55 | −64 | −75 | −88 | −118 | −160 | −218 | | | | | | |
| 30 | 40 | −60 | −68 | −80 | −94 | −112 | −148 | −200 | −274 | 1.5 | 3 | 4 | 5 | 9 | 14 |
| 40 | 50 | −70 | −81 | −97 | −114 | −136 | −180 | −242 | −325 | | | | | | |
| 50 | 65 | −87 | −102 | −122 | −144 | −172 | −226 | −300 | −405 | 2 | 3 | 5 | 6 | 11 | 16 |
| 65 | 80 | −102 | −120 | −146 | −174 | −210 | −274 | −360 | −480 | | | | | | |
| 80 | 100 | −124 | −146 | −178 | −214 | −258 | −335 | −445 | −585 | 2 | 4 | 5 | 7 | 13 | 19 |
| 100 | 120 | −144 | −172 | −210 | −254 | −310 | −400 | −525 | −690 | | | | | | |
| 120 | 140 | −170 | −202 | −248 | −300 | −365 | −470 | −620 | −800 | 3 | 4 | 6 | 7 | 15 | 23 |
| 140 | 160 | −190 | −228 | −280 | −340 | −415 | −535 | −700 | −900 | | | | | | |
| 160 | 180 | −210 | −252 | −310 | −380 | −465 | −600 | −780 | −1 000 | | | | | | |
| 180 | 200 | −236 | −284 | −350 | −425 | −520 | −670 | −880 | −1 150 | 3 | 4 | 6 | 9 | 17 | 26 |
| 200 | 225 | −258 | −310 | −385 | −470 | −575 | −740 | −960 | −1 250 | | | | | | |
| 225 | 250 | −284 | −340 | −425 | −520 | −640 | −820 | −1 050 | −1 350 | | | | | | |
| 250 | 280 | −315 | −385 | −475 | −580 | −710 | −920 | −1 200 | −1 550 | 4 | 4 | 7 | 9 | 20 | 29 |
| 280 | 315 | −350 | −425 | −525 | −650 | −790 | −1 000 | −1 300 | −1 700 | | | | | | |
| 315 | 355 | −390 | −475 | −590 | −730 | −900 | −1 150 | −1 500 | −1 900 | 4 | 5 | 7 | 11 | 21 | 32 |
| 355 | 400 | −435 | −530 | −660 | −820 | −1 000 | −1 300 | −1 650 | −2 100 | | | | | | |
| 400 | 450 | −490 | −595 | −740 | −920 | −1 100 | −1 450 | −1 850 | −2 400 | 5 | 5 | 7 | 13 | 23 | 34 |
| 450 | 500 | −540 | −660 | −820 | −1 000 | −1 250 | −1 600 | −2 100 | −2 600 | | | | | | |

## 十一、常见材料

附表 26

| 种类 | 牌号 | 应用 | 种类 | 牌号 | 应用 |
|---|---|---|---|---|---|
| 灰铸铁 | HT100 | 低中强度铸件,用于手轮、支架等。 | 铬锰钢 | 15CrMn | 用于高耐磨零件,如偏心轮、齿轮等。 |
| | HT150 | | | 40CrMn | |
| | HT200 | 高强度铸件,用于床身、泵体等。 | 铬锰钛钢 | 18CrMnTi | 强度高,耐磨性好。 |
| | HT250 | | | 40CrMnTi | |
| 球墨铸铁 | QT800-2 | 具有较高强度,用于曲轴、齿轮等。 | 碳素工具钢 | T7A | 能承受震动和冲击的工具。 |
| | QT700-2 | | | T8 | |
| | QT600-2 | | 普通黄铜 | H62 | 散热器、垫圈等。 |
| 可锻铸铁 | KTH300-06 | 用于承受冲击振动的零件,如汽车铸件。 | 锡青铜 | ZcuSn10P1 | 高负荷耐磨件。 |
| | KTH330-08 | | 铬钢 | 15Cr | 较重要的零件,需要强度及耐磨性好的轴等。 |
| | KTH370-12 | | | 40Cr | |
| 优质碳素结构钢 | 30 | 可塑性要求高的零件,如紧固件、拉杆、齿轮、弹簧等。 | 普通碳素结构钢 | Q215 | 金属结构件,普通的零件。 |
| | 45 | | | Q235 | |
| | 60 | | | Q275 | 适用于中等强度零件。 |
| | 15Mn | 承受磨损的零件,如摩擦片、活塞销、凸轮等。 | 硬铝 | LY13 | |
| | 40Mn | | 尼龙 | 尼龙6 | 具有优良的机械强度和耐磨性,可制造成零件。 |
| | 50Mn | | | 尼龙9 | |

## 十二、热处理术语

附表 27

| 名词 | 应用 | 名词 | 应用 |
|---|---|---|---|
| 退火 | 用来消除铸、锻、焊零件的内应力,降低硬度,便于切削加工,细化金属晶粒,改善组织。 | 渗碳 | 将碳渗入钢的表面,增加钢的耐磨性、表面硬度,提高抗疲劳能力和抗蚀能力。 |
| 正火 | 用来处理低碳和中碳结构钢及渗碳零件,使其组织细化,改善切削性能。 | 渗氮 | 将氮原子渗入钢的表面,增加表面硬度、耐磨性,提高抗疲劳强度。 |
| 淬火 | 用来提高钢的硬度和强度极限。 | 时效 | 使工件消除内应力和稳定形状,手于量具、精密丝杆等。 |
| 回火 | 消除钢淬火后的脆性和内应力,提高钢的塑性和冲击韧性。 | 发蓝、发黑 | 使金属表面形成一层氧化铁所组成的保护性薄膜,防腐蚀、美观。 |
| 调质 | 用来使钢获得高的韧性和足够的强度。 | 镀铬 | 提高表面硬度、耐磨性和耐蚀能力,也用于修复零件上的磨损的表面。 |

## 十三、渐开线圆柱齿轮模数系列(GB/T1357—1987)

附表28　　　　　　　　　　　　　　　　　　　　　　　　　单位:mm

| 第一系列 | 1 | 1.25 | 1.5 | | 2 | | 2.5 | | 3 | | | 4 |
|---|---|---|---|---|---|---|---|---|---|---|---|---|
| 第二系列 | | | | 1.75 | | 2.25 | | 2.75 | | (3.25) | 3.5 | (3.75) |
| 第一系列 | | 5 | | 6 | | | 8 | | 10 | | 12 | 16 |
| 第二系列 | 4.5 | | 5.5 | | (6.5) | 7 | | 9 | | (11) | 14 | |
| 第一系列 | | 20 | | 25 | | 32 | | 40 | | 50 | | |
| 第二系列 | 18 | | 22 | | 28 | | 36 | | 45 | | | |

优先选用第一系列,括号内尽量不用。

## 十四、基孔制与基轴制优先配合的极限间隙或极限过盈(GB/T1801—1999)

附表29　　　　　　　　　　　　　　　　　　　　　　　　　单位:μm

| 基孔制 | $\frac{H7}{g6}$ | $\frac{H7}{h6}$ | $\frac{H8}{f7}$ | $\frac{H8}{h7}$ | $\frac{H9}{d9}$ | $\frac{H9}{h9}$ | $\frac{H11}{c11}$ | $\frac{H11}{h11}$ | $\frac{H7}{k6}$ | $\frac{H7}{n6}$ | $\frac{H7}{p6}$ | $\frac{H7}{s6}$ | $\frac{H7}{u6}$ |
|---|---|---|---|---|---|---|---|---|---|---|---|---|---|
| 基轴制 基本尺寸(mm) | $\frac{G7}{h6}$ | $\frac{H7}{h6}$ | $\frac{F8}{h7}$ | $\frac{H8}{h7}$ | $\frac{D9}{h9}$ | $\frac{H9}{h9}$ | $\frac{C11}{h11}$ | $\frac{H11}{h11}$ | $\frac{K7}{h6}$ | $\frac{N7}{h6}$ | $\frac{P7}{h6}$ | $\frac{S7}{h6}$ | $\frac{U7}{h6}$ |
| >10—18 | +35 +6 | +29 0 | +61 +16 | +45 0 | +136 +50 | +86 0 | +315 +95 | +220 0 | +17 −12 | +6 −23 | 0 −29 | −10 −39 | −15 −44 |
| >18—24 | +41 +7 | +34 0 | +74 +20 | +54 0 | +169 +65 | +104 0 | +370 +110 | +260 0 | +19 −15 | +6 −28 | −1 −35 | −14 −48 | −20 −54 |
| >24—30 | +41 +7 | +34 0 | +74 +20 | +54 0 | +169 +65 | +104 0 | +370 +110 | +260 0 | +19 −15 | +6 −28 | −1 −35 | −14 −48 | −27 −61 |
| >30—40 | +50 +9 | +41 0 | +89 +25 | +64 0 | +204 +80 | +124 0 | +440 +120 | +320 0 | +23 −18 | +8 −33 | −1 −42 | −18 −59 | −35 −76 |
| >40—50 | +50 +9 | +41 0 | +89 +25 | +64 0 | +204 +80 | +124 0 | +450 +130 | +320 0 | +23 −18 | +8 −33 | −1 −42 | −18 −59 | −45 −86 |
| >50—65 | +59 +10 | +49 0 | +106 +30 | +76 0 | +248 +100 | +148 0 | +520 +140 | +380 0 | +28 −21 | +10 −39 | −2 −51 | | −57 −106 |
| >65—80 | +59 +10 | +49 0 | +106 +30 | +76 0 | +248 +100 | +148 0 | +530 +150 | +380 0 | +28 −21 | +10 −39 | −2 −51 | −29 −78 | −72 −121 |
| >80—100 | +69 +12 | +57 0 | +125 +36 | +89 0 | +294 +120 | +174 0 | +610 +170 | +440 0 | +32 −25 | +12 −45 | −2 −59 | −36 −93 | −89 −146 |
| >100—120 | +69 +12 | +57 0 | +125 +36 | +89 0 | +294 +120 | +174 0 | +620 +180 | +440 0 | +32 −25 | +12 −45 | −2 −59 | −44 −101 | −109 −166 |
| >120—140 | +79 +14 | +65 0 | +146 +43 | +103 0 | +345 +145 | +200 0 | +700 +200 | +500 0 | +37 −28 | +13 −52 | −3 −68 | −52 −117 | −130 −195 |
| >140—160 | +79 +14 | +65 0 | +146 +43 | +103 0 | +345 +145 | +200 0 | +710 +210 | +500 0 | +37 −28 | +13 −52 | −3 −68 | −60 −125 | −150 −215 |
| >160—180 | +79 +14 | +65 0 | +146 +43 | +103 0 | +345 +145 | +200 0 | +730 +230 | +500 0 | +37 −28 | +13 −52 | −3 −68 | −68 −133 | −170 −235 |
| >180—200 | +90 +15 | +75 0 | +168 +50 | +118 0 | +400 +170 | +230 0 | +820 +240 | +580 0 | +42 −33 | +15 −60 | −4 −79 | −76 −151 | −190 −265 |
| >200—225 | +90 +15 | +75 0 | +168 +50 | +118 0 | +400 +170 | +230 0 | +840 +260 | +580 0 | +42 −33 | +15 −60 | −4 −79 | −84 −159 | −212 −287 |
| >225—250 | +90 +15 | +75 0 | +168 +50 | +118 0 | +400 +170 | +230 0 | +860 +280 | +580 0 | +42 −33 | +15 −60 | −4 −79 | −94 −169 | −238 −313 |

(续表)

| 基孔制 | H7/g6 | H7/h6 | H8/f7 | H8/h7 | H9/d9 | H9/h9 | H11/c11 | H11/h11 | H7/k6 | H7/n6 | H7/p6 | H7/s6 | H7/u6 |
|---|---|---|---|---|---|---|---|---|---|---|---|---|---|
| 基轴制 | G7/h6 | H7/h6 | F8/h7 | H8/h7 | D9/h9 | H9/h9 | C11/h11 | H11/h11 | K7/h6 | N7/h6 | P7/h6 | S7/h6 | U7/h6 |
| 基本尺寸 (mm) >250—280 | +101 / +17 | +84 / 0 | +189 / +56 | +133 / 0 | +450 / +190 | +260 / 0 | +940 / +300 | +640 / 0 | +48 / -36 | +18 / -66 | -4 / -88 | -106 / -190 | -263 / -347 |
| >280—315 | +101 / +17 | +84 / 0 | +189 / +56 | +133 / 0 | +450 / +190 | +260 / 0 | +970 / +330 | +640 / 0 | +48 / -36 | +18 / -66 | -4 / -88 | -118 / -202 | -298 / -382 |
| >315—355 | +111 / +18 | +93 / 0 | +208 / +62 | +146 / 0 | +490 / +210 | +280 / 0 | +1 080 | +720 / 0 | +53 / -40 | +20 / -73 | -5 / -98 | -133 / -226 | -333 / -426 |
| >355—400 | +111 / +18 | +93 / 0 | +208 / +62 | +146 / 0 | +490 / +210 | +280 / 0 | +360 | +720 / 0 | +53 / -40 | +20 / -73 | -5 / -98 | -151 / -244 | -378 / -471 |
| >400—450 | +123 / +20 | +103 / 0 | +228 / +68 | +160 / 0 | +540 / +230 | +310 / 0 | +1 240 / +440 | +800 / 0 | +58 / -45 | +23 / -80 | -5 / -108 | -169 / -272 | -427 / -530 |
| >450—500 | +123 / +20 | +103 / 0 | +228 / +68 | +160 / 0 | +540 / +230 | +310 / 0 | +1 280 / +480 | +800 / 0 | +58 / -45 | +23 / -80 | -5 / -108 | -189 / -292 | -477 / -580 |

## 十五、未注公差线性尺寸的极限偏差数值(GB/T1804—2000)

附表30　　　　　　　　　　　　　　　　　　　　　单位:mm

| 公差等级 | 基 本 尺 寸 分 段 | | | | | | | |
|---|---|---|---|---|---|---|---|---|
| | 0.5—3 | >3—6 | >6—30 | >30—120 | >120—400 | >400—1 000 | >1 000—2 000 | >2 000—4 000 |
| f(精密级) | ±0.05 | ±0.05 | ±0.1 | ±0.15 | ±0.2 | ±0.3 | ±0.5 | — |
| m(中等级) | ±0.1 | ±0.1 | ±0.2 | ±0.3 | ±0.5 | ±0.8 | ±1.2 | ±2 |
| c(粗糙级) | ±0.2 | ±0.3 | ±0.5 | ±0.8 | ±1.2 | ±2 | ±3 | ±4 |
| v(最粗级) | — | ±0.5 | ±1 | ±1.5 | ±2.5 | ±4 | ±6 | ±8 |

## 十六、标准尺寸(GB/T2822—2005)

附表31　　　　　　　　　　　　　　　　　　　　　单位:mm

| R | | R′ | | R | | R′ | |
|---|---|---|---|---|---|---|---|
| R10 | R20 | R′10 | R′20 | R10 | R20 | R′10 | R′20 |
| 1.00 | 1.00 | 1.0 | 1.0 | 3.15 | 3.15 | 3.0 | 3.0 |
| | 1.12 | | 1.1 | | 3.55 | | 3.5 |
| 1.25 | 1.25 | 1.2 | 1.2 | 4.00 | 4.00 | 4.0 | 4.0 |
| | 1.40 | | 1.4 | | 4.50 | | 4.5 |
| 1.60 | 1.60 | 1.6 | 1.6 | 5.00 | 5.00 | 5.0 | 5.0 |
| | 1.80 | | 1.8 | | 5.60 | | 5.5 |
| 2.00 | 2.00 | 2.0 | 2.0 | 6.30 | 6.30 | 6.0 | 6.0 |
| | 2.24 | | 2.2 | | 7.10 | | 7.0 |
| 2.50 | 2.50 | 2.5 | 2.5 | 8.00 | 8.00 | 8.0 | 8.0 |
| | 2.80 | | 2.8 | | 9.00 | | 9.0 |

| R | | R′ | | R | | R′ | |
|---|---|---|---|---|---|---|---|
| R10 | R20 | R′10 | R′20 | R10 | R20 | R′10 | R′20 |
| 10.00 | 10.00 | 10.0 | 10.0 | 40.0 | 40.0 | 40 | 40 |
| | 11.2 | | | | 45.0 | | 45 |
| 12.5 | 12.5 | 12 | 12 | 50.0 | 50.0 | 50 | 50 |
| | 14.0 | | 14 | | 56.0 | | 56 |
| 16.0 | 16.0 | 16 | 16 | 63.0 | 63.0 | 63 | 63 |
| | 18.0 | | 18 | | 71.0 | | 71 |
| 20.0 | 20.0 | 20 | 20 | 80.0 | 80.0 | 80 | 80 |
| | 22.4 | | 22 | | 90.0 | | 90 |
| 25.0 | 25.0 | 25 | 25 | 100.0 | 100.0 | 100 | 100 |
| | 28.0 | | 28 | | 112 | | 110 |
| 31.5 | 31.5 | 32 | 32 | 125 | 125 | 125 | 125 |
| | 35.5 | | 36 | | | | |

注：首先在优先数 R 系列按 R10、R20 顺序选用，如必须按数值圆整，可 R′系列按 R′10、R′20 顺序选用

# 十七、图纸折叠法(GB/T10609.3—2009)

## 1. 折叠成 A3 幅面的方法

附表 32

| 图幅 | 标题栏在图纸的长边上 | 标题栏在图纸的短边上 |
|---|---|---|
| A2 | | |
| A1 | | |

（续表）

| 图幅 | 标题栏在图纸的长边上 | 标题栏在图纸的短边上 |
|---|---|---|
| A0 | 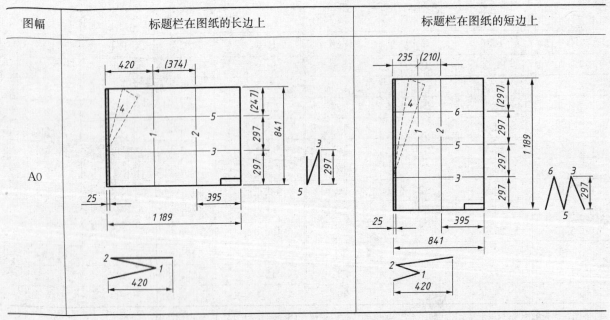 | |

**2. 折叠成 A4 幅面的方法**

附表 33

| 图幅 | 标题栏在图纸的长边上 | 标题栏在图纸的短边上 |
|---|---|---|
| A3<br><br>A2 | 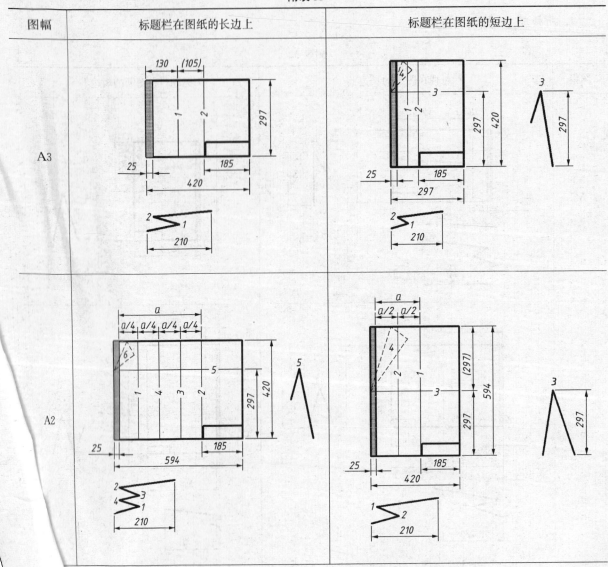 | |

| 图幅 | 标题栏在图纸的长边上 | 标题栏在图纸的短边上 |
|---|---|---|
| A1 | | |

# 参考文献

［1］《中华人民共和国国家标准》GB/T1182—2008、GB/T4249—2009、GB/T131—2006、GB/T3505—2009、GB/T10610—2009、GB/T14689—2008、GB/T1800.1—2009、GB/T1801—2009、GB/T1800.2—2009 等

［2］傅成昌.形位公差应用技术问答［M］.北京:机械工业出版社,2009

［3］［美］James Leake, Jacob Borgerson. Engineering Design Graphics. John Willey & Sons, inc, 2008

［4］江洪.SolidWorks2005基础教程［M］.北京:机械工业出版社,2006

［5］林清安.Pro/Engineer Wildfire 2.0零件设计,内部教材,2005

［6］中华人民共和国国标准.机械制图［S］.北京:中国标准出版社,2004

［7］顾寄南,吴巨龙.现代工程制图［M］.北京:国防工业出版社,2004

［8］［美］Frederick E. Giesecke. Modern Graphics Communication. Pearson Hall, 2004

［9］王槐德.机械制图新旧标准代换教程［M］.北京:中国标准出版社,2004

［10］许社教.计算机绘图［M］.北京:电子工业出版社,2003

［11］刘朝儒.机械制图第四版［M］.北京:高等教育出版社.2001

［12］梁德本,叶玉驹.机械制图手册［M］.北京:机械工业出版社,2000

［13］王其昌.看图思维规律［M］.北京:机械工业出版社,1989

［14］［苏］切特维鲁斯.画法几何学［M］.北京:高等教育出版社,1985

［15］孙常非.透视学［M］.辽宁:辽宁美术出版社,1983

［16］东北工学院机械制图教研室.制图与看图［M］.北京:北京出版社,1976

［17］南京机械专科学校.画法几何与机械制图［M］.江苏:江苏人民出版社,1961